PÁLIDO PONTO AZUL

CARL SAGAN

Pálido ponto azul
*Uma visão do futuro da humanidade
no espaço*

Tradução
Rosaura Eichenberg

2ª edição
9ª reimpressão

Copyright© 1996 by Editora Schwarcz S.A.
Copyright© 1994 by Carl Sagan, com permissão de Democritus Properties, LLC.
Todos os direitos reservados, inclusive os direitos de reprodução total ou parcial em qualquer meio.

Grafia atualizada segundo o Acordo Ortográfico da Língua Portuguesa de 1990, que entrou em vigor no Brasil em 2009.

Título original
Pale Blue Dot: A Vision of the Human Future in Space

Capa
Alceu Chiesorin Nunes

Imagem de capa
Gorodenkoff / Shutterstock

Preparação
Rosemary Cataldi Machado

Índice remissivo
Probo Poletti

Revisão
Jane Pessoa
Clara Diament

Dados Internacionais de Catalogação na Publicação (CIP)
(Câmara Brasileira do Livro, SP, Brasil)

Sagan, Carl, 1934-1996
    Pálido ponto azul : uma visão do futuro da humanidade no espaço/Carl Sagan; tradução Rosaura Eichenberg. — 2ª ed. — São Paulo: Companhia das Letras, 2019.

    Título original: Pale Blue Dot : A Vision of the Human Future in Space.
    Bibliografia
    ISBN 978-85-359-3193-8

    1. Astronomia 2. Espaço extraterrestre — Exploração — Obras de divulgação 3. Exploração espacial I. Título

18-22126	CDD-919.904

Índice para catálogo sistemático:
1. Exploração espacial : Viagens extraterrestres : Geografia   919.904

Iolanda Rodrigues Biode — Bibliotecária — CRB-8 /10014

Todos os direitos desta edição reservados à
EDITORA SCHWARCZ S.A.
Rua Bandeira Paulista, 702, cj. 32
04532-002 — São Paulo — SP
Telefone: (11) 3707-3500
www.companhiadasletras.com.br
www.blogdacompanhia.com.br
facebook.com/companhiadasletras
instagram.com/companhiadasletras
twitter.com/cialetras

Para Sam,
outro errante.
Que sua geração veja
maravilhas jamais sonhadas.

Sumário

Exploração do Sistema Solar pelas naves espaciais 9
Os errantes: Uma introdução 11

1. Você está aqui.. 19
2. Aberrações da luz 25
3. As grandes humilhações 35
4. Um universo que não foi feito para nós 49
5. Há vida inteligente na Terra? 64
6. O triunfo da *Voyager* 75
7. Entre as luas de Saturno 87
8. O primeiro planeta novo 99
9. Uma nave norte-americana nas fronteiras do Sistema Solar ... 109
10. O preto sagrado... 123
11. A estrela da manhã e da tarde 133
12. O solo se funde 142
13. A dádiva da *Apollo* 155
14. Explorando outros mundos e protegendo o nosso.......... 163
15. Os portões do mundo maravilhoso se abrem............... 173
16. Escalando o céu 195

17. Violência interplanetária de rotina 215
18. O pântano de Camarina 229
19. Recriando os planetas. 245
20. Escuridão 261
21. Para o céu!. 275
22. Na ponta dos pés pela Via Láctea 285

Referências bibliográficas 305
Agradecimentos 311
Créditos das imagens 313
Sobre o autor 315
Índice remissivo 317

Exploração do Sistema Solar pelas naves espaciais

Primeiras realizações notáveis

UNIÃO SOVIÉTICA/RÚSSIA

1957 Primeiro satélite artificial da Terra (*Sputnik 1*)

1957 Primeiro animal no espaço (*Sputnik 2*)

1959 Primeira nave espacial a escapar da gravidade da Terra (*Luna 1*)

1959 Primeiro planeta artificial do Sol (*Luna 1*)

1959 Primeira nave espacial a causar impacto em outro mundo (*Luna 2* à Lua)

1959 Primeira visão do lado oculto da Lua (*Luna 3*)

1961 Primeiro ser humano no espaço (*Vostok 1*)

1961 Primeiro ser humano a descrever órbitas ao redor da Terra (*Vostok 1*)

1961 Primeira nave espacial a voar por outros planetas (*Venera 1* a Vênus; *Mars 1* a Marte)

1963 Primeira mulher no espaço (*Vostok 6*)

1964 Primeira missão espacial com várias pessoas (*Voskhod 1*)

1965 Primeiro "passeio" espacial (*Voskhod 2*)

1966 Primeira nave espacial a entrar na atmosfera de outro planeta (*Venera 3* a Vênus)

1966 Primeira espaçonave a descrever órbitas ao redor de outro mundo (*Luna 10* à Lua)

1966 Primeiro pouso suave bem-sucedido em outro mundo (*Luna 9* à Lua)

1970 Primeira missão robótica a trazer uma amostra de outro mundo (*Luna 16* à Lua)

1970 Primeiro veículo em outro mundo (*Luna 17* à Lua)

1971 Primeiro pouso suave em outro planeta (*Mars 3* a Marte)

1972 Primeiro pouso cientificamente bem-sucedido em outro planeta (*Venera 8* a Vênus)

1980-1 Primeiro voo espacial com aproximadamente um ano de duração (comparável ao tempo de voo para Marte) (*Soyuz 35*)

1983 Primeiro mapeamento completo de outro planeta por radar em órbita (*Venera 15* a Vênus)

1985 Primeira estação de balão instalada na atmosfera de outro planeta (*Vega 1* a Vênus)

1986 Primeiro encontro cometário próximo (*Vega 1* ao Cometa de Halley)

1986 Primeira estação espacial habitada por tripulações alternadas (*Mir*)

ESTADOS UNIDOS

1958 Primeira descoberta científica no espaço — Cinturão de radiação de Van Allen (*Explorer 1*)

1959 Primeiras imagens da Terra transmitidas do espaço por televisão (*Explorer 6*)

1962 Primeira descoberta científica no espaço interplanetário — observação direta do vento solar (*Mariner 2*)

1962 Primeira missão planetária cientificamente bem-sucedida (*Mariner 2* a Vênus)

1962 Primeira observatório astronômico no espaço (*OSO-1*)

1968 Primeiro ser humano em órbita ao redor de outro mundo (*Apollo 8* à Lua)

1969 Primeiro pouso de seres humanos em outro mundo (*Apollo 11* à Lua)

1969 Primeiras amostras de outro mundo trazidas para a Terra (*Apollo 11* à Lua)

1971 Primeiro veículo dirigido por ser humano em outro mundo (*Apollo 15* à Lua)

1971 Primeira espaçonave a girar ao redor de outro planeta (*Mariner 9* a Marte)

1974 Primeira missão a dois planetas (*Mariner 10* a Vênus e Mercúrio)

1976 Primeiro pouso bem-sucedido em Marte

Primeira nave espacial a procurar vida em outro planeta (*Viking 1*)

1973 Primeiros voos por Júpiter (*Pioneer 10*)

1974   Mercúrio (*Mariner 10*)

1977   Saturno (*Pionner 11*)

1977 Primeiras naves espaciais a atingirem velocidade de escape do Sistema Solar (*Pioneer 10 e 11*, lançadas em 1973 e 1974; *Voyager 1 e 2*, 1979)

1981 Primeira nave espacial reutilizável tripulada por seres humanos (*STS-1*)

1980-4 Primeiro satélite a ser recuperado, reparado e recolocado no espaço (*Solar maximum Mission*)

1985 Primeiro encontro cometário distante (*International Cometary Explorer* ao Cometa Giacobini-Zimmer)

1986 Primeiros voos por Urano (*Voyager 2*)

1989 Netuno (*Voyager 2*)

1992 Primeira detecção da heliopausa (*Voyager*)

1992 Primeiro encontro com um asteroide do cinturão de asteroides (*Galileo* a Gaspra)

1994 Primeira detecção da lua de um asteroide (*Galileo* a Ida)

Os errantes: Uma introdução

Mas diga-me, quem são eles, esses errantes...?
Rainer Maria Rilke, "A quinta elegia" (1923)

Fomos errantes desde o início. Conhecíamos a posição de todas as árvores num raio de duzentos quilômetros. Quando os frutos ou as castanhas amadureciam, lá estávamos nós. Seguíamos os rebanhos em suas migrações anuais. Deleitávamo-nos com a carne fresca. Por ações furtivas, estratagemas, emboscadas e ataques de força bruta, alguns de nós realizávamos em conjunto o que muitos de nós, caçando sozinhos, não podíamos conseguir. Dependíamos uns dos outros. Viver por conta própria era uma ideia tão absurda quanto fixar residência.

Trabalhando juntos, protegíamos os filhos dos leões e das hienas. Ensinávamos a eles as habilidades de que iriam precisar. E as ferramentas. Naquela época, como agora, a tecnologia era a chave de nossa sobrevivência.

Quando a seca era prolongada, ou quando o frio se demorava no ar do verão, nosso grupo partia — às vezes para terras desconhecidas. Procurávamos um lugar melhor. E quando não nos dávamos bem com os outros em nosso pequeno bando nômade, partíamos à procura de um grupo mais amigável em algum outro lugar. Sempre podíamos começar de novo.

Durante 99,9% do tempo, desde o aparecimento de nossa espécie, fomos caçadores e saqueadores, errantes nas savanas e nas estepes. Não havia guardas de fronteiras então, nem funcionários da alfândega. A fronteira estava por toda parte. Éramos limitados apenas pela terra, pelo oceano e pelo céu — e mais alguns eventuais vizinhos rabugentos.

No entanto, quando o clima era adequado, quando os alimentos eram abundantes, tínhamos vontade de ficar no mesmo lugar. Sem aventuras. Engordando. Sem cuidados. Nos últimos 10 mil anos — um instante em nossa longa história — abandonamos a vida nômade. Domesticamos as plantas e os animais. Por que correr atrás do alimento quando se pode fazer com que ele venha até nós?

Apesar de todas as suas vantagens materiais, a vida sedentária nos deixou irritáveis, insatisfeitos. Mesmo depois de quatrocentas gerações em vilas e cidades, não esquecemos. A estrada aberta ainda nos chama suavemente, quase como uma canção esquecida da infância. Atribuímos um certo romance aos lugares remotos. A minha suspeita é de que o apelo tem sido meticulosamente elaborado pela seleção natural, como um elemento essencial de nossa sobrevivência. Longos verões, invernos amenos, ricas colheitas, caça abundante — nada disso dura para sempre. Está além de nossos poderes predizer o futuro. As catástrofes têm um modo de nos atacar sorrateiramente, pegando-nos desprevenidos. Talvez você deva sua vida, a de seu bando ou até mesmo a de sua espécie a uns poucos inquietos — levados, por um desejo que mal podem expressar ou compreender, a terras desconhecidas e a novos mundos.

Herman Melville, em *Moby Dick,* falou pelos errantes de todas as épocas e meridianos: "Sou atormentado por um desejo constante pelo que é remoto. Gosto de navegar mares proibidos...".

Para os antigos gregos e romanos, o mundo conhecido compreendia a Europa e reduzidas Ásia e África, tudo circundado por um intransponível Oceano do Mundo. Os viajantes poderiam encontrar seres inferiores, chamados bárbaros, ou seres superiores, chamados deuses. Toda árvore tinha a sua dríade, toda região, o seu herói lendário. Mas não havia assim tantos deuses, ao menos no início, talvez apenas uns doze. Viviam nas montanhas, sob a terra, no mar ou lá em cima no céu. Mandavam mensagens às pessoas, intervinham nos assuntos humanos e cruzavam conosco.

À medida que passava o tempo e que a capacidade exploratória dos homens acertava o seu passo, ocorriam surpresas: os bárbaros podiam ser tão inteligentes quanto os gregos e os romanos. A África e a Ásia eram maiores do que se tinha pensado. O Oceano do Mundo não era intransponível. Havia antípodas.* Existiam três novos continentes, ocupados pelos asiáticos em eras passadas, sem que a notícia jamais tivesse chegado à Europa. E, decepcionantemente, não era fácil encontrar os deuses.

A primeira grande migração humana do Velho Mundo para o Novo Mundo aconteceu durante a última era glacial, cerca de 11500 anos atrás, quando as calotas polares aumentaram, deixando rasos os oceanos e permitindo caminhar sobre terra seca da Sibéria para o Alasca. Mil anos mais tarde, estávamos na Terra do Fogo, a extremidade meridional da América do Sul. Muito antes de Colombo, argonautas indonésios em canoas de embono exploraram o Pacífico ocidental; habitantes de Bornéu povoaram Madagascar; egípcios e líbios circum-navegaram a África; e uma grande frota de juncos adaptados para navegação marítima, partindo da China da dinastia Ming, ziguezagueou pelo oceano Índico, estabeleceu uma base em Zanzibar, dobrou o cabo da Boa Esperança e entrou no oceano Atlântico. Do século XV ao século XVII, as naus europeias descobriram novos continentes (novos para os europeus, pelo menos) e circum-navegaram o planeta. Nos séculos XVIII e XIX, exploradores, mercadores e colonizadores norte-americanos e russos precipitaram-se para oeste e para leste atravessando dois imensos continentes até chegarem ao Pacífico. Esse gosto de investigar e explorar, por mais temerários que tenham sido seus agentes, tem um claro valor de sobrevivência. Ele não é restrito a uma única nação ou grupo étnico. É um dom natural comum a todos os membros da espécie humana.

Desde o nosso aparecimento, há alguns milhões de anos, na África

---

* "Quanto à fábula de que existem antípodas", escreveu Santo Agostinho no século V, "isto é, homens que vivem no outro lado da Terra, onde o Sol se levanta quando se põe para nós, homens que caminham com os pés voltados para os nossos, isso não é absolutamente verossímil." Mesmo que ali existisse uma extensão de terra desconhecida em vez de simplesmente oceano, "houve apenas um primeiro par de antepassados, sendo inconcebível que regiões assim tão distantes tivessem sido povoadas pelos descendentes de Adão".

Oriental, seguimos nosso caminho cheio de meandros ao redor do planeta. Agora existem pessoas em todos os continentes e nas ilhas mais remotas, de polo a polo, do monte Everest ao mar Morto, no fundo dos oceanos e até, ocasionalmente, residindo trezentos quilômetros acima da Terra — humanos, como os deuses de outrora, vivendo no céu.

Nos dias de hoje não parece haver mais nenhum lugar para explorar, ao menos na área terrestre do planeta. Vítimas de seu próprio sucesso, os exploradores agora ficam bastante tempo em casa.

As grandes migrações de povos — algumas voluntárias, a maioria involuntária — têm moldado a condição humana. Hoje fugimos da guerra, da opressão e da fome mais que em qualquer outra época na história humana. Quando o clima da Terra mudar, nas próximas décadas, provavelmente aumentarão os refugiados ambientais. Lugares melhores sempre nos atrairão. As marés de povos vão continuar o seu fluxo e refluxo por todo o planeta. Mas as terras para onde agora corremos já foram povoadas. Outras pessoas, que muitas vezes não compreendem nossa situação, já ali se encontram antes de nós.

No final do século XIX, Leib Gruber crescia na Europa Central, em uma cidade obscura do imenso, poliglota e antigo Império Austro-Húngaro. Seu pai vendia peixe sempre que possível. Mas os tempos eram frequentemente difíceis. Jovem, o único emprego honesto que Leib conseguiu arrumar foi o de carregar as pessoas que queriam atravessar o rio Bug ali perto. O cliente, homem ou mulher, montava nas costas de Leib; com suas botas valiosas, a sua ferramenta de trabalho, ele vadeava um trecho raso do rio e depositava o passageiro na margem oposta. Às vezes, a água chegava até a sua cintura. Não havia pontes naquele ponto, nem barcas. Os cavalos poderiam ter servido para esse fim, mas tinham outras tarefas a cumprir. Só restavam Leib e alguns outros jovens como ele. *Eles* é que não tinham outra serventia. Não havia outro trabalho. Ficavam perambulando pelas margens do rio, gritando os seus preços, vangloriando-se da superioridade de seu carreto para clientes em potencial. Alugavam-se como animais de quatro patas. Meu avô era uma besta de carga.

Não acho que, em toda a sua juventude, Leib tenha se aventurado mais que uns cem quilômetros além de sua cidadezinha natal, Sassow. Mas de repente, em 1904, ele fugiu para o Novo Mundo — para evitar uma condenação por assassinato, segundo uma lenda familiar. Partiu sem a sua jovem mulher. Como as grandes cidades portuárias alemãs devem ter lhe parecido diferentes de seu vilarejo atrasado, como o oceano deve ter surgido imenso a seus olhos e como deve ter estranhado os altos arranha-céus e o alarido incessante de sua nova terra! Nada sabemos de sua travessia, mas encontramos o formulário do navio para a viagem empreendida mais tarde pela mulher Chaiya — que se reuniu a Leib depois que este poupou o suficiente para mandar buscá-la. Ela viajou na classe mais barata do *Batavia*, uma embarcação com registro de Hamburgo. O documento tem uma concisão comovente: Sabe ler ou escrever? Não. Sabe falar inglês? Não. Quanto dinheiro tem? Posso imaginar sua vulnerabilidade e vergonha ao responder: "Um dólar".

Ela desembarcou em Nova York, reuniu-se a Leib e ainda viveu o suficiente para dar à luz minha mãe e sua irmã, morrendo mais tarde de "complicações" de parto. Nesses poucos anos na América, seu nome fora, às vezes, anglicizado para Clara. Um quarto de século mais tarde, o nome que minha mãe deu a seu filho primogênito era uma homenagem à mãe que nunca conheceu.

Nossos antepassados distantes, observando as estrelas, notaram cinco que faziam mais que levantar-se e pôr-se numa marcha impassível, como era o caso das chamadas estrelas "fixas". Essas cinco tinham um movimento curioso e complexo. Ao longo dos meses, pareciam errar lentamente entre as estrelas. Às vezes, andavam em círculo. Hoje nós as chamamos de planetas, a palavra grega para errantes. Era, assim imagino, uma peculiaridade que nossos antepassados compreendiam.

Sabemos agora que os planetas não são estrelas, mas outros mundos, impelidos gravitacionalmente para o Sol. Exatamente quando a exploração da Terra estava sendo completada, começamos a reconhecê-la como um mundo na multidão inumerável de outros mundos que circulam ao redor do Sol ou giram em torno das outras estrelas que formam a galáxia da Via Láctea. Nosso planeta e nosso Sistema Solar são circundados por um novo oceano do mundo — os abismos do espaço. Não é mais intransponível que o anterior.

Talvez seja um pouco cedo. Talvez ainda não tenha chegado a hora. Mas esses outros mundos — promissoras oportunidades ilimitadas — acenam, chamando-nos.

Nas últimas décadas, os Estados Unidos e a antiga União Soviética realizaram algo assombroso e histórico — o exame minucioso de todos esses pontos de luz, de Mercúrio a Saturno, que levaram nossos antepassados à admiração e à ciência. Desde o advento do voo interplanetário bem-sucedido em 1962, nossas máquinas têm voado por mais de setenta novos mundos, descrevendo órbitas ao seu redor ou pousando em sua superfície. Temos errado entre os errantes. Descobrimos imensas elevações vulcânicas que eclipsam a montanha mais alta da Terra; vales de rios antigos em dois planetas, enigmaticamente, um demasiado frio e o outro quente em demasia para ter água corrente; um planeta gigantesco com um interior de hidrogênio metálico líquido em que caberiam mil Terras; luas inteiras que se fundiram; um lugar coberto de nuvens com uma atmosfera de ácidos corrosivos, onde até os platôs elevados têm uma temperatura acima do ponto de fusão do chumbo; superfícies antigas em que se acha gravado um registro fiel da formação violenta do Sistema Solar; mundos glaciais refugiados dos abismos transplutônicos; sistemas de anéis com padrões refinados, marcando as harmonias sutis da gravidade; e um mundo rodeado por nuvens de moléculas orgânicas complexas como as que, na história primeva de nosso planeta, deram origem à vida. Silenciosamente, eles giram em torno do Sol, esperando.

Descobrimos maravilhas jamais sonhadas pelos nossos antepassados que especularam pela primeira vez sobre a natureza dessas luzes errantes no céu noturno. Investigamos as origens de nosso planeta e de nós mesmos. Descobrindo outras possibilidades, confrontando-nos com os destinos alternativos de mundos mais ou menos parecidos com o nosso, temos começado a compreender melhor a Terra. Cada um desses mundos é encantador e instrutivo. Mas, que se saiba, são também desertos e áridos. No espaço, não existem "lugares melhores". Até agora, pelo menos.

Durante a missão robótica *Viking*, que teve início em julho de 1976, em certo sentido passei um ano em Marte. Examinei os penedos e as dunas de areia, o céu, vermelho até no auge do dia, os vales de rios antigos, as montanhas vulcânicas elevadas, a feroz erosão eólica, o terreno polar laminado, as duas luas escuras em forma de batata. Mas não havia vida — nem um grilo ou uma folha de grama, nem mesmo, tanto quanto podemos afirmar com certeza, um micróbio. Esses mundos não foram agraciados, como o nosso, com a vida. A vida é relativamente uma raridade. Podem-se examinar dúzias de mundos e descobrir que só em um deles a vida nasce, evolui e persiste.

Não tendo cruzado, até aquele momento, em suas vidas, com nada mais largo que um rio, Leib e Chaiya foram promovidos à travessia de oceanos. Tinham uma grande vantagem: do outro lado das águas, haveria — revestidos de costumes estranhos, é verdade — outros seres humanos que falavam a sua língua e partilhavam ao menos alguns de seus valores, e mesmo pessoas com quem tinham relações próximas.

Em nossa época cruzamos o Sistema Solar e enviamos quatro naves às estrelas. Netuno se acha 1 milhão de vezes mais distante da Terra que a cidade de Nova York das margens do Bug. Mas não há parentes remotos, nem seres humanos, nem qualquer vida aparente esperando por nós nesses outros mundos. Nenhuma carta trazida por emigrantes recentes nos ajuda a compreender a nova terra — apenas dados digitais transmitidos, à velocidade da luz, por emissários-robôs precisos, insensíveis. Eles nos dizem que esses novos mundos não são como a nossa casa. Continuamos, no entanto, a procurar os habitantes. Não podemos evitar. Vida procura vida.

Ninguém na Terra, nem mesmo o mais rico dentre nós, tem recursos para empreender a viagem; assim, não podemos fazer as malas e partir rumo a Marte ou Titã ao sabor de um capricho, por estarmos entediados, desempregados, oprimidos, porque fomos recrutados pelo Exército ou porque, justa ou injustamente, nos acusaram de um crime. Não parece haver lucro suficiente, a curto prazo, para motivar a indústria privada. Se nós, humanos, algum dia partirmos rumo a esses mundos, será porque uma nação ou um consórcio de nações acredita que o empreendimento lhe trará benefícios — ou benefícios para a espécie humana. No momento, estamos sendo pressionados por um grande número de questões que disputam o dinheiro necessário para enviar pessoas a outros mundos.

Este é o tema deste livro: outros mundos, o que nos espera neles, o que eles nos dizem sobre nós mesmos e — dados os problemas urgentes que nossa espécie enfrenta no momento — se faz sentido partir. Deveríamos resolver esses problemas primeiro? Ou serão eles uma razão a mais para partir?

Sob muitos aspectos, este livro é otimista a respeito do futuro humano. À primeira vista, os capítulos iniciais podem dar a impressão de troçar de nossas imperfeições. Eles estabelecem, porém, um fundamento espiritual e lógico essencial para o desenvolvimento de minha argumentação.

Tentei apresentar mais de uma faceta das questões. Haverá momentos em que pareço estar discutindo comigo mesmo. Estou. Percebendo algum mérito em mais de um lado, frequentemente discuto comigo mesmo. Espero que, no último capítulo, fique claro aonde pretendo chegar.

O plano do livro é, em linhas gerais, o seguinte: examinar primeiro as afirmações, muito difundidas em toda a história humana, de que o nosso mundo e a nossa espécie são únicos e até centrais para o funcionamento e a finalidade do cosmo. Percorrer o Sistema Solar, seguindo os passos das últimas viagens de exploração e descoberta, e então avaliar as razões geralmente apresentadas para enviar seres humanos ao espaço. Na última parte do livro, mais especulativa, traço um esboço de como imagino que será, a longo prazo, o nosso futuro no espaço.

Pálido ponto azul é sobre esse novo reconhecimento, que ainda nos invade lentamente, de nossas coordenadas, de nosso lugar no Universo — e de como um elemento central do futuro humano se encontra muito além da Terra, embora o apelo da estrada aberta esteja hoje emudecido.

1. Você está aqui

A Terra inteira é somente um ponto, e o lugar de nossa habitação, apenas um canto minúsculo desse ponto.

Marco Aurélio, imperador romano, *Meditações*, livro 4

(*c.* 170)

Como os astrônomos são unânimes em explicar, o circuito de toda a Terra, que nos parece infinito comparado com a grandeza do Universo, assemelha-se a um ponto diminuto.

Ammianus Marcellinus (*c.* 330-395),

o último grande historiador romano,

em *A crônica dos acontecimentos*

A nave espacial estava muito distante de casa, além da órbita do planeta mais afastado e bem acima do plano da eclíptica — que é uma superfície plana imaginária que podemos visualizar como uma pista de corrida onde as órbitas dos planetas ficam principalmente confinadas. A nave afastava-se aceleradamente do Sol a 60 mil quilômetros por hora. Mas, no início de fevereiro de 1990, foi alcançada por uma mensagem urgente da Terra.

Obedientemente, redirecionou suas câmeras para os já distantes planetas. Girando sua plataforma de varredura de um ponto a outro no espaço, tirou sessenta fotografias e as armazenou sob forma digital em seu gravador. Depois, lentamente, em março, abril e maio, radiotransmitiu os dados para a Terra. Cada imagem era composta de 640 mil elementos individuais (pixels), como os pontos em uma fotografia de jornal transmitida por telégrafo ou em uma pintura pontilhista. A nave espacial estava a 6 bilhões de quilômetros da Terra, tão distante que cada pixel levava cinco horas e meia, viajando à velocidade da luz, para chegar até nós. As fotos poderiam ter sido enviadas mais cedo, mas os grandes radiotelescópios na Califórnia, na Espanha e na Austrália, que recebem esses sussurros da orla do Sistema Solar, tinham responsabilidades para com outras naves que transitam pelo mar espacial — entre elas, *Magellan*, rumo a Vênus, e *Galileo*, em sua travessia tortuosa para Júpiter.

A *Voyager 1* estava tão acima do plano da eclíptica porque, em 1981, passara muito perto de Titã, a lua gigantesca de Saturno. Sua nave irmã, a *Voyager 2*, fora enviada numa trajetória diferente dentro do plano da eclíptica e, por isso, pudera realizar as célebres explorações de Urano e Netuno. Os dois robôs *Voyager* exploraram quatro planetas e quase sessenta luas. São triunfos da engenharia humana e uma das glórias do programa espacial norte-americano. Ainda estarão nos livros de história quando muitos outros dados sobre nossa época já tiverem caído no esquecimento.

O funcionamento das *Voyager* só estava garantido até o encontro com Saturno. Achei que seria uma boa ideia, logo depois de Saturno, que elas lançassem um último olhar para casa. Eu sabia que, vista a partir de Saturno, a Terra pareceria demasiado pequena para que a *Voyager* distinguisse algum detalhe. O nosso planeta seria apenas um ponto de luz, um pixel solitário, mal distinguível dos muitos outros pontos de luz que a *Voyager* podia divisar, planetas próximos e sóis distantes. Mas justamente por causa da obscuridade de nosso mundo assim revelado, valeria a pena ter a fotografia.

Os marinheiros fizeram um levantamento meticuloso das costas litorâneas dos continentes. Os geógrafos traduziram essas descobertas em mapas e globos. Fotografias de pequenos fragmentos da Terra foram tiradas, primeiro por balões e aviões, depois por foguetes em voos balísticos curtos e, finalmente, por naves espaciais em órbita — gerando uma perspectiva similar à que obtemos quando posicionamos o globo ocular uns três centímetros acima de uma grande esfera. Embora quase todo mundo aprenda que a Terra é um globo ao qual estamos, de certa forma, presos pela gravidade, a realidade de nossa circunstância só começou, de fato, a penetrar em nosso entendimento com a famosa fotografia *Apollo* da Terra inteira ocupando todo o quadro — tirada pelos astronautas da *Apollo 17* na última viagem de seres humanos à Lua.

Ela se tornou uma espécie de ícone da nossa era. Ali está a Antártida, que norte-americanos e europeus consideram a parte extrema da Terra, e toda a África estirando-se acima dela: vemos a Etiópia, a Tanzânia e o Quênia, onde viveram os primeiros seres humanos. No alto, à direita, estão a Arábia Saudita e o que os europeus chamam Oriente Médio. Mal e mal espiando no topo, está o mar Mediterrâneo, ao redor do qual surgiu uma parte tão grande de nossa civilização global. Podemos distinguir o azul do oceano, o amarelo-ocre do Saara e do deserto árabe, o castanho-esverdeado da floresta e dos prados.

Não há, entretanto, sinal de seres humanos na fotografia, nem de nossa reelaboração da superfície da Terra, nem de nossas máquinas, nem de nós mesmos: somos demasiado pequenos e nossa política é demasiado fraca para sermos vistos por uma nave espacial entre a Terra e a Lua. Desse ponto de observação, nossa obsessão pelo nacionalismo não aparece em lugar algum. As fotografias *Apollo* da Terra inteira transmitiram às multidões algo bem conhecido dos astrônomos: na escala de mundos — para não falar da escala de estrelas ou galáxias —, os seres humanos são insignificantes, uma película fina de vida sobre um bloco obscuro e solitário de rocha e metal.

Parecia-me que outra fotografia da Terra, tirada de um ponto centenas de milhares de vezes mais distante, poderia ajudar no processo contínuo de nos revelar nossa verdadeira circunstância e condição. Os cientistas e filósofos da Antiguidade clássica tinham compreendido muito bem que a Terra era um simples ponto num vasto cosmo circundante, mas ninguém jamais a *vira* nessa condição. Era a nossa primeira oportunidade (e, talvez, também a última em várias décadas).

Muitos membros do Projeto *Voyager* da Nasa deram o seu apoio. Vista a partir da orla do Sistema Solar, porém, a Terra fica muito perto do Sol, como uma mariposa enfeitiçada a voar ao redor de uma chama. Apontaríamos a câmera para tão perto do Sol a ponto de correr o risco de queimar o sistema *vidicon* da nave espacial? Não seria melhor esperar até que fossem obtidas todas as imagens científicas de Urano e Netuno, se a nave espacial chegasse a durar tanto tempo?

E, assim, esperamos — o que foi bom — de 1981, em Saturno, a 1986, em Urano, e a 1989, quando as duas naves espaciais já tinham passado das órbitas de Netuno e Plutão. Por fim, chegou a hora. Havia, porém, algumas calibrações instrumentais a serem feitas primeiro, e aguardamos um pouco mais. Embora a nave espacial estivesse nos lugares certos, os instrumentos ainda funcionassem maravilhosamente e não houvesse outras fotografias a serem tiradas, alguns membros do projeto se opuseram. Não era ciência, diziam. Descobrimos, então, que, numa Nasa em dificuldades financeiras, os técnicos que projetavam e transmitiam os comandos de rádio para a *Voyager* estavam para ser dispensados imediatamente ou transferidos para outras tarefas. Se quiséssemos tirar a fotografia, tinha de ser naquele momento. No último minuto — na verdade, no meio do encontro da *Voyager 2* com Netuno —, o então administrador da Nasa, contra-almirante Richard Truly, interveio e garantiu que as imagens fossem obtidas. Os cientistas espaciais Candy Hansen, do Laboratório de Propulsão a Jato da Nasa (JPL), e Carolyn Porco, da Universidade do Arizona, projetaram a sequência de comandos e calcularam os tempos de exposição da câmera.

Assim, aqui estão elas — um mosaico de quadrados dispostos sobre os planetas e uma coleção heterogênea de estrelas mais distantes ao fundo. Conseguimos fotografar não só a Terra, mas também outros cinco dos nove planetas conhecidos que giram em torno do Sol. No brilho deste, perdeu-se Mercúrio, o mais próximo. Marte e Plutão eram demasiado pequenos, muito pouco iluminados e/ou estavam demasiado distantes. Urano e Netuno são tão indistintos que, para registrar a sua presença, foram necessárias longas exposições; consequentemente, devido ao movimento da nave espacial, suas imagens não ficaram nítidas. Essa seria a imagem que os planetas ofereceriam a uma espaçonave alienígena que se aproximasse do Sistema Solar depois de uma longa viagem interestelar.

A partir dessa distância, os planetas parecem apenas pontos de luz, nítidos ou não — mesmo através do telescópio de alta resolução a bordo da

Voyager. São como os planetas vistos a olho nu da superfície da Terra: pontos luminosos, mais brilhantes que a maioria das estrelas. Durante um período de meses, a Terra, como os outros planetas, pareceria mover-se entre as estrelas. Olhando simplesmente para um desses pontos, não se pode dizer como ele é, o que existe na sua superfície, qual foi o seu passado e se, neste momento em particular, alguém vive ali.

Devido ao reflexo da luz do Sol na nave espacial, a Terra parece estar pousada num raio de luz, como se nosso pequeno mundo tivesse um significado especial. Mas é apenas um acidente de geometria e óptica. O Sol emite sua radiação equitativamente em todas as direções. Se a foto tivesse sido tirada um pouco mais cedo ou um pouco mais tarde, nenhum raio de sol teria dado mais luz à Terra.

E por que essa cor cerúlea? O azul provém em parte do mar, em parte do céu. Embora transparente, a água de um copo absorve um pouco mais de luz vermelha que de azul. Quando se tem dezenas de metros da substância ou mais, a luz vermelha é totalmente absorvida e o que se reflete no espaço é sobretudo o azul. Da mesma forma, o ar parece perfeitamente transparente num pequeno campo de visão. Ainda assim — algo que Leonardo da Vinci era mestre em pintar —, quanto mais distante o objeto, mais azul ele parece ser. Por quê? O ar dispersa muito melhor a luz azul que a vermelha. O matiz azulado, portanto, provém da atmosfera espessa, mas transparente, da Terra e de seus oceanos profundos e líquidos. E o branco? Em um dia normal, a Terra tem quase metade de sua superfície coberta por nuvens brancas de água.

Nós podemos explicar o azul pálido desse pequeno mundo porque o conhecemos muito bem. Se um cientista alienígena, recém-chegado às imediações de nosso Sistema Solar, poderia fidedignamente inferir oceanos, nuvens e uma atmosfera espessa, já não é tão certo. Netuno, por exemplo, é azul, mas por razões inteiramente diferentes. Desse ponto distante de observação, a Terra talvez não apresentasse nenhum interesse especial.

Para nós, no entanto, ela é diferente. Olhem de novo para o ponto. É ali. É a nossa casa. Somos nós. Nesse ponto, todos aqueles que amamos, que conhecemos, de quem já ouvimos falar, todos os seres humanos que já existiram, vivem ou viveram as suas vidas. Toda a nossa mistura de alegria e sofrimento, todas as inúmeras religiões, ideologias e doutrinas econômicas, todos os caçadores e saqueadores, heróis e covardes, criadores e destruidores de civilizações, reis e camponeses, jovens casais apaixonados, pais e mães, todas as crianças, todos os inventores e exploradores, professores de moral, políticos corruptos, "superastros", "líderes supremos", todos os santos e pecadores da história de nossa espécie, ali — num grão de poeira suspenso num raio de sol.

A Terra é um palco muito pequeno em uma imensa arena cósmica. Pensem nos rios de sangue derramados por todos os generais e imperadores para que, na glória do triunfo, pudessem ser os senhores momentâneos de uma fração desse ponto. Pensem nas crueldades infinitas cometidas pelos habitantes de um canto desse pixel contra os habitantes mal distinguíveis de algum outro canto, em seus frequentes conflitos, em sua ânsia de recíproca destruição, em seus ódios ardentes.

Nossas atitudes, nossa pretensa importância, a ilusão de que temos uma posição privilegiada no Universo, tudo é posto em dúvida por esse ponto de luz pálida. O nosso planeta é um pontinho solitário na grande escuridão cósmica circundante. Em nossa obscuridade, em meio a toda essa imensidão, não há nenhum indício de que, de algum outro mundo, virá socorro que nos salve de nós mesmos.

A Terra é, até agora, o único mundo conhecido que abriga a vida. Não há nenhum outro lugar, ao menos em um futuro próximo, para onde nossa espécie possa migrar. Visitar, sim. Goste-se ou não, no momento a Terra é o nosso posto.

Tem-se dito que a astronomia é uma experiência que forma o caráter e ensina a humildade. Talvez não exista melhor comprovação da loucura das vaidades humanas do que essa distante imagem de nosso mundo minúsculo. Para mim, ela sublinha a responsabilidade de nos relacionarmos mais bondosamente uns com os outros e de preservarmos e amarmos o pálido ponto azul, o único lar que conhecemos.

2. Aberrações da luz

Se o homem fosse retirado do mundo, todo o resto pareceria extraviado, sem fim ou propósito[...] não levando a lugar nenhum.
Francis Bacon, *A sabedoria dos antigos* (1619)

Ann Druyan sugere uma experiência: olhem de novo para o pálido ponto azul do capítulo anterior. Observem bem. Olhem fixamente para o ponto por um longo tempo e tentem se convencer de que Deus criou todo o Universo para uma das aproximadamente 10 milhões de espécies de vida que habitam esse grão de poeira. Agora deem um passo adiante: imaginem que tudo foi feito apenas para uma única nuança dessa espécie, gênero ou subdivisão religiosa ou étnica. Se isso não lhes parecer improvável, tomem outro dos pontos. Imaginem que *ele* é habitado por uma forma diferente de vida inteligente. Que também nutre a noção de um Deus que criou todas as coisas para o seu bem. Até que ponto vocês levariam a sério essa pretensão?

"Está vendo aquela estrela?"

"A vermelha brilhante?", pergunta a filha em resposta.

"Sim. Sabe, ela talvez já não esteja ali. Pode ter desaparecido a essa altura — explodido ou algo assim. A sua luz ainda está cruzando o espaço, só agora atingindo nossos olhos. Mas não a vemos como ela é. Nós a vemos como ela foi."

Muitas pessoas experimentam estimulante admiração quando se veem, pela primeira vez, diante dessa verdade simples. Por quê? Por que ela seria tão irresistível? Em nosso pequeno mundo, a luz se move, para todos os fins práticos, instantaneamente. Se uma lâmpada está acesa, é claro que se encontra, brilhando, onde a vemos. Estendemos a mão e a tocamos: está ali, sem dúvida alguma, e desagradavelmente quente. Se o filamento se rompe, a luz se apaga. Não a vemos no mesmo lugar, brilhando, iluminando o quarto, anos depois que se queimou e foi removida de seu suporte. A simples ideia parece sem sentido. Se estamos bastante distantes, porém, um Sol inteiro pode se apagar e continuaremos a vê-lo brilhar resplandecentemente; é bem possível que, por eras, fiquemos sem saber de sua morte — na verdade, durante o período de tempo que a luz, a velocidade assombrosa mas não infinita, leva para cruzar a imensidão intermediária.

As imensas distâncias até as estrelas e as galáxias significam que todos os corpos que vemos no espaço estão no passado — alguns deles tal como eram antes que a Terra viesse a existir. Os telescópios são máquinas do tempo. Há muitas eras, quando uma galáxia primitiva começou a derramar luz na escuridão circundante, nenhuma testemunha poderia ter adivinhado que bilhões de anos mais tarde alguns blocos remotos de rocha e metal, gelo e moléculas orgânicas se juntariam para formar um lugar chamado Terra; nem que surgiria a vida, nem que seres pensantes evoluiriam e um dia captariam um pouco dessa luz galáctica, tentando decifrar o que a enviara em sua trajetória.

E depois que a Terra morrer, daqui a uns 5 bilhões de anos, depois que ela for calcinada ou até tragada pelo Sol, surgirão outros mundos, estrelas e galáxias — e eles nada saberão de um lugar outrora chamado Terra.

Quase, nunca parece preconceito. Ao contrário, parece apropriada e justa a ideia de que, por ter nascido acidentalmente, o *nosso* grupo (seja ele qual for) deveria ter uma posição central no universo social. Entre os principelhos faraônicos e os pretendentes dos Plantagenetas, os filhos de barões saqueadores e os burocratas do Comitê Central, as gangues de rua e os conquistadores de nações, os membros de maiorias convictas, seitas obscuras e minorias ultrajadas, essa atitude de favorecer os seus próprios interesses parece tão natural quanto respirar. Ela tira o seu sustento das mesmas fontes nas quais se alimentam o sexismo, o racismo, o nacionalismo e outros chauvinismos mortais que atormentam nossa espécie. É necessária uma força incomum de caráter para resistir às lisonjas dos que nos atribuem uma superioridade evidente, até concedida por Deus, sobre os nossos companheiros. Quanto mais precária a nossa autoestima, maior a nossa vulnerabilidade a esses apelos.

Como os cientistas são pessoas, não é surpreendente que pretensões parecidas tenham se insinuado na visão científica do mundo. Na verdade, muitos dos debates centrais na história da ciência parecem ser, ao menos em parte, disputas em que se procura decidir se os seres humanos são especiais. Quase sempre, o pressuposto aceito é de que *somos* especiais. No entanto, depois que a premissa é examinada com cuidado, descobre-se — em um número desalentadoramente grande de casos — que não somos.

Os nossos antepassados viviam ao ar livre. Sua familiaridade com o céu noturno era igual à que temos hoje com nossos programas favoritos de televisão. O Sol, a Lua, as estrelas e os planetas, todos nasciam no leste e se punham no oeste, cruzando o alto do céu nesse meio-tempo. O movimento dos corpos celestes não era simplesmente uma diversão, provocando uma saudação ou um resmungo reverente; era a única maneira de reconhecer as horas do dia e as estações. Para os caçadores e coletores, bem como para os povos agrícolas, conhecer o céu era uma questão de vida ou morte.

Providencial que o Sol, a Lua, os planetas e as estrelas fizessem parte de um relógio cósmico elegantemente configurado! Nada parecia acidental. Eles ali estavam para esse fim, a nosso serviço. Quem mais fazia uso deles? Para que mais serviam?

E se as luzes no céu se levantam e se põem ao nosso redor, não é evidente que estamos no centro do Universo? Os corpos celestes — tão claramente impregnados de poderes extraterrenos, especialmente o Sol, de que dependemos tanto, pois dele recebemos luz e calor — giram ao redor de nós como cortesãos adulando o rei. Mesmo que ainda não tivéssemos adivinhado, o exame mais elementar dos céus revela que *somos* especiais. O Universo parece projetado para os seres humanos. É. difícil considerar essas circunstâncias sem experimentar confiança e orgulho. Todo o Universo feito para nós! Devemos ser realmente algo especial.

Essa demonstração satisfatória de nossa importância, escorada na observação cotidiana dos céus, transformou o conceito geocêntrico em uma verdade transcultural — ensinada nas escolas, incorporada à língua, parte integrante da grande literatura e das Escrituras Sagradas. Os dissidentes foram desencorajados, às vezes por meio de tortura e morte. Não é de admirar que, durante a maior parte da história humana, ninguém a tenha questionado.

Era, sem dúvida, a visão de nossos antepassados caçadores e saqueadores. No século II, Ptolomeu, o grande astrônomo da Antiguidade, sabia que a Terra era uma esfera, sabia que seu tamanho era "um ponto" se comparado à distância das estrelas, e ensinava que ela estava "bem no meio dos céus". Aristóteles, Platão, Santo Agostinho, São Tomás de Aquino e quase todos os grandes filósofos e cientistas de todas as culturas acreditaram nessa ilusão durante 3 mil anos até o século XVII. Alguns se ocupavam em imaginar como o Sol, a Lua, as estrelas e os planetas poderiam estar engenhosamente presos a esferas cristalinas, de transparência perfeita — as grandes esferas, é claro, centradas na Terra —, o que explicaria os movimentos complexos dos corpos celestes tão meticulosamente relatados por gerações de astrônomos. E foram bem-sucedidos: com modificações posteriores, a hipótese geocêntrica explicava adequadamente os fatos do movimento planetário, assim como este era conhecido nos séculos II e XVI.

Daí foi apenas um passo para uma alegação ainda mais grandiosa — a de que a "perfeição" do mundo seria incompleta sem os seres humanos, como Platão afirmou em Timeu. "O homem [...] é tudo", escreveu o poeta e clérigo John Donne em 1625. "Ele não é uma parte do mundo, mas o próprio mundo: e logo abaixo da glória de Deus, a razão da existência do mundo."

A Terra, no entanto — não importa quantos reis, papas, filósofos, cientistas e poetas tenham insistido em afirmar o contrário —, persistiu em girar em torno do Sol durante todos esses milênios. Pode-se imaginar um observador extraterrestre severo olhando a nossa espécie com desprezo durante todo o tempo, enquanto tagarelávamos animadamente: "O

Universo criado para nós! Somos o centro! Tudo nos rende homenagem!".
E concluindo que nossas pretensões são divertidas, nossas aspirações patéticas e que este deve ser o planeta dos idiotas.

Esse juízo é demasiado severo, porém. Fizemos o melhor possível. Havia uma coincidência infeliz entre as aparências cotidianas e nossas esperanças secretas. Tendemos a não ser especialmente críticos diante de evidências que parecem confirmar nossos preconceitos. E havia pouca evidência que os anulasse.

Em abafado contraponto, algumas vozes dissidentes, através dos séculos, aconselhavam humildade e uma visão mais realista. Na aurora da ciência, os filósofos atomistas da Grécia e Roma antigas — que sugeriram pela primeira vez que a matéria é feita de átomos —, Demócrito, Epicuro e seus discípulos (e Lucrécio, o primeiro divulgador da ciência), propuseram escandalosamente a existência de muitos mundos e muitas formas alienígenas de vida, todos constituídos das mesmas espécies de átomos de que somos feitos. Apresentavam à nossa consideração infinidades no espaço e no tempo. Mas nos cânones predominantes do Ocidente, seculares e sacerdotais, pagãos e cristãos, as ideias atomistas eram atacadas. Ao contrário do que professavam, os céus não eram absolutamente parecidos com o nosso mundo. Eram inalteráveis e "perfeitos". A Terra era mutável e "corrupta". O estadista e filósofo romano Cícero resumiu a opinião comum: "Nos céus [...] não há sorte ou acaso, nem erro ou frustração, mas uma ordem absoluta, exatidão, cálculo e regularidade".

A filosofia e a religião alertavam que os deuses (ou Deus) eram muito mais poderosos que nós, ciosos de suas prerrogativas e rápidos em ministrar justiça por qualquer arrogância intolerável. Ao mesmo tempo, essas disciplinas nem sequer suspeitavam de que seu próprio ensinamento sobre a organização do Universo era uma presunção e um engano.

A filosofia e a religião apresentavam simples opiniões — que poderiam ser derrubadas pela observação e experimentação — como certezas. Que algumas de suas convicções profundamente arraigadas pudessem se revelar erros não era uma possibilidade considerada. Isso não as preocupava de modo algum. A humildade doutrinária deveria ser praticada pelos outros. Os próprios ensinamentos eram isentos de erro, infalíveis. Na verdade, eles tinham mais razões para ser humildes do que imaginavam.

* * *

A partir de Copérnico, da metade do século XVI em diante, a questão passou a ser formalmente discutida. Era considerado perigoso imaginar que o Sol, e não a Terra, estava no centro do Universo. Condescendentemente, muitos estudiosos apressaram-se em garantir à hierarquia religiosa que essa nova hipótese não representava nenhum sério desafio à sabedoria convencional. Numa espécie de solução de Compromisso esquizofrênica, o sistema centrado no Sol foi tratado como simples conveniência computacional e não como realidade astronômica. Em outras palavras: a Terra estava *realmente* no centro do Universo, como todos sabiam: mas se alguém desejava predizer onde Júpiter estaria na segunda terça-feira de novembro do ano seguinte, era-lhe permitido fingir que o Sol estava no centro. Então era possível fazer o cálculo sem afrontar as autoridades.*

"Não há perigo nenhum nisso", escreveu o cardeal Roberto Belarmino , o principal teólogo do Vaticano no início do século XVII,

> "e satisfaz os matemáticos. Mas afirmar que o Sol está na verdade fixo no centro dos céus e que a Terra gira muito rapidamente ao redor dele é perigoso, pois não só irrita os teólogos e os filósofos como ofende a Santa Fé e torna falsa a Sagrada Escritura."

"A liberdade de opinião é perniciosa, escreveu Belarmino em outra ocasião. "Nada mais é do que a liberdade de estar errado."

Além disso, se a Terra girasse ao redor do Sol, as estrelas próximas dariam a impressão de se moverem contra o pano de fundo das estrelas mais distantes, sempre que, a cada seis meses, deslocássemos nossa perspectiva

---

*A primeira edição do famoso livro de Copérnico continha uma introdução escrita pelo teólogo Andrew Osiander, inserida sem o conhecimento do astrônomo moribundo. No texto de Osiander, a tentativa bem-intencionada de reconciliar a religião e a astronomia copernicana terminava com as seguintes palavras: "Que ninguém espere certezas da astronomia, pois a astronomia nada nos pode oferecer de certo, a não ser que, tomando como verdade o que foi construído para outros fins, alguém acabe se tornando ainda mais tolo do que quando começou a estudar essa disciplina". A certeza só pode ser encontrada na religião.

de um lado da órbita da Terra para o outro. Não se havia descoberto nenhuma "paralaxe anual" desse tipo. Os copernicanos argumentavam que isso se devia ao fato de as estrelas estarem extremamente longe — talvez 1 trilhão de vezes mais distantes do que a Terra está do Sol. Melhores telescópios, no futuro, talvez descobrissem uma paralaxe anual. Os adeptos do geocentrismo consideravam esse argumento uma tentativa desesperada de salvar uma hipótese falha, risível diante das circunstâncias.

Quando Galileu virou o primeiro telescópio astronômico para o céu, a maré começou a mudar. Ele descobriu que Júpiter tinha um pequeno séquito de luas descrevendo órbitas ao seu redor, as mais próximas girando mais rápido que as mais afastadas, exatamente como Copérnico tinha concluído a respeito do movimento dos planetas ao redor do Sol. Observou que Mercúrio e Vênus passavam por fases como a Lua (o que indicava que giravam ao redor do Sol). Além disso, a Lua cheia de crateras e o Sol coberto de manchas desafiavam a perfeição dos céus. Esse pode ter sido, em parte, o tipo de problema que preocupava Tertuliano uns 1300 anos antes, quando pedia: "Se você tem algum tino ou decoro, pare de sondar as regiões do céu, o destino e os segredos do Universo".

Ao contrário, Galileu ensinava que se pode interrogar a natureza por meio da observação e da experimentação. Assim, "fatos que à primeira vista pareceram improváveis deixarão cair o manto que os encobre e aparecerão em toda a sua beleza simples e nua, mesmo que à luz de explicações escassas". Esses fatos, que até os céticos podem confirmar, não são uma visão do Universo de Deus mais segura que todas as especulações dos teólogos? E se, todavia, esses fatos contradisserem as convicções daqueles que consideram a sua religião incapaz de cometer erros? Os príncipes da Igreja ameaçaram o astrônomo idoso com torturas se ele persistisse em lecionar a doutrina abominável de que a Terra se movia. Foi condenado a uma espécie de prisão domiciliar para o resto da vida.

Uma ou duas gerações mais tarde, na época em que Isaac Newton demonstrou que uma física simples e elegante podia explicar quantitativamente — e predizer — todos os movimentos planetários e lunares observados (desde que se assumisse que o Sol estava no centro do Sistema Solar), a ilusão geocêntrica desgastou-se ainda mais.

Em 1725, numa tentativa de descobrir a paralaxe estelar, o diligente astrônomo amador inglês James Bradley encontrou, por acaso, a aberração da luz. Acho que o termo "aberração" traz em si um pouco do caráter inesperado da descoberta. Observando-as ao longo de um ano, descobriu-se que as estrelas traçam pequenas elipses no céu. Era, conforme se constatou, o que todas as estrelas faziam. Isso não podia ser paralaxe estelar, pois se esperava uma grande paralaxe para as estrelas próximas e outra incapaz de ser detectada para as estrelas distantes. Em lugar disso, a aberração é semelhante à impressão de estarem caindo obliquamente que as gotas de chuva, que atingem um carro em movimento, dão aos passageiros; quanto mais veloz o carro, mais pronunciada a inclinação. Se a Terra estivesse parada no centro do Universo, em vez de se movendo velozmente ao redor do Sol, Bradley não teria descoberto a aberração da luz. Era uma demonstração irrefutável de que a Terra girava em torno do Sol. Convenceu a maioria dos astrônomos e alguns outros, mas não convenceu, na opinião de Bradley, os "anticopernicanos".

Só em 1837 observações diretas das estrelas mostraram de forma muito clara que a Terra, de fato, gira ao redor do Sol. A paralaxe anual tão longamente discutida foi por fim descoberta — não por melhores argumentos, mas por melhores instrumentos. Como explicar o que a paralaxe significa é muito mais simples que explicar a aberração da luz, sua descoberta foi muito importante. Colocou o último prego no caixão do geocentrismo. Basta olhar para o seu dedo com o olho esquerdo e depois com o direito, e você verá que ele parece se mover. Todo mundo é capaz de compreender a paralaxe.

No século XIX, os adeptos do geocentrismo científico haviam sido convertidos ou estavam em extinção. Assim que a maioria dos cientistas se convenceu da nova realidade, a opinião pública bem informada mudou rapidamente; em alguns países em apenas três ou quatro gerações. Claro que, no tempo de Galileu e Newton, e até muito mais tarde, ainda havia quem objetasse, tentando impedir que o novo Universo centrado no Sol fosse aceito ou mesmo conhecido. E havia muitos que ao menos nutriam restrições secretas.

No final do século XX, caso ainda existam alguns relutantes, podemos resolver a questão diretamente. Podemos testar se vivemos num sistema centrado na Terra, com planetas afixados em esferas de cristal transparente, ou num sistema centrado no Sol, com planetas controlados à distância pela gravidade dessa estrela. Por exemplo, temos investigado os planetas com o radar. Quando fazemos um sinal ricochetear numa lua de Saturno, não captamos nenhum eco de rádio vindo de uma esfera de cristal mais próxima, ligada a Júpiter. Nossas naves espaciais chegam a seus destinos com precisão assombrosa, exatamente conforme as previsões da gravitação newtoniana. Quando nossas naves voam a Marte, seus instrumentos não captam nenhum tinido nem detectam cacos de cristal quebrado, ao irromperem pelas "esferas" que — segundo as opiniões autorizadas que prevaleceram durante milênios — impelem Vênus ou o Sol em seus movimentos obedientes ao redor da Terra central.

Ao esquadrinhar o Sistema Solar de um ponto além do planeta mais afastado, a *Voyager 1* viu, assim como Galileu e Copérnico haviam previsto, o Sol no meio e os planetas em órbitas concêntricas ao seu redor. Longe de ser o centro do Universo, a Terra é apenas um dos pontos em órbita. Por já não estarmos confinados em um mundo único, somos agora capazes de alcançar outros mundos e determinar de forma decisiva que tipo de sistema planetário habitamos.

Todas as outras propostas, e seu número é impressionante, de nos afastar do centro do palco cósmico também encontraram resistência, em parte por razões semelhantes. Parecemos ansiar por privilégios a que não teríamos direito por nossas realizações, mas pelo nosso nascimento, pelo simples fato de sermos humanos e termos nascido sobre a Terra. Poderíamos dar a essa presunção o nome de antropocêntrica — "centrada no humano".

Presunção que beira o clímax na noção de que somos criados à imagem de Deus: o Criador e Regente de todo o Universo se parece comigo. Céus, que coincidência! Que conveniente e satisfatório! Xenófanes, filósofo grego do século VI a.C., compreendeu a arrogância desse ponto de vista:

> Os etíopes atribuem a seus deuses pele preta e nariz arrebitado; os trácios dizem que os seus têm olhos azuis e cabelo vermelho [...] sim, e se os bois, os cavalos ou os leões tivessem mãos, pudessem pintar e produzir obras de arte como os homens, os cavalos pintariam os deuses sob a forma de cavalos e os bois lhes dariam a forma de bois.

Essas atitudes eram outrora descritas como "provincianas" — a expectativa ingênua de que as hierarquias políticas e as convenções sociais de uma província obscura se estendessem a um imenso império composto de muitas tradições e culturas diferentes; de que as aldeias familiares, as nossas aldeias, são o centro do mundo. Os caipiras quase nada sabem da possibilidade de alternativas. Não conseguem compreender a insignificância de sua província nem a diversidade do Império. Com desenvoltura, aplicam seus próprios padrões e costumes ao resto do planeta. Mas despejados em Viena, por exemplo, Hamburgo ou Nova York, reconhecem tristemente o quanto a sua perspectiva é limitada. Tornam-se "desprovincianizados".

A ciência moderna tem sido uma viagem ao desconhecido, com uma lição de humildade em cada parada. Muitos passageiros teriam preferido ficar em casa.

3. As grandes humilhações

[Um filósofo] afirmava conhecer todo o segredo... [Ele] exami-nou os dois estranhos celestes da cabeça aos pés e afirmou, diante deles, que suas pessoas, seus mundos, sóis e estrelas haviam sido criados unicamente para servir ao homem. Diante dessa afirma-ção, nossos dois viajantes caíram nos braços um do outro, toma-dos de um acesso incontrolável de... riso.

Voltaire, *Micrômegas: uma história filosófica* (1752)

No século XVII ainda havia alguma esperança de que a Terra fosse o único "mundo", mesmo não sendo o centro do Universo. Mas o telescópio de Galileu revelou que "a Lua certamente não possui uma superfície lisa e polida" e que outros mundos poderiam ter "uma superfície parecida com a da própria Terra". A Lua e os planetas tinham tanto direito a serem mundos quanto a Terra — com montanhas, crateras, atmosferas, calotas polares, nuvens e, no caso de Saturno, um deslumbrante conjunto de anéis circunferentes. Foram milênios de debate filosófico até a questão ser decidida pela "pluralidade de mundos". Talvez eles fossem profundamente diferentes do nosso, nenhum tão compatível com a vida. Mas a Terra não era o único mundo.

Essa foi outra na série das Grandes Humilhações: experiências de rebaixamento, demonstrações de nossa aparente insignificância, feridas que a ciência, em sua busca dos fatos de Galileu, infligiu ao orgulho humano.

Bem, esperavam alguns, *mesmo que a Terra não esteja no centro do Universo, o Sol está. O Sol é o nosso Sol. Assim, a Terra está* aproximadamente *no centro do Universo.* Talvez com isso parte do nosso orgulho fosse poupada. Mas no século xix a astronomia de observação deixou claro que o Sol é apenas uma estrela solitária num grande conjunto de sóis com gravidade própria chamado galáxia da Via Láctea. Longe de ocupar o centro da galáxia, o nosso Sol, com seu séquito de planetas minúsculos e pálidos, está num setor difuso de um braço obscuro da espiral, a 30 mil anos-luz do centro.

Bem, nossa Via Láctea é a única galáxia. A galáxia da Via Láctea é uma dentre bilhões, talvez centenas de bilhões de galáxias, e não sobressai pela massa, pelo brilho ou pela configuração e arranjo de suas estrelas. Algumas fotografias modernas de exposição profunda revelam mais galáxias além da Via Láctea que estrelas dentro dela: ilhas-universos que talvez contenham centenas de bilhões de sóis. A imagem é um manifesto sobre a humildade.

*Bem, então, ao menos, nossa Galáxia está no centro do Univer*so. Errado de novo. Quando a expansão do Universo foi descoberta, muita gente achou que a Via Láctea estava no centro da expansão, com todas as outras galáxias afastando-se velozmente dela. Hoje sabemos que os astrônomos, em qualquer galáxia, veriam todas as demais em fuga veloz; e, a não ser que fossem muito cuidadosos, todos concluiriam que *eles* é que estavam no centro do Universo. Não existe, na verdade, centro para a expansão ou ponto de origem do Big Bang: não no espaço tridimensional comum.

Bem, mesmo que existam centenas de bilhões de galáxias, com centenas de bilhões de estrelas cada, nenhuma outra estrela tem planetas. Se não há outros planetas além do nosso Sistema Solar, talvez não exista outra vida no Universo. Nosso caráter único estaria salvo. Pequenos e de fraco brilho pela luz que refletem do Sol, os planetas são difíceis de identificar. A tecnologia adequada progride depressa, mas mesmo um mundo gigantesco como Júpiter, que gira ao redor da estrela *mais próxima,* a Alfa do Centauro, seria difícil de detectar. Os geocentristas tiram sua esperança da ignorância.

Houve, em certa época, uma hipótese científica — não só bem-aceita, mas predominante — de que o nosso Sistema Solar se formara pela quase colisão do antigo Sol com outra estrela; a maré da interação gravitacional teria arrancado anéis de matéria solar que se condensaram rapidamente, formando os planetas. Como o espaço é vazio na sua maior parte e as quase colisões estelares são muito raras, concluiu-se que não há muitos outros sistemas planetários — apenas um, talvez, ao redor da outra estrela que outrora cogerou os mundos de nosso Sistema Solar. No início dos meus estudos, fiquei estupefato e desapontado por se haver considerado, em relação aos planetas de outras estrelas, ausência de evidência como evidência da ausência.

Hoje temos provas da existência de pelo menos três planetas girando em torno de uma estrela muito densa, o pulsar B1257+12, sobre o qual falarei mais adiante. Descobrimos ainda que mais da metade das estrelas com massa semelhante à do Sol no início da vida era circundada por grandes discos de gás e poeira, matéria de que os planetas parecem se formar. Outros sistemas planetários, talvez até mundos semelhantes à Terra, parecem agora um lugar-comum cósmico. Em poucas décadas devemos poder inventariar ao menos os planetas maiores, se existirem, de centenas de estrelas próximas.

Bem, nossa posição no espaço não demonstra nosso papel especial, mas nossa posição no tempo sim: estamos no Universo desde o início. Recebemos responsabilidades especiais do Criador. Outrora parecia razoável pensar que o Universo tivesse começado a existir um pouco antes de nossa memória coletiva ser obscurecida pela passagem do tempo e pela ignorância de nossos antepassados, Em termos genéricos, há milhares de anos. As religiões que descrevem a origem do Universo frequentemente especificam — implícita ou explicitamente — uma data de origem mais ou menos dessa safra, uma data de aniversário para o mundo.

Somando as "gerações" do Gênesis, por exemplo, obteremos uma idade para a Terra: cerca de 6 mil anos. O Universo teria exatamente a mesma idade da Terra. Essa é a verdade de judeus, cristãos e fundamentalistas muçulmanos, verdade claramente refletida no calendário judeu.

Um Universo tão jovem propõe uma pergunta embaraçosa: como podem existir objetos astronômicos a mais de 6 mil anos-luz de distância? A luz leva um ano para atravessar um ano-luz, 10 mil para cruzar 10 mil anos-luz, e assim por diante. Quando olhamos para o centro da galáxia da Via Láctea, a luz que vemos partiu de sua fonte há 30 mil anos. A mais próxima galáxia espiral semelhante à nossa, a M31, na constelação de Andrômeda, está a 2 milhões de anos-luz; nós a vemos, portanto, como era quando sua luz partiu na longa viagem para a Terra — há 2 milhões de anos. E quando observamos quasares distantes, a 5 bilhões de anos-luz, nós os vemos como eram há 5 bilhões de anos, antes de a Terra ser formada. (É quase certo que eles são muito diferentes hoje em dia.)

Se, apesar de tudo isso, aceitássemos a verdade literal dos livros sagrados, como conciliar os dados? A meu ver, a única conclusão plausível é que Deus criou recentemente todos os fótons de luz que chegam à Terra num formato coerente a ponto de induzir gerações de astrônomos ao erro de acreditar na existência de fenômenos como galáxias e quasares, levando-os à conclusão espúria de que o Universo é vasto e antigo. Essa é uma teologia tão malévola que custo a acreditar que alguém possa considerá-la com seriedade.

Além disso, a datação radioativa das rochas, a abundância de crateras de impacto em muitos mundos, a evolução das estrelas e a expansão do Universo são evidências independentes e indiscutíveis de que nosso Universo tem muitos bilhões de anos, apesar das afirmativas de teólogos respeitados de que um mundo tão antigo contradiz a palavra de Deus e de que as informações sobre a antiguidade do mundo só são acessíveis à fé.* Esses indícios também teriam de ser criados por uma divindade enganadora, a menos que o mundo seja muito mais antigo que os literalistas da religião judaico-cristã-islâmica supõem. Claro, esse problema não existe para muitos fiéis que tratam a Bíblia e o Alcorão como guias históricos e morais e como grande lite-

---

* Em *A cidade de Deus*, Santo Agostinho diz: "Como ainda não se passaram 6 mil anos desde o aparecimento do primeiro homem [...] não devem ser ridicularizados, em vez de refutados, aqueles que tentam nos persuadir de qualquer coisa relativa a um espaço de tempo tão diferente da verdade determinada e tão contrária a ela?[...] Sustentados pela autoridade divina da história de nossa religião, não temos dúvida de que é muito falso tudo o que se lhe opuser". Ele considera a antiga tradição egípcia de que o mundo tem 100 mil anos "mentiras abomináveis". São Tomás de Aquino, na *Suma teológica*, afirma que "a novidade do mundo não pode ser demonstrada a partir do próprio mundo". Ambos tinham *certeza*.

ratura, sem deixar de reconhecer que suas noções sobre o mundo natural refletem a ciência rudimentar da época em que foram escritas.

Muitas eras se passaram até a Terra começar a existir. Outras seguirão seu curso antes de sua destruição. Devemos distinguir entre a idade da Terra (uns 4,5 bilhões de anos) e a idade do Universo (uns 15 bilhões de anos a partir do Big Bang). Dois terços do imenso intervalo de tempo entre a origem do Universo e nossa época já haviam se passado quando a Terra veio a existir. Há estrelas e sistemas planetários bilhões de anos mais jovens e bilhões de anos mais antigos, mas no Gênesis, capítulo 1, versículo 1, o Universo e a Terra são criados no mesmo dia. A religião hinduísta-budista-jainista tende a não confundir os dois acontecimentos.

Nós, humanos, somos retardatários. Aparecemos no último instante do tempo cósmico. Havia transcorrido 99,998% da história do Universo até o presente quando nossa espécie entrou em cena. No vasto circuito de eras, não temos responsabilidade especial por nosso planeta ou pela vida. Não estávamos presentes.

Bem, se não temos nada especial quanto a nossa posição ou nossa época, vejamos nosso movimento. Newton e os outros grandes físicos clássicos afirmavam que a velocidade da Terra no espaço era um "sistema de referência privilegiado". Albert Einstein, um crítico agudo do preconceito e do privilégio, considerava essa física "absoluta" resíduo de um chauvinismo terrestre cada vez mais desacreditado. Achava que as leis da natureza deveriam ser as mesmas, fosse qual fosse a velocidade ou o sistema de referência do observador. Com essa noção como ponto de partida, desenvolveu a Teoria Especial da Relatividade. As consequências dessa teoria são bizarras, contrárias à intuição, e contrárias ao bom senso, mas só em velocidades muito elevadas. Observações cuidadosas e repetidas mostram que essa célebre teoria é uma descrição acurada da constituição do mundo. Nossas intuições podem estar erradas. Nossas preferências não contam. Não vivemos num sistema de referência privilegiado.

Uma consequência da relatividade especial é a dilatação do tempo, isto é, seu retardamento à medida que o observador se aproxima da velocidade da luz. Ainda se encontram afirmações de que a dilatação se aplica a relógios e partículas elementares e, presumivelmente, ao ritmo circadiano e outros em plantas, animais e micróbios; não se aplica, todavia, ao relógio biológico humano. Sugere-se que nossa espécie teria uma imunidade especial às leis da natureza — capaz, portanto, de discernir conjuntos de matéria com ou sem esse privilégio. (Na verdade, a prova de Einstein para a relatividade especial não admite tais distinções.) Ver os seres humanos como exceções à relatividade parece outra forma da noção da criação especial.

Bem, mesmo que nossa posição, nossa época, nosso movimento e nosso mundo não sejam únicos, talvez nós sejamos. Somos diferentes dos outros animais. Fomos especialmente criados. O zelo particular do Criador do Universo é evidente em nós. Essa crença foi apaixonadamente defendida por razões religiosas e outras. Na metade do século XIX, entretanto, Charles Darwin mostrou que uma espécie pode evoluir para outra espécie mediante processos inteiramente naturais, que se reduzem à função impiedosa da natureza de salvar as hereditariedades que funcionam e rejeitar as que não funcionam. "O homem na sua arrogância se considera uma grande obra, digna [da] intervenção de uma divindade", registrou Darwin em seu caderno de notas. "É mais humilde e, penso, mais verdadeiro considerar que foi criado a partir dos animais." No final do século XX as conexões profundas e íntimas dos seres humanos com as outras formas de vida sobre a Terra têm sido indiscutivelmente demonstradas pela nova ciência da biologia molecular.

Em cada época, os chauvinismos que afirmam nossa superioridade são desafiados em nova arena do debate científico — neste século, nas tentativas de compreender a natureza da sexualidade humana, a existência da mente inconsciente e o fato de muitas doenças psiquiátricas e "defeitos" de caráter terem origem molecular.

Bem, ainda que sejamos intimamente relacionados com alguns dos outros animais, somos diferentes — em grau e em espécie — no que realmente importa: raciocínio, autoconsciência, manufatura de ferramentas, ética, altruísmo, religião, linguagem, nobreza de caráter. Os seres humanos, como todos os animais, têm características que os diferenciam — senão, como poderíamos distinguir uma espécie da outra? —, o caráter único do ser humano tem sido exagerado, às vezes grosseiramente. Os chimpanzés raciocinam, têm autoconsciência, fazem ferramentas, demonstram afeto etc. Os chimpanzés e os seres humanos têm 99,6% de seus genes ativos em comum. (Ann Druyan e eu apresentamos um resumo dessas evidências em nosso livro *Shadows of Forgotten Ancestors.*)

Na cultura popular, adota-se a posição oposta, também induzida pelo chauvinismo humano (e pela falta de imaginação): as histórias infantis e os desenhos animados fazem os animais vestir roupa, morar em casas, usar garfo e faca e falar. Os três ursos dormem em camas. A coruja e o gatinho vão à praia num belo barco verde-amarelo. As mães dinossauras acariciam os filhotes. Os pelicanos entregam cartas. Os animais de estimação têm nomes humanos. Bonecas, quebra-nozes, xícaras e pires dançam e têm opiniões. Na série *Thomas e Seus Amigos,* vemos até locomotivas e vagões antropomórficos, representados com muito encanto. Seja qual for o objeto de nosso pensamento, animado ou inanimado, tendemos a lhe atribuir traços humanos. Não podemos evitar. As imagens logo acodem à mente. As crianças são apaixonadas por elas.

Quando falamos em céu "ameaçador", mar "agitado", diamantes que "resistem" a arranhões, na "atração" que a Terra exerce sobre um asteroide que passa ou na "excitação" de um átomo, voltamos a uma visão de mundo animista. Reificamos. Um nível antigo de nosso pensamento dota a natureza inanimada de vida, paixões e reflexão próprias.

A noção de que a Terra é autoconsciente veio na esteira da hipótese "Gaia". Era, no entanto, uma convicção corriqueira entre os gregos antigos e os primeiros cristãos. Orígenes queria saber se "também a Terra, pela sua própria natureza, seria responsável por algum pecado". Muitos eruditos antigos pensavam que as estrelas eram seres vivos. Essa era também a opinião de Orígenes, de Santo Ambrósio (o mentor de Santo Agostinho) e até, mais qualificadamente, de São Tomás de Aquino. A posição filosófica estoica sobre a natureza do Sol foi dada por Cícero no século I a.C.: "Como o Sol se parece com aqueles fogos que estão contidos nos corpos das criaturas vivas, o Sol também deve ser vivo".

As atitudes animistas, em geral, parecem estar se disseminando. Num levantamento norte-americano de 1954, 75% das pessoas entrevistadas dispunham-se a afirmar que o Sol não é vivo; em 1989, apenas 30% apoiariam essa proposição. E um pneu de carro, sente alguma coisa? Em 1954 90% dos entrevistados achavam que não, mas apenas 73% manifestaram igual opinião em 1989.

Podemos aqui reconhecer uma deficiência — grave em algumas circunstâncias — de nossa capacidade de compreender o mundo. Caracteristicamente, gostemos ou não, parecemos compelidos a projetar nossa própria natureza na Natureza. Embora possa resultar em uma visão do mundo sistematicamente distorcida, essa atitude tem uma grande virtude: a projeção é a precondição essencial para a compaixão.

O.k.; talvez não sejamos grande coisa, talvez tenhamos um parentesco brilhante com os macacos, mas pelo menos somos o que de melhor existe. À parte Deus e os anjos, somos os únicos seres inteligentes no Universo. Um correspondente me escreve: "Tenho tanta certeza disso quanto de qualquer de minhas experiências. Não existe vida consciente em nenhum outro lugar no Universo. A humanidade retoma sua posição legítima de centro do Universo". Em parte pela influência da ciência e da ficção científica, hoje a maioria das pessoas, ao menos nos Estados Unidos, rejeita essa proposição por razões formuladas essencialmente pelo antigo filósofo grego Crisipo: "Seria um caso insano de arrogância um ser humano vivo pensar que nada lhe é superior em todo o mundo".

O fato básico é que ainda não descobrimos vida extraterrestre. Estamos nas primeiras fases de observação. A questão está em aberto. Se eu tivesse de fazer conjecturas, diria que o Universo está repleto de seres muito mais inteligentes e muito mais avançados que nós. É claro que eu poderia estar errado. Essa conclusão, quando muito, fundamenta-se na plausibilidade derivada do número de planetas, da ubiquidade da matéria orgânica, das imensas escalas de tempo disponíveis para a evolução e assim por diante. Não é demonstração científica. A questão é uma das mais fascinantes de toda a ciência. Estamos começando a desenvolver as ferramentas para tratá-la com seriedade.

E o que dizer da questão correlata de sermos capazes de criar inteligências mais sagazes que a nossa? Os computadores realizam rotineiramente operações matemáticas que nenhum ser humano conseguiria fazer sem ajuda, superam campeões mundiais de damas e xadrez, falam e entendem inglês e outras línguas, escrevem contos e composições musicais razoáveis, aprendem com seus erros e pilotam navios, aviões e naves espaciais. Sua capacitação aumenta continuamente. Estão ficando menores, mais rápidos e baratos. A cada ano, a maré do progresso científico avança um pouco sobre a ilha da singularidade intelectual do ser humano com seus náufragos em disposição de batalha. Se nessa fase primitiva de nossa evolução tecnológica conseguimos criar inteligência com silício e metal, o que não faremos nas próximas décadas e séculos? O que acontece quando máquinas inteligentes fabricam máquinas mais inteligentes?

A indicação mais clara, talvez, de que a busca de uma imerecida posição privilegiada para os seres humanos jamais será totalmente abandonada é o que, na física e na astronomia, se chama Princípio Antrópico. Um nome mais adequado seria Princípio Antropocêntrico. Ele aparece sob várias formas. O Princípio Antrópico "Fraco" observa simplesmente que, se as leis da natureza e as constantes físicas — como a velocidade da luz, a carga do elétron, a constante gravitacional newtoniana ou a constante de Planck da mecânica quântica — tivessem sido diferentes, o curso dos acontecimentos que deram origem aos seres humanos nunca teria ocorrido. Sob outras leis e constantes, os átomos não se manteriam coesos, as estrelas evoluiriam depressa demais para que a vida tivesse tempo de evoluir em planetas próximos, os elementos químicos que compõem a vida nunca teriam sido gerados etc. Leis diferentes, nada de seres humanos.

Não há controvérsia sobre o Princípio Antrópico Fraco. Alteradas as leis e as constantes da natureza, se isso fosse possível, talvez surgisse um Universo muito diferente; em muitos casos, um Universo incompatível com a vida. * O simples fato de existirmos implica (mas não impõe) restrições às leis da natureza. Já os Princípios Antrópicos "Fortes" vão bem mais longe; alguns de seus defensores chegam quase a deduzir que as leis da natureza e os valores das constantes físicas foram estabelecidos (não perguntem como, nem por quem) *para que* os seres humanos viessem a existir. Quase todos os

---

* O nosso universo é *quase* incompatível com a vida. Ou, ao menos, com o que consideramos necessário para a vida: ainda que cada estrela, em centenas de bilhões de galáxias, tivesse um planeta como a Terra, se não fossem tomadas medidas tecnológicas extremas, a vida só poderia prosperar em cerca de 10^{-37} do volume do Universo. Para que fique claro, vamos escrever por extenso: somente ...... 0,000 000 000 000 000 000 000 000 000 000 000 1 de nosso universo é capaz de abrigar a vida. Trinta e seis zeros antes do um. O resto é um vácuo preto e frio, crivado de radiações.

outros universos possíveis, dizem eles, são inóspitos. Dessa forma, ressuscita-se a antiga ilusão de que o Universo foi criado para nós.

Em tudo isso escuto ecos do dr. Pangloss, do *Cândido* de Voltaire, que achava que este mundo, com todas as suas imperfeições, é o melhor possível. É como jogar minha primeira mão de bridge e ganhar, sabendo que existem 54 bilhões de bilhões de bilhões ($5,4 \times 10^{28}$) de outras mãos possíveis que eu teria igual probabilidade de ter recebido... e depois concluir que existe um deus do bridge que me favorece, um deus que arranjou e embaralhou as cartas com a minha vitória predeterminada desde O Início. Não sabemos quantas outras mãos vencedoras existem no baralho cósmico, quantos outros tipos de universo, quantas leis da natureza e constantes físicas também poderiam ter dado origem à vida e à inteligência e até a ilusões de importância. Não sabemos quase nada sobre como o Universo foi criado, nem mesmo *se* foi criado, por isso é difícil desenvolver essa linha de raciocínio.

Voltaire perguntava: "Por que existe o mundo?". A formulação de Einstein era se Deus teve opção ao criar o Universo. Ora, se o Universo é infinitamente antigo — se o Big Bang de uns 15 bilhões de anos atrás não passa do ápice mais recente de uma série infinita de contrações e expansões cósmicas —, então ele nunca foi criado e fica sem sentido perguntar a razão de ele ser como é.

Por outro lado, se o Universo tem uma idade finita, por que é como é? Por que não lhe foi dado um caráter muito diferente? Que leis da natureza combinam com que outras leis? Existem *metaleis* especificando as conexões? Seria possível descobri-las? De todas as leis concebíveis da gravidade, quais podem coexistir, e com que leis concebíveis da física quântica que determinam a própria existência da matéria macroscópica? Serão possíveis todas as leis que podemos imaginar, ou existe apenas um número restrito que pode, de alguma maneira, ser criado? Não há dúvida de que nem sequer vislumbramos como determinar as leis da natureza "possíveis" e as que não o são. Não temos mais que uma noção muito rudimentar das correlações de leis naturais "permitidas".

A lei de Newton da gravitação universal, por exemplo, especifica que a força gravitacional mútua que faz com que dois corpos se atraiam é inversamente proporcional ao quadrado da distância entre eles. Se você se afastar para um ponto duas vezes mais distante do centro da Terra, passará a ter um quarto de seu peso habitual; se for dez vezes mais longe, terá apenas um centésimo dele etc. É essa lei do inverso do quadrado que determina as estranhas órbitas circulares e elípticas dos planetas ao redor do Sol e das luas ao redor dos planetas, assim como as trajetórias precisas de nossas naves espaciais interplanetárias. Se r é a distância entre os centros de duas massas, dizemos que a força gravitacional varia com $1/r^2$.

Mas se esse expoente fosse outro, se a lei da gravidade fosse $1/r^1$, digamos, em vez de $1/r^2$, as órbitas não fechariam; depois de bilhões de revoluções, os planetas se aproximariam do Sol em espiral fechada e seriam consumidos nas suas profundezas abrasadoras, ou dele se afastariam em espiral aberta e se perderiam no espaço interestelar. Se o Universo fosse construído com uma lei do inverso da quarta potência, e não com uma lei do inverso do quadrado, em pouco tempo não haveria planetas que os seres vivos pudessem habitar.

Assim, de todas as possíveis leis gravitacionais, por que temos a sorte de viver num universo onde há uma lei compatível com a vida? Em primeiro lugar, é claro que temos essa "sorte" porque, se não a tivéssemos, não estaríamos aqui para fazer a pergunta: afinal, seres indagadores que evoluem em planetas só podem ser encontrados em universos que admitem planetas. Em segundo lugar, a lei do inverso do quadrado não é a única compatível com uma estabilidade de mais de bilhões de anos. Qualquer lei com potência menos elevada que $1/r^3$ (por exemplo, $1/r^{2,99}$ ou $1/r$) manterá um planeta nas *proximidades* de uma órbita circular, mesmo que receba um empurrão. Tendemos a desconsiderar a possibilidade de outras leis concebíveis da natureza poderem ser compatíveis com a vida.

Mas há outro ponto: não é arbitrário termos uma lei gravitacional do inverso do quadrado. Quando a teoria de Newton é compreendida em termos da teoria mais abrangente da relatividade geral, vemos que o expoente da lei da gravidade é 2, porque o número de dimensões físicas em que vivemos é 3. Nem todas as leis da gravidade estão à disposição, à escolha de um criador. Mesmo que se considerasse um número infinito de universos tridimensionais para algum deus brincar, a lei da gravidade teria de ser sempre a lei do inverso do quadrado. A gravitação newtoniana não é uma faceta contingente de nosso Universo, mas uma faceta necessária.

Na relatividade geral, a gravidade é *devida* à dimensionalidade e à curvatura do espaço. Quando falamos em gravidade, falamos em pequenos encurvamentos locais no espaço-tempo. Isso não é nada evidente, e até contraria o bom senso. Quando examinadas em profundidade, as ideias de gravidade e massa não são questões separadas, mas ramificações da geometria subjacente ao espaço-tempo.

Pergunto-me se algo parecido não se aplica a todas as hipóteses antrópicas. As leis ou constantes físicas de que nossa vida depende revelam-se em membros de uma classe, talvez de uma imensa classe, de outras leis e outras constantes físicas, algumas também compatíveis com algum tipo de vida. Às vezes não examinamos (ou não podemos examinar) tudo o que esses outros universos permitem. Além disso, nem toda escolha arbitrária de uma lei da natureza ou constante física é possível, mesmo para um criador de universos. Nossa compreensão das leis da natureza e das constantes físicas à disposição é, na melhor das hipóteses, fragmentária.

Além do mais, não temos acesso a nenhum suposto universo alternativo. Não dispomos de método experimental para testar as hipóteses antrópicas. Mesmo que a existência desses universos fosse uma sólida consequência de teorias bem estabelecidas — da mecânica quântica ou da gravitação, por exemplo —, não poderíamos estar seguros de que não há teorias melhores que não preveem universos alternativos. Até chegar essa hora, se é que vai chegar, acho prematuro depositar esperanças no Princípio Antrópico enquanto argumento a favor do caráter central ou único do ser humano.

Finalmente, mesmo que o Universo fosse *intencionalmente* criado para admitir o surgimento da vida e da inteligência, podem existir outros seres em inúmeros mundos. Nesse caso, seria um triste consolo para os adeptos do antropocentrismo saber que habitamos um dos poucos universos que permitem vida e inteligência.

Há algo de excepcionalmente limitado na formulação do Princípio Antrópico: apenas certas leis e constantes da natureza são compatíveis com nosso tipo de vida. Mas, essencialmente, as mesmas leis e constantes são necessárias para criar uma rocha. Então por que não falar num Universo projetado para que as rochas pudessem um dia vir a ser, e em Princípios Líticos fortes e fracos? Se as pedras pudessem filosofar, imagino que os Princípios Líticos estariam entre o que há de mais avançado intelectualmente.

Atualmente formulam-se modelos cosmológicos em que até o Universo inteiro nada tem de especial. Andrei Linde, ex-membro do Instituto Físico Lebedev, em Moscou, e atualmente na Universidade Stanford, combinou a compreensão atual da física quântica e das forças nucleares fortes e fracas para criar um novo modelo cosmológico. Linde imagina um vasto cosmo, muito maior que nosso Universo — estendendo-se, talvez, até o infinito no espaço e no tempo —, em lugar dos insignificantes 15 bilhões de anos de idade e cerca de 15 bilhões de anos-luz de raio da noção habitual. Como em nosso Universo, existe nesse cosmo uma espécie de felpa quântica em que estruturas minúsculas muito menores que um elétron formam-se, transformam-se e dissipam-se por toda parte; no qual, como em nosso Universo, flutuações no espaço totalmente vazio criam pares de partículas elementares — um elétron e um pósitron, por exemplo. Na espuma das bolhas quânticas, a imensa maioria permanece submicroscópica, mas uma fração minúscula se dilata, cresce e atinge uma universalidade respeitável. Elas se acham, porém, tão distantes de nós — muito mais que os 15 bilhões de anos-luz da escala convencional de nosso Universo — que, se existem, parecem inacessíveis e indetectáveis.

A maioria desses outros universos atinge um tamanho máximo e entra em colapso, contrai-se até virar um ponto e desaparecer para sempre. Outros podem oscilar. Outros podem expandir-se sem limites. Em universos diferentes, haverá leis da natureza diferentes. Vivemos, afirma Linde, num desses universos. Um universo em que a física é adequada ao crescimento, à dilatação, à expansão, a galáxias, estrelas, mundo, vida. Imaginamos que nosso Universo é único, mas ele é um em meio a um imenso número, talvez infinito, de universos igualmente válidos, igualmente independentes, igualmente isolados. Haverá vida em alguns e não em outros. Segundo essa visão, o Universo observável é apenas um remanso recém-formado de um cosmo muito mais vasto, infinitamente antigo e totalmente inobservável. Se um modelo assim está correto, até o nosso orgulho remanescente, por mais tênue que seja, de viver no único Universo, nos é negado.*

---

* Para expressar essas ideias, as palavras tendem a faltar. Uma locução alemã para universo é [das] All, que deixa bem claro o caráter inclusivo. Poderíamos dizer que o nosso é apenas um universo num "Multiverso", mas prefiro usar "cosmo" para tudo e "Universo" para o único que nos é dado conhecer.

Algum dia, apesar das evidências atuais, talvez possamos conceber um meio de investigar os universos adjacentes que ostentam leis da natureza muito diferentes e vejamos que outras coisas são possíveis. Ou, quem sabe, os habitantes de universos adjacentes investiguem o nosso. Sem dúvida, nessas especulações fomos muito além dos limites do conhecimento. Se, no entanto, algo parecido com o cosmo de Linde é verdade, ainda há outra devastadora desprovincianização à nossa espera.

Nossos poderes estão longe de permitir a criação de universos em um futuro próximo. As ideias do Princípio Antrópico Forte não são passíveis de provas (embora a cosmologia de Linde tenha algumas características testáveis). Vida extraterrestre à parte, se as pretensões à centralidade se retiraram para baluartes impermeáveis à experimentação, a sequência de batalhas científicas contra o chauvinismo humano parece ter sido, em grande parte, vitoriosa.

A opinião, de longa data, resumida pelo filósofo Immanuel Kant, de que "sem o homem [...] toda a criação seria um simples deserto, uma coisa vã, sem objetivo final", revela a insensatez de quem é autoindulgente. Um Princípio de Mediocridade parece aplicar-se a todas as nossas circunstâncias. Não poderíamos ter sabido de antemão que as evidências seriam tão repetida e totalmente incompatíveis com a proposição de que os seres humanos estão no palco central do Universo. Os debates tendem decididamente para uma posição que, por mais dolorosa que seja, pode ser resumida em uma frase: não nos foi dado o papel principal no drama cósmico.

É possível que esse papel tenha sido dado a outros. Talvez não. De todo modo, temos boas razões para ser humildes.

4. Um universo que não foi feito para nós

O Mar da Fé
Teve outrora, também, seu apogeu, e ao redor da costa terrestre
Se estendia como as dobras de uma brilhante faixa enrolada. Mas
agora escuto apenas
Seu rugido melancólico, longo e retraído,
Recuando, ao sopro
Do vento noturno, pelas imensas margens sombrias
E pelas praias nuas do mundo.*

Mathew Arnold, "Dover Beach"(1867)

"Que belo pôr do sol", dizemos. Ou então: "Eu me levanto antes de o sol nascer". Não importa o que aleguem os cientistas, na linguagem de todos os dias frequentemente ignoramos as suas descobertas. Não dizemos que a

---

* *The Sea of Faith/ Was once, too, at the full, and round earth's shore/ Lay like the folds of a bright girdle furl'd./ But now I only hear/ Its melancholy, long, withdrawing roar,/ Retreating, to the breath/ Of the night-wind, down the vast edges drear/ And naked shingles of the world.*

Terra gira, mas que o Sol se levanta e se põe. Tente formular o mesmo fato em linguagem copernicana. Você diria: "Billy, quero que você volte para casa quando a rotação da Terra já tiver ocultado o Sol no horizonte"? Billy já estaria longe antes de você acabar a frase. Não conseguimos sequer encontrar uma locução graciosa que transmita acuradamente a visão heliocêntrica. Nós no centro e tudo o mais girando ao nosso redor está incorporado à nossa linguagem; é o que ensinamos às nossas crianças. Somos adeptos inconformados do geocentrismo escondidos sob um verniz copernicano.*

Em 1633, a Igreja Católica Romana condenou Galileu por ensinar que a Terra se move ao redor do Sol. Vamos examinar mais de perto essa controvérsia famosa. No prefácio do seu livro, ao comparar as duas hipóteses — a Terra ou o Sol no centro do Universo —, Galileu escrevera:

Os fenômenos celestes serão examinados, o que reforçará a hipótese copernicana até parecer inevitável o seu triunfo absoluto.

E mais adiante no livro, ele confessava:

Minha admiração [por Copérnico e seus discípulos] jamais será suficiente; pela simples força do intelecto, eles violentaram seus próprios sentidos a ponto de preferirem o que a razão lhes dizia ao que a experiência sensível lhes mostrava claramente...

A Igreja declarou, na sua acusação contra Galileu:

A doutrina de que a Terra não está no centro do universo nem é imóvel, mas se desloca de forma homogênea com uma rotação diária, é absurda, psicológica e teologicamente falsa e, no mínimo, um erro de fé.

Galileu replicou:

---

* Uma das poucas expressões quase copernicanas é "O Universo não gira em torno de *você*" — uma verdade astronômica dita com a intenção de trazer narcisistas inexperientes de volta à realidade.

A doutrina dos movimentos da Terra e da fixidez do Sol é condenada pelo fato de as Escrituras falarem, em muitos trechos, do Sol que se move e da Terra que se mantém parada[...] Diz-se piedosamente que as Escrituras não mentem. Mas ninguém negará que elas são frequentemente obscuras e que não é fácil descobrir o seu verdadeiro sentido, que vai muito além do que as meras palavras significam. Acho que na discussão dos problemas naturais não deveríamos começar pelas Escrituras, mas por experiências e demonstrações.

Mas, em sua retratação (22 de junho de 1633), Galileu foi forçado a dizer:

Tendo sido admoestado pelo Santo Ofício a abandonar inteiramente a falsa opinião de que o Sol está no centro do Universo e não se move, e de que a Terra não está no centro do Universo e se move[...] recaíram sobre mim[...] suspeitas de heresia, isto é, de ter afirmado e acreditado que o Sol é o centro do Universo e não se move, e que a Terra não é o centro do Universo e se move[...]. Abjuro com um coração sincero e fé verdadeira, amaldiçoo e abomino esses erros e heresias, bem como, em geral, todo e qualquer erro e seita contrários à Santa Igreja Católica.

Só em 1832 a Igreja retirou a obra de Galileu da lista de livros que os católicos não podiam ler sob pena de atraírem castigos terríveis para suas almas imortais.

A inquietação pontifícia com a ciência moderna tem experimentado fluxos e refluxos desde a época de Galileu. O ponto culminante na história recente é o Sílabo, promulgado em 1864 por Pio IX, o papa que também convocou o Concílio do Vaticano em que se proclamou pela primeira vez, por sua insistência, a doutrina da infalibilidade papal. Eis alguns trechos:

A revelação divina é perfeita e, portanto, não está sujeita a progressos indefinidos e contínuos que correspondam ao progresso da razão humana[...]. Nenhum homem tem a liberdade de adotar e professar a religião que acredita ser verdadeira, guiado pela luz da razão[...]. A Igreja tem o poder de definir dogmaticamente que a religião da Igreja Católica é a única religião verdadeira[...]. Mesmo nos dias atuais, é necessário que a religião católica seja considerada a única religião do Estado, à exclusão de todas as outras formas de culto[...]. A liberdade civil de professar todas as formas de culto e o pleno poder conferido a todos de manifestarem suas opiniões e ideias, aberta e publicamente, tornam mais fácil a corrupção da moral e da inteligência das pessoas[...]. O Pontífice Romano não pode e não deve se conformar, nem concordar com o progresso, o liberalismo e a civilização moderna.

Para seu crédito, embora tardia e relutantemente, a Igreja repudiou em 1992 sua acusação contra Galileu. Ainda não se mostra inteiramente disposta, porém, a reconhecer a importância de sua oposição. Em um discurso de 1992, o papa João Paulo II afirmava:

Desde o início da Era do Iluminismo até os nossos dias, o caso Galileu tem sido uma espécie de "mito" em que a imagem fabricada a partir dos acontecimentos está muito distante da realidade. Nessa perspectiva, o caso Galileu simbolizava a suposta rejeição do progresso científico por parte da Igreja Católica, ou o obscurantismo "dogmático" em oposição à livre busca da verdade.

Não há dúvida, no entanto, de que o fato de a Santa Inquisição levar o idoso e enfermo Galileu para inspecionar os instrumentos de tortura nas masmorras da Igreja não só admite, como requer exatamente essa interpretação. Não era apenas cautela e reserva, uma relutância em mudar o paradigma enquanto não houvesse evidências indiscutíveis, como a paralaxe anual. Era medo da discussão e do debate. Censurar as visões alternativas e ameaçar seus proponentes com a tortura deixam transparecer uma falta de fé na própria doutrina e nos paroquianos que estão sendo aparentemente protegidos. Por que foram necessárias as ameaças e a prisão domiciliar de Galileu? A verdade não tem meios de se defender quando confrontada com o erro?

Mas o papa prossegue, acrescentando:

O erro dos teólogos da época, quando sustentavam a centralidade da Terra, era pensar que nossa compreensão da estrutura do mundo físico fosse de alguma forma imposta pelo sentido literal das Sagradas Escrituras.

Nesse ponto houve, realmente, um progresso considerável, embora os proponentes de crenças fundamentalistas provavelmente se angustiem ao ouvir o sumo pontífice afirmar que a Sagrada Escritura nem sempre é literalmente verdadeira.

Mas se a Bíblia não pode ser tomada inteiramente ao pé da letra, que partes têm inspiração divina e que partes são apenas falíveis e humanas? Caso admitamos a existência de erros nas Escrituras (ou concessões à ignorância da época), como pode a Bíblia ser um guia infalível da ética e da moral? Será que agora as seitas e os indivíduos podem aceitar como autênticas as partes da Bíblia que lhes agradam e rejeitar as inconvenientes e incômodas? Por exemplo, a condenação do assassinato é essencial para o funcionamento de uma sociedade, mas se a reação divina ao assassinato for considerada implausível, não aumentará o número de pessoas que pensam poder escapar impunes?

Muitos achavam que Copérnico e Galileu não tinham boas intenções e eram corrosivos para a ordem social. Na realidade, qualquer desafio, vindo de qualquer fonte, à verdade literal da Bíblia poderia despertar tais interpretações. Não é difícil compreender que a ciência tivesse começado a deixar as pessoas nervosas. Em vez de criticar aqueles que perpetuavam os mitos, o rancor público se dirigia contra os que os desacreditavam.

Nossos antepassados compreendiam suas origens extrapolando a partir de sua própria experiência. Como poderia ser de outra maneira? Assim, o Universo nasceu de um ovo cósmico, foi concebido pela relação sexual de um deus-mãe e um deus-pai, ou é um produto da oficina do Criador — talvez a última de muitas tentativas fracassadas. E o Universo não era muito maior que o alcance de nossa vista, nem muito mais antigo que nossos registros escritos ou orais, nem qualquer uma de suas partes era muito diferente dos lugares que conhecíamos.

Em nossas cosmologias, tendemos a tornar as coisas familiares. Apesar de todos os nossos esforços, não temos sido muito inventivos. No Ocidente, o Céu é plácido e macio e o Inferno lembra o interior de um vulcão. Em muitas histórias, os dois reinos são governados por hierarquias de potentados chefiadas por deuses ou demônios. Os monoteístas falavam do rei dos reis. Em toda e qualquer cultura, imaginamos o Universo governado por algo parecido com nosso próprio sistema político. Poucos acham a similaridade suspeita.

Então surgiu a ciência e nos ensinou que não somos a medida de todas as coisas, que há maravilhas não imaginadas, que o Universo não é obrigado a se adaptar ao que consideramos confortável ou plausível. Aprendemos alguma coisa sobre a natureza idiossincrática de nosso bom senso. A ciência levou a autoconsciência humana a um nível mais elevado. Esse é certamente um rito de passagem, um passo para a maturidade. Contrasta fortemente com a infantilidade e o narcisismo de nossas noções pré-copernicanas.

Mas por que *desejaríamos* pensar que o Universo foi feito para nós? Por que é tão atraente essa ideia? Por que a alimentamos? A nossa autoestima é assim tão precária que precisa de nada menos que um universo feito sob medida para nós?

É claro que a ideia encanta a nossa vaidade. "O que um homem deseja, ele também imagina ser verdade", disse Demóstenes. "A luz da fé faz com que vejamos aquilo em que acreditamos", admitia alegremente São Tomás de Aquino. Mas acho que talvez haja outra razão. Existe um tipo de etnocentrismo entre os primatas. A qualquer pequeno grupo em que por acaso nascemos, devotamos amor e um sentimento de lealdade apaixonados. Os membros dos outros grupos estão abaixo da crítica, merecendo rejeição e hostilidade. O fato de ambos os grupos serem da mesma espécie, virtualmente indistinguíveis a um observador de fora, não faz a menor diferença. Esse é certamente o padrão entre os chimpanzés, nossos parentes mais próximos no reino animal. Ann Druyan e eu mostramos que essa maneira de ver o mundo pode ter sido extraordinariamente importante para a evolução da espécie há alguns milhões de anos, por mais perigosa que tenha se tornado hoje em dia. Até membros de grupos de caçadores-coletores — que se encontram à maior distância possível das proezas tecnológicas de nossa presente civilização global — descrevem solenemente o seu pequeno bando, qualquer que ele seja, como "o povo". Todos os demais são algo diferente, algo menos humano.

Se essa é a nossa maneira natural de ver o mundo, não deveria causar surpresa que toda vez que emitimos um julgamento ingênuo sobre nosso lugar no Universo — um juízo que não seja temperado por um exame científico cuidadoso e cético —, quase sempre optamos pela centralidade de nosso grupo e circunstância. Além disso, desejamos acreditar que se trata de fatos objetivos, não de nossos preconceitos que, por fim, encontram uma vazão sancionada.

Por isso, não é muito divertido ter uma gangue de cientistas arengando incessantemente: "Você é comum, não tem importância alguma, seus privilégios são imerecidos, não há nada de especial a seu respeito". Depois de algum tempo, mesmo os mais pacíficos poderiam se aborrecer com a repetição dessas fórmulas e com aqueles que insistem em recitá-las. Até parece que os cientistas experimentam alguma estranha satisfação em humilhar os seres humanos. Por que não podem descobrir algum aspecto em que sejamos superiores? Animar o nosso espírito! Exaltar-nos! Nesses debates, a ciência, com seu mantra de desencorajamento, parece fria e remota, desapaixonada, distanciada, indiferente às necessidades humanas.

E, de mais a mais, se não somos importantes, nem centrais, nem a menina dos olhos de Deus, o que tudo isso significa para nossos códigos morais de base teológica? A descoberta de nossa verdadeira posição no cosmo enfrentou uma resistência tão longa e de tal grau que ainda se encontram muitos vestígios do debate e, às vezes, os motivos dos adeptos do geocentrismo são desnudados. Revelador, por exemplo, é o seguinte comentário, sem assinatura, no periódico britânico *The Spectator*, em 1892:

Não resta muita dúvida de que a descoberta do movimento heliocêntrico dos planetas, que reduziu a nossa Terra a sua apropriada "insignificância" no Sistema Solar, contribuiu bastante para reduzir a uma "insignificância" semelhante, mas nada apropriada, os princípios morais que até então haviam orientado e controlado as raças predominantes da Terra. Parte desse efeito se deve, sem dúvida, à evidência apresentada de que a ciência física de vários escritores inspirados não era infalível, mas errônea — convicção que abalou indevidamente até a confiança que se tinha em seus ensinamentos morais e religiosos. Grande parte, porém, se deve tão somente ao simples senso de "insignificância" com que o homem tem se contemplado desde que descobriu que habita apenas um recanto muito obscuro do Universo, em vez do mundo central ao redor do qual giravam o Sol, a Lua e as estrelas. Não há dúvida de que o homem talvez se sinta, e frequentemente tem se sentido, demasiado insignificante para ser o objeto de quaisquer ensinamentos e cuidados divinos especiais. Se a Terra é tida como uma espécie de formigueiro, e a vida e a morte de seres humanos são como a vida e a morte de muitas formigas que entram e saem de muitos buracos à procura de alimento e luz do sol, é bastante certo que não se dará importância adequada aos deveres da vida humana, e que os esforços humanos ficarão imbuídos de um profundo fatalismo e desesperança, em vez de se revigorarem com uma esperança nova[...]

No presente, pelo menos, os nossos horizontes são bastante vastos[...]; até nos acostumarmos com os horizontes infinitos que já temos e deixarmos de perder o equilíbrio com tanta frequência ao contemplá-los, é prematuro desejar horizontes ainda mais amplos.

O que realmente querem os da filosofia e da religião? Paliativos? Terapia? Consolo? Queremos fábulas tranquilizadoras ou a compreensão de nossas verdadeiras circunstâncias? A consternação pelo fato de o Universo não se adaptar a nossas preferências parece infantil. É de supor que os adultos ficariam envergonhados de publicar esse desapontamento. O modo elegante de manifestá-lo não é culpar o Universo — o que realmente parece despropositado —, mas culpar o meio pelo qual conhecemos o Universo, isto é, a ciência. George Bernard Shaw, no prefácio de seu drama *St. Joan*, descreveu o sentimento de que a ciência explora a nossa credulidade, forçando-nos a aceitar uma visão de mundo estranha, uma crença intimidadora:

Na Idade Média, as pessoas acreditavam que a Terra era chata e para isso tinham, pelo menos, a evidência de seus sentidos. Nós acreditamos que ela é redonda, e não porque 1% da humanidade poderia dar a razão física para opinião tão bizarra, mas porque a ciência moderna nos convenceu de que o óbvio não é verdadeiro e o mágico, o improvável, o extraordinário, o gigantesco, o microscópico, o desumano ou o extravagante é científico.

Um exemplo mais recente e muito instrutivo é *Understanding the Present: Science and the Soul of Modern Man*, de Bryan Appleyard, um jornalista britânico. Esse livro explicita o que muitas pessoas sentem em todo o mundo, mas têm vergonha de dizer. A sinceridade de Appleyard é revigorante. Ele é um verdadeiro homem de fé e não permitirá que nos atolemos nas contradições entre a ciência moderna e a religião tradicional:

"A ciência nos roubou a religião", lamenta. E de que tipo de religião ele sente saudades? Daquela em que "a raça humana era o objetivo, o núcleo, a causa final de todo o sistema. Ela definitivamente colocava o nosso ser no mapa universal". [...] "Nós éramos o fim, o propósito, o eixo racional em torno do qual giravam as grandes esferas etéreas." Ele sente saudades do "universo da ortodoxia católica" em que "o cosmo se revela uma máquina construída em torno do drama da salvação" — o que, para Appleyard, significa que, apesar de ordens explícitas em contrário, uma mulher e um homem provaram certa vez de uma maçã, e que esse ato de insubordinação transformou o Universo num dispositivo destinado a condicionar o comportamento de seus descendentes remotos.

A ciência moderna, por sua vez, "nos apresenta acidentes. Somos causados pelo cosmo, mas não somos a sua causa. O homem moderno não é absolutamente nada, ele não tem nenhum papel na criação". A ciência é "espiritualmente corrosiva, destruindo antigas autoridades e tradições. Não pode realmente coexistir com coisa alguma". [...] "A ciência, silenciosa e obscuramente, tenta nos persuadir a abandonar o nosso ser, o nosso ser verdadeiro." Revela "o espetáculo alheio e silencioso da natureza" . "Os seres humanos não podem viver com essa revelação. A única moralidade que resta é a da mentira consoladora." Qualquer coisa é preferível a ter de lutar corpo a corpo com o peso insuportável de ser ínfimo.

Em uma passagem que lembra Pio IX, Appleyard chega a desacreditar o fato de "uma democracia moderna provavelmente abrigar várias doutrinas religiosas contraditórias, obrigadas a concordar a respeito de certo número limitado de injunções gerais, mas livres para discordar de todo o resto. Elas não devem queimar os lugares de culto umas das outras, mas podem negar e até insultar mutuamente o Deus que veneram. Essa é a forma eficaz e científica de proceder".

Mas qual a alternativa? Fingir obstinadamente que se tem certezas em um mundo incerto? Adotar um sistema de pensamento confortador, por mais que esteja em desacordo com os fatos? Se não sabemos o que é real, como podemos lidar com a realidade? Por razões práticas, não podemos viver muito tempo num mundo de fantasia. Devemos censurar as religiões uns dos outros e destruir mutuamente nossos lugares de culto? Como podemos saber ao certo que sistema de pensamento humano, dentre os milhares existentes, tornar-se-á inquestionável, onipresente e obrigatório?

Essas citações traem uma falta de coragem diante do Universo — diante de sua grandeza e magnificência, mas especialmente diante de sua indiferença. A ciência tem nos ensinado que, por termos a habilidade de enganar a nós mesmos, a subjetividade não pode imperar livremente. Essa é uma das razões por que Appleyard desconfia tanto da ciência: ela parece demasiado racional, comedida e impessoal. As conclusões da ciência derivam da interrogação da natureza e nem sempre são predefinidas para satisfazer nossos desejos. Appleyard deplora a moderação. Deseja uma doutrina infalível, dispensa de exercer julgamento e obrigação de acreditar, mas sem questionamentos. Não entende a falibilidade humana. Não vê necessidade de institucionalizar mecanismos de correção de erros, quer em nossas instituições sociais, quer em nossa visão do Universo.

Esse é o grito angustiado do bebê quando o pai ou a mãe não vem. Mas a maioria das pessoas acaba por lutar corpo a corpo com a realidade e com a ausência dolorosa dos pais, que são a garantia absoluta de que nada de mal acontecerá às crianças desde que elas sejam obedientes. A maioria das pessoas acaba por encontrar maneiras de se acomodar ao Universo — especialmente quando lhe são dadas as ferramentas para pensar direito.

"Tudo o que transmitimos a nossos filhos" na era científica, queixa-se Appleyard, "é a convicção de que nada é verdadeiro, definitivo ou duradouro, inclusive a cultura em que nasceram." Como ele está certo sobre a inadequação de nosso legado! Este se enriqueceria, porém, se lhe acrescentássemos certezas infundadas? Appleyard despreza "a esperança piedosa de que a ciência e a religião sejam domínios independentes que podem ser facilmente separados". Pelo contrário, "a ciência, em sua forma atual, é totalmente incompatível com a religião".

Não estará Appleyard realmente dizendo, no entanto, que algumas religiões têm agora dificuldade em fazer pronunciamentos dogmáticos totalmente falsos sobre a natureza do mundo? Reconhecemos que até líderes religiosos venerados, produtos de seu tempo como nós somos produtos do nosso, podem ter cometido erros. As religiões se contradizem sobre muitas coisas — desde pequenas questões, se devemos pôr ou tirar o chapéu ao entrar no local do culto, ou se devemos comer carne de boi e evitar carne de porco e vice-versa, até questões mais centrais, se existe um só Deus, muitos deuses ou nenhum deus.

A ciência levou muitos de nós àquele estado em que Nathaniel Hawthorne encontrou Herman Melville: "Ele não consegue nem acreditar, nem sentir-se bem com a sua descrença". Ou Jean-Jacques Rousseau: "Eles não haviam me persuadido, mas haviam me perturbado. Seus argumentos haviam me abalado, sem me convencer[...]. É difícil deixar de acreditar no que se deseja tão ardentemente". Quando os sistemas de pensamento ensinados pelas autoridades seculares e religiosas são minados, o respeito pela autoridade em geral se deteriora. A lição é clara: até os líderes políticos devem cuidar para não abraçar doutrinas falsas. Isso não é uma falha da ciência, mas um de seus encantos.

Sem dúvida, o consenso quanto à visão de mundo é confortador, ao passo que os choques de opinião podem ser perturbadores e exigir mais de nós. A não ser que insistamos, porém, contra todas as evidências, que nossos antepassados eram perfeitos, o progresso do conhecimento nos impõe que o consenso por eles estabelecido seja desenredado e novamente costurado.

Em alguns aspectos, a ciência superou em muito a capacidade da religião de criar uma admiração reverente. Por que será que nenhuma das grandes religiões examinou a ciência e concluiu: "Isto é melhor do que pensávamos! O Universo é muito maior do que diziam os nossos profetas, mais grandioso, mais sutil, mais elegante. Deus deve ser ainda maior do que imaginávamos!"? Em vez disso, dizem: "Não, não, não! Meu deus é um deus pequeno e quero que ele continue assim". Uma religião, antiga ou nova, que acentuasse a magnificência do Universo revelada pela ciência moderna poderia atrair reservas de reverência e admiração ainda não canalizadas pelos credos convencionais. Mais cedo ou mais tarde, essa religião vai aparecer.

Se você vivesse há dois ou três milênios, não seria vergonhoso afirmar que o Universo foi feito para nós. Era uma tese atraente, conciliável com tudo o que conhecíamos; era o que os mais cultos dentre nós ensinavam sem ressalvas. Mas descobrimos muitas coisas desde então. Defender essa posição hoje em dia significa desconsiderar propositadamente a evidência e fugir do autoconhecimento.

Para muitos de nós, essas desprovincianizações ainda são motivo de exasperação. Mesmo que seu triunfo não seja completo, elas minam a confiança — ao contrário das felizes certezas antropocêntricas, impregnadas de utilidade social, dos tempos anteriores. Desejamos estar na Terra para alguma finalidade, mesmo que nenhuma seja evidente apesar de todos os nossos autoenganos. "O absurdo da vida", escreveu Liev Tolstói, "é o único conhecimento incontestável a que o homem tem acesso." O nosso tempo está oprimido sob o peso cumulativo dos sucessivos desmascaramentos de nossas presunções: somos os retardatários. Vivemos na aldeia cósmica Derivamos de micróbios e estrume. Os macacos são nossos primos. Nossos pensamentos e sentimentos não estão plenamente sob nosso controle. É possível que existam muitos seres mais inteligentes e muito diferentes em outros lugares. E, além do mais, estamos estragando o nosso planeta e nos tornando um perigo para nós mesmos.

O alçapão sob nossos pés se abre de repente. Descobrimo-nos numa queda livre sem fim. Estamos perdidos numa grande escuridão e não há quem envie um grupo de busca. Diante de realidade tão dura, é claro que nos sentimos tentados a fechar os olhos e fingir que estamos seguros e abrigados em casa, que a queda não passa de um pesadelo.

Falta-nos um consenso sobre nosso lugar no Universo. Não existe nenhuma visão de longo prazo sobre o objetivo de nossa espécie que tenha aprovação geral; a não ser, talvez, a da simples sobrevivência. Sobretudo quando os tempos estão difíceis, procuramos desesperadamente encorajamento, sem querer escutar a litania das grandes humilhações e das esperanças destroçadas, muito mais dispostos a ouvir que somos especiais, mesmo que as evidências sejam tão frágeis. Se precisamos de um pouco de mito e ritual para atravessar uma noite que parece sem fim, quem dentre nós não simpatiza e compreende?

Se nosso objetivo, porém, não é uma segurança superficial, mas conhecimento profundo, os ganhos dessa nova perspectiva sobrepujam em muito as perdas. Quando dominamos o medo de ser minúsculos, vemo-nos no limiar de um Universo vasto e terrível que eclipsa totalmente —

em tempo, em espaço e em potencial — o bem-arrumado proscênio antropocêntrico de nossos antepassados. O nosso olhar atravessa o espaço de bilhões de anos-luz para contemplar o Universo pouco depois do Big Bang, e sondamos a estrutura sutil da matéria. Examinamos o âmago de nosso planeta e o interior em chamas de nossa estrela. Deciframos a linguagem genética em que estão escritas as diversas habilidades e inclinações de cada ser sobre a Terra. Revelamos capítulos ocultos no registro de nossas próprias origens e, com alguma dose de angústia, compreendemos melhor nossa natureza e nossas perspectivas. Inventamos e aprimoramos a agricultura, sem o que quase todos morreríamos de fome. Criamos medicamentos e vacinas que salvam a vida de bilhões. Comunicamo-nos à velocidade da luz e damos a volta ao redor da Terra em uma hora e meia. Enviamos dúzias de naves a mais de setenta mundos e quatro sondas às estrelas. Temos razão de nos alegrar com nossas realizações, de sentir orgulho pelo fato de nossa espécie ter sido capaz de enxergar tão longe e de julgar nosso mérito seguindo em parte essa mesma ciência que tem de tal forma esvaziado as nossas pretensões.

Para os nossos antepassados, muitas coisas na natureza deviam ser temidas: raios, tempestades, terremotos, vulcões, pragas, secas, longos invernos. As religiões nasceram, em parte, como tentativas de aplacar e controlar, ainda que pouco fizessem para compreender, o aspecto desordenado da natureza. A revolução científica permitiu que vislumbrássemos um Universo ordenado, subjacente, em que havia uma harmonia literal dos mundos (expressão de Johannes Kepler). Se compreendemos a natureza, existe a perspectiva de controlá-la ou, pelo menos, de mitigar os danos que possa causar. Nesse sentido, a ciência trouxe esperança.

A maioria dos grandes debates de desprovincianização foi iniciada sem que se pensasse em suas implicações práticas. Seres humanos curiosos e apaixonados desejavam compreender suas reais circunstâncias, saber o quanto eles e seu mundo eram únicos ou vulgares, conhecer suas origens e destinos fundamentais, o funcionamento do Universo. Surpreendentemente, alguns desses debates produziram benefícios práticos muito profundos. O próprio método de raciocínio matemático que Isaac Newton introduziu para explicar o movimento dos planetas ao redor do Sol deu origem à maior parte da tecnologia de nosso mundo moderno. A Revolução Industrial, apesar de todas as suas deficiências, ainda é o modelo global de como uma nação agrícola pode superar a pobreza. Esses debates têm efeitos de aplicação geral.

Poderia ter sido diferente. É possível que o equilíbrio tivesse se dado em outro ponto, que os seres humanos de modo geral não tivessem querido conhecer um Universo perturbador, que tivéssemos relutado em permitir desafios à sabedoria predominante. Apesar da firme resistência em todas as épocas, é grande motivo de orgulho para nós o fato de que nos deixamos guiar pelas evidências, tirando conclusões que a princípio parecem assustadoras: um Universo tão mais vasto e mais antigo que eclipsa e humilha nossa experiência histórica e pessoal, um Universo em que todos os dias nascem sóis e mundos se extinguem, um Universo em que a humanidade recém-chegada se agarra a um torrão obscuro de matéria.

Como seria mais satisfatório se tivéssemos sido colocados em um jardim feito sob medida para nós, com todos os outros ocupantes ali postados para que deles fizéssemos uso de acordo com nossas conveniências. Uma famosa história na tradição ocidental tem enredo parecido, exceto que nem tudo o que havia no jardim era para nós. Não devíamos provar dos frutos de uma árvore especial, a árvore do conhecimento. O conhecimento, a compreensão e a sabedoria nos eram proibidos nessa história. Devíamos nos manter ignorantes. Mas nada pudemos fazer contra nós mesmos. Estávamos famintos de conhecimento; a bem dizer, fomos criados famintos. Essa foi a origem de todos os nossos males. Particularmente, é por isso que já não vivemos num jardim: descobrimos demais. Enquanto éramos obedientes e sem curiosidade, assim imagino, consolávamo-nos com nossa importância e centralidade, dizendo a nós mesmos que éramos a razão da criação do Universo. Quando, porém, começamos a satisfazer a nossa curiosidade, a explorar, a aprender como o Universo é realmente constituído, expulsamo-nos do Éden. Anjos com uma espada flamejante foram colocados como sentinelas nos portões do Paraíso para barrar o nosso retorno. Os jardineiros se tornaram exilados e errantes. De vez em quando lamentamos o mundo perdido, mas isso me parece piegas e sentimental. Na ignorância, não poderíamos ter vivido felizes para sempre.

Muito do que existe neste Universo parece ter um desígnio. Toda vez que, por acaso, encontramos esses elementos, damos um suspiro de alívio.

Estamos sempre esperando encontrar, ou pelo menos inferir, com boa margem de segurança, um Criador. Mas, em vez disso, descobrimos repetidamente que processos naturais — a seleção de mundos por colisão, por exemplo, a seleção natural em reservatórios genéticos ou, até mesmo, o padrão de convecção em uma panela de água fervendo — podem extrair ordem do caos e nos induzir ao erro de inferir desígnio onde não existe nenhum. Na vida de todos os dias, frequentemente sentimos — nos quartos dos adolescentes ou na política nacional — que o caos é natural e a ordem é imposta de cima. Embora existam no Universo regularidades mais profundas que as simples circunstâncias que geralmente descrevemos como ordenadas, toda essa ordem, simples e complexa, parece derivar das leis da natureza estabelecidas no Big Bang (ou mais cedo), em vez de ser consequência da intervenção tardia de uma divindade imperfeita. "Deus deve ser encontrado nos detalhes" é a famosa máxima do erudito alemão Aby Warburg. Mas, em meio a muita elegância e precisão, os detalhes da vida e do Universo também apresentam arranjos acidentais criados para uso temporário, e muito planejamento falho. O que devemos concluir disso tudo: um edifício abandonado pelo arquiteto no começo da construção?

A evidência, pelo menos até agora e leis da Natureza à parte, não requer um Criador. Talvez exista um que se esconde, exasperadamente pouco disposto a se revelar. Às vezes parece uma esperança muito tênue.

A importância de nossa vida e de nosso frágil planeta é, portanto, determinada apenas pela nossa própria sabedoria e coragem. Nós somos os guardiões do significado da vida. Desejamos um pai ou uma mãe que cuide de nós, que perdoe os nossos enganos, que nos salve de nossos erros infantis. Mas o conhecimento é preferível à ignorância. É muito melhor abraçar a verdade dura do que uma fábula tranquilizadora.

Se desejamos um propósito cósmico, então é preciso encontrar para nós mesmos um objetivo digno.

5. Há vida inteligente na Terra?

Eles viajaram durante longe tempo e nada encontraram.
Por fim, discerniram uma luzinha, que era a Terra...
[Mas] não tinham a menor razão para suspeitar que nós e nossos
companheiros cidadãos deste globo temos a honra de existir.

Voltaire, *Micrômegas: Uma história filosófica* (1752)

Há lugares, dentro e ao redor de nossas grandes cidades, onde o mundo natural quase desapareceu. É possível avistar ruas e calçadas, carros, garagens de estacionamento, cartazes de propaganda, monumentos de vidro e aço, mas nenhuma árvore, nenhuma falha de grama e nenhum animal — sem, falar, é claro, em seres humanos. Há muitos seres humanos. Só olhando bem para cima ao longo dos desfiladeiros dos arranha-céus é que se pode divisar uma estrela ou um pedaço de azul, que nos lembram o que havia muito antes de os seres humanos passarem a existir. Mas as luzes brilhantes das grandes cidades empalidecem as estrelas, e até aquele pedaço de azul às vezes desaparece, tingido de marrom pela tecnologia industrial.

Indo trabalhar todos os dias num lugar desses, não é difícil ficarmos impressionados conosco mesmos! Como transformamos a Terra para nosso proveito e conveniência! Algumas centenas de milhas acima ou abaixo, porém, não há seres humanos. À parte uma película fina de vida na superfície da Terra, uma rara sonda espacial intrépida e alguma estática de rádio, o nosso impacto sobre o Universo é nulo. Ele nos desconhece.

Você é um explorador alienígena entrando no Sistema Solar depois de uma longa viagem pela escuridão do espaço interestelar. Você examina de longe os planetas dessa estrela trivial — um bom número, alguns cinzentos, outros azuis, alguns vermelhos, outros amarelos. Você está interessado em saber que tipo de mundos eles são, se seus ambientes são estáticos ou estão mudando, e especialmente se há neles vida e inteligência. Você não tem conhecimento prévio da Terra. Acabou de descobrir a sua existência.

Vamos imaginar que exista uma ética galáctica: olhe, mas não toque. Você pode voar por esses mundos, pode girar ao redor deles, mas está rigorosamente proibido de pousar. Sob tais restrições, conseguiria descobrir como é o ambiente da Terra e se alguém nela vive?

À medida que se aproxima, sua primeira impressão de toda a Terra são nuvens brancas, calotas polares brancas, continentes marrons e uma substância azulada que cobre dois terços da superfície. Quando você tira a temperatura desse mundo a partir da radiação infravermelha que ele emite, descobre que a maioria das latitudes está acima do ponto de congelamento da água, enquanto as calotas polares estão abaixo desse ponto. A água é um material muito abundante no Universo; calotas polares feitas de água sólida seriam uma hipótese razoável, assim como nuvens de água sólida e líquida.

Você também poderia ficar tentado pela ideia de que a substância azul representa enormes quantidades — quilômetros de profundidade — de água líquida. A sugestão é bizarra, no entanto, pelo menos no que diz respeito a esse Sistema Solar, porque oceanos de água líquida na superfície não existem em nenhum outro lugar. Mas quando você procura no espectro visível e infravermelho próximo sinais reveladores de composição química, vai descobrir gelo nas calotas polares e vapor de água no ar em quantidade suficiente para explicar as nuvens; essa é também a quantidade exata que a evaporação provocaria se os oceanos fossem realmente constituídos de água líquida. A hipótese bizarra é confirmada.

Os espectrômetros revelam ainda que o ar nesse mundo é um quinto de oxigênio, O_2. Nenhum outro planeta no Sistema Solar tem tanto oxigênio assim. De onde vem toda essa quantidade? A intensa luz ultravioleta do Sol decompõe a água, H_2O, em oxigênio e hidrogênio, o gás mais leve, que rapidamente escapa para o espaço. Essa é certamente uma fonte de O_2, mas não explica muito bem tanto oxigênio.

Outra possibilidade é que a luz visível comum, que o Sol emite em enormes quantidades, seria usada na Terra para decompor a água, exceto que não se conhece nenhuma forma de realizar essa decomposição sem a vida. Teria de haver plantas — formas de vida, coloridas por um pigmento que absorve fortemente a luz visível, que sabem como dividir uma molécula de água guardando a energia de dois fótons de luz, que retém o H e excreta o O, e que usa o hidrogênio assim liberado para sintetizar moléculas orgânicas. As plantas teriam de estar espalhadas sobre uma grande parte do planeta. Tudo isso é pedir demais. Se você é um bom cientista cético, a existência de tanto O_2 não seria prova de vida. Mas certamente despertaria suspeitas.

Com todo esse oxigênio, você não ficará surpreso ao descobrir ozônio (O_3) na atmosfera, porque a luz ultravioleta produz ozônio a partir do oxigênio molecular (O_2). O ozônio absorve, então, a perigosa radiação ultravioleta. Assim, se o oxigênio se *deve* à vida, há um sentido curioso de a vida estar protegendo a si mesma. Mas essa vida poderia ser apenas plantas fotossintéticas. Não há sugestão de um nível elevado de inteligência.

Quando você examina os continentes mais de perto, descobre que existem, aproximativamente, dois tipos de regiões. Uma apresenta o espectro de rochas e minerais comuns, encontrado em muitos mundos. A outra revela algo incomum: um material que cobre imensas áreas e que absorve fortemente a luz vermelha. (A luz do Sol certamente brilha em todas as cores, com um máximo de amarelo.) Esse pigmento poderia ser justamente o agente necessário no caso de a luz visível comum estar sendo usada para decompor a água e explicaria o oxigênio no ar. É um outro indício, dessa vez um pouco mais forte, de vida, não é mais um micróbio aqui e ali, mas toda uma superfície planetária transbordante de vida. O pigmento é, na verdade, a clorofila: absorve tanto a luz azul como a luz vermelha, sendo responsável pelo fato de as plantas serem verdes. O que você está vendo é um planeta coberto por uma vegetação densa.

Assim, revela-se que a Terra possui três propriedades raras, pelo menos nesse Sistema Solar: oceanos, oxigênio, vida. É difícil não pensar que estejam relacionados, os oceanos constituindo o sítio de origem dessa vida abundante e o oxigênio sendo o seu produto.

Quando você examina cuidadosamente o espectro infravermelho da Terra, descobre os elementos secundários do ar. Além de vapor de água, há dióxido de carbono (CO_2), metano (CH_4) e outros gases que absorvem o calor que a Terra tenta irradiar para o espaço à noite. Esses gases aquecem o planeta. Sem eles, todos os lugares da Terra estariam abaixo do ponto de congelamento da água. Você descobriu o efeito estufa desse mundo.

É peculiar encontrar metano e oxigênio juntos na mesma atmosfera. As leis da química são muito claras: em um excesso de O_2, CH_4 seria inteiramente convertido em H_2O e CO_2. O processo é tão eficiente que nem uma única molécula em toda a atmosfera da Terra seria metano. Em vez disso, você descobre que uma dentre 1 milhão de moléculas é metano, uma discrepância enorme. O que significaria?

A única explicação possível é que o metano está sendo injetado na atmosfera da Terra com tanta rapidez que a reação química com O_2 não consegue acompanhar o ritmo. De onde vem todo esse metano? Talvez ele se desprenda do interior profundo da Terra, mas, quantitativamente, essa hipótese não parece funcionar, e Marte e Vênus não têm nada parecido com esse volume de metano. As únicas alternativas são biológicas, uma conclusão que não tece pressupostos sobre a química da vida nem sobre a sua forma, mas é tirada simplesmente do fato de o metano ser muito instável em uma atmosfera de oxigênio. Na realidade, metano provém de fontes como bactérias em pântanos, cultivo do arroz, queimadas, gás natural de poços de petróleo e flatulência bovina. Em uma atmosfera de oxigênio, o metano é um sinal de vida.

Que a íntima atividade intestinal das vacas seja detectável do espaço interplanetário é um pouco desconcertante, especialmente quando tantas coisas que valorizamos não o são. Mas um cientista alienígena que voasse pela Terra seria incapaz, nesse ponto, de inferir pântanos, arroz, fogo, óleo ou vacas. Apenas vida.

Todos os sinais de vida que discutimos até agora são devidos a formas relativamente simples (o metano nos rumens das vacas é gerado por bactérias que ali se alojam). Se a sua nave espacial tivesse voado pela Terra há centenas de milhões de anos, na era dos dinossauros, quando não havia nem seres humanos, nem tecnologia, você ainda teria detectado oxigênio e ozônio, o pigmento clorofila e uma quantidade excessiva de metano. No presente, entretanto, os seus instrumentos estão captando sinais não apenas de vida, mas de alta tecnologia; algo que não poderia ter sido detectado nem mesmo há cem anos.

Você está detectando um tipo especial de onda de rádio que emana da Terra. As ondas de rádio não significam necessariamente vida e inteligência. Muitos processos naturais são capazes de gerá-las. Você já encontrou emissões de rádio vindas de outros mundos aparentemente inabitados: geradas por elétrons presos nos fortes campos magnéticos de planetas, por movimentos caóticos na frente de choque que separa esses campos magnéticos do campo magnético interplanetário, e por raios. (Os "assobios" do rádio geralmente passam de notas agudas a graves, e depois começam de novo.) Algumas dessas emissões de rádio são contínuas, outras chegam em estouros repetitivos, algumas duram alguns minutos e depois desaparecem.

Isto, porém, é diferente: parte da transmissão de rádio vinda da Terra está exatamente nas frequências em que as ondas de rádio começam a vazar da ionosfera do planeta, a região eletricamente carregada acima da estratosfera que reflete e absorve as ondas de rádio. Há uma frequência central constante para cada transmissão, ao que ainda é acrescentado um sinal modulado (uma sequência complexa de intervalos). Nenhum elétron em campos magnéticos, nenhuma superposição de ondas, nenhuma descarga de raio pode gerar algo parecido. Vida inteligente parece ser a única explicação possível. A sua conclusão de que a transmissão de rádio se deve à existência de tecnologia sobre a Terra é válida, independentemente do que as intermitências significam: você não tem de decodificar a mensagem para estar seguro de que é uma mensagem. (Na realidade, vamos supor, esses sinais são comunicações da Marinha dos Estados Unidos para seus distantes submarinos nucleares.)

Assim, como um explorador alienígena, você saberia que pelo menos uma espécie sobre a Terra alcançou a tecnologia do rádio. Qual delas? Os seres que produzem metano? Aqueles que geram oxigênio? Os que possuem um pigmento que tinge a paisagem de verde? Ou alguma outra espécie, mais sutil, seres que de outra forma não são detectáveis por uma nave espacial que se precipitasse por perto? Para buscar essa espécie tecnológica, você talvez quisesse examinar a Terra em graus de resolução cada vez mais precisos, à procura, se não dos próprios seres, pelo menos de seus artefatos.

Você primeiro emprega um telescópio modesto, de modo que o detalhe mais preciso que vai conseguir resolver tem um ou dois quilômetros de extensão. Você não consegue ver nenhuma arquitetura monumental, nenhuma formação estranha, nenhuma reelaboração artificial da paisagem, nenhum sinal de vida. O que você vê é uma densa atmosfera em movimento. A água abundante deve se evaporar e depois tornar a cair em forma de chuva. Antigas crateras formadas por impacto, visíveis na Lua da Terra ali perto, são quase inexistentes. Deve haver, portanto, alguns processos que permitem a criação de novos terrenos e sua posterior destruição pela erosão, num período de tempo muito mais curto que a idade desse mundo. A implicação é água corrente. À medida que você olha com uma definição cada vez mais precisa, descobre cadeias de montanhas, vales de rios e muitas outras indicações de que o planeta é geologicamente ativo. Há também lugares estranhos rodeados de vegetação, embora eles próprios não exibam plantas. Parecem borrões descoloridos sobre a paisagem.

Quando você examina a Terra numa resolução de aproximadamente cem metros, tudo muda. O planeta revela-se coberto de linhas retas, quadrados, retângulos, círculos, às vezes amontoando-se ao longo das margens dos rios ou aninhando-se ao pé das encostas das montanhas, outras estirando-se pelas planícies, mas raramente aparecendo em desertos ou montanhas altas, e jamais nos oceanos. Seria difícil explicar sua regularidade, complexidade e distribuição sem admitir a presença de vida e inteligência, embora a compreensão mais profunda de sua função e finalidade provavelmente não ficasse clara. Talvez você apenas concluísse que as formas de vida predominantes sentem, ao mesmo tempo, paixão pela territorialidade e pela geometria euclidiana. Nesse grau de resolução, você não poderia divisá-las, muito menos conhecê-las.

Muitos dos borrões sem vegetação revelam ter uma geometria subjacente de tabuleiro de damas. São as cidades do planeta. Em grande parte da paisagem, e não apenas nas cidades, há uma profusão de linhas retas, quadrados, retângulos, círculos. Os borrões escuros das cidades revelam-se altamente geometrizados, apenas com alguns trechos de vegetação — eles próprios com limites altamente regulares — ainda intatos. Triângulos aparecem de vez em quando, e, numa cidade, existe até um pentágono.

Quando você tira fotos com resolução de um metro ou ainda mais precisas, descobre que as linhas retas que se entrecruzam dentro das cidades e as longas linhas retas que as ligam com outras cidades estão cheias de seres multicoloridos, aerodinâmicos, com alguns metros de comprimento, deslocando-se polidamente um atrás do outro num cortejo longo, lento e ordenado. Eles são muito pacientes. Nos ângulos retos, uma corrente de seres se detém para que outra corrente possa seguir adiante. À noite, eles acendem duas luzes brilhantes na frente para poderem ver o caminho. Alguns, uns poucos privilegiados, entram em casinhas ao final de um dia de trabalho e se recolhem para a noite. A maioria não tem casa e dorme nas ruas.

Por fim! Você detectou a fonte de toda tecnologia, as formas de vida dominantes no planeta. As ruas das cidades e as estradas dos campos são evidentemente construídas para o seu proveito. Você poderia pensar que está realmente começando a compreender a vida sobre a Terra. E talvez tivesse razão.

Se o grau de resolução aumentasse ainda um pouco mais, você descobriria parasitas minúsculos que, de vez em quando, entram e saem dos organismos dominantes. Eles desempenham um papel mais profundo, no entanto, porque um organismo dominante imóvel frequentemente volta a se deslocar depois de reinfectado por um parasita, parando mais uma vez assim que o parasita é expelido. Isso é um enigma. Mas quem disse que a vida sobre a Terra seria fácil de entender?

Todas as fotos que você obteve até agora foram tiradas à luz solar refletida, isto é, no lado do planeta em que é dia. Algo muito interessante é revelado quando você fotografa a Terra à noite: o planeta é iluminado. A região mais brilhante, perto do Círculo Ártico, é iluminada pela aurora boreal, que não é gerada por vida, mas por elétrons e prótons do Sol, retidos pelo campo magnético da Terra. Todas as outras luzes que você vê se devem à vida. É possível reconhecer que as luzes traçam os contornos dos mesmos continentes vistos durante o dia; e muitas correspondem às cidades que você já indicou num mapa. As cidades estão concentradas perto dos litorais. Tendem a ser mais esparsas no interior dos continentes. Talvez os organismos dominantes precisem desesperadamente da água do mar (ou talvez os navios que cruzam os oceanos tenham sido no passado essenciais para o comércio e a emigração).

Algumas das luzes, entretanto, não são causadas pelas cidades. Na África setentrional, no Oriente Médio e na Sibéria, por exemplo, há muitas luzes brilhantes numa paisagem relativamente deserta, provocadas, como se vem a saber, pela combustão em poços de petróleo e gás natural. No mar do Japão, quando você o observa pela primeira vez, há uma estranha área de luz em forma de triângulo. Durante o dia, ela corresponde a oceano aberto. Não é uma cidade. O que poderia ser? É, na realidade, a frota japonesa de barcos de pesca usando iluminação brilhante para atrair os cardumes de lulas para a morte. Noutras vezes, esse padrão de luz erra por todo o oceano Pacífico, à procura de suas presas. Na verdade, o que você acaba de descobrir é o sushi.

Parece-me tranquilizador saber que do espaço você pode detectar tão facilmente as miudezas da vida sobre a Terra — os hábito gastrintestinais de ruminantes, a cozinha japonesa, o meio de se comunicar com submarinos nômades que levam a morte a duzentas cidades — enquanto uma parte tão grande de nossa arquitetura monumental, as nossas maiores obras de engenharia, o nosso empenho em cuidarmos uns dos outros são quase totalmente invisíveis. É uma espécie de parábola.

A essa altura, sua expedição à Terra deve ser considerada extremamente bem-sucedida. Você caracterizou o ambiente, detectou a vida, descobriu manifestações de seres inteligentes e talvez até tenha identificado a espécie dominante, a que é impregnada de geometria e retilinearidade. Esse planeta certamente merece um estudo mais longo e pormenorizado. É por isso que você agora coloca a sua nave espacial em órbita ao redor da Terra.

Olhando para o planeta, você descobre novos enigmas. Sobre toda a Terra, chaminés despejam dióxido de carbono e produtos químicos tóxicos no ar. O mesmo fazem os seres dominantes que correm nas estradas. Mas o dióxido de carbono é um gás de efeito estufa. À medida que você observa, a quantidade desse gás na atmosfera aumenta constantemente, ano após ano. O mesmo vale para o metano e outros gases de efeito estufa. Se isso continuar, a temperatura do planeta vai aumentar. Espectroscopicamente, você vê que outra classe de moléculas está sendo injetada no ar, os clorofluorcarbonos. Eles não são apenas gases de efeito estufa, são também devastadoramente eficazes em destruir a camada protetora de ozônio.

Você olha com mais atenção para o centro do continente sul-americano, que, como você sabe a essa altura, é uma imensa floresta tropical. Todas as noites você divisa milhares de fogueiras. Durante o dia a região fica coberta de fumaça. Ao longo dos anos, por todo o planeta, você descobre cada vez menos florestas e mais desertos de pouca vegetação.

Você olha para a grande ilha de Madagascar. Os rios estão tingidos de marrom, gerando uma imensa mancha no oceano circundante. É a camada superior do solo sendo carregada para o mar num ritmo tão intenso que em algumas décadas nada mais restará. O mesmo está acontecendo, como você observa, nas embocaduras dos rios em todo o planeta.

Mas sem a camada superior do solo não existe agricultura. Dentro de mais um século, o que eles vão comer? O que vão respirar? O que farão com um meio ambiente mais perigoso e em mutação?

De sua perspectiva orbital, você pode ver que algo certamente está errado. Os organismos dominantes, sejam quais forem, que tiveram tanto trabalho para reestruturar a superfície, estão destruindo simultaneamente a camada de ozônio e as florestas, erodindo a camada superior do solo e realizando experiências de grande porte e não controladas sobre o clima do planeta. Será que não se dão conta do que está acontecendo? Esqueceram-se de seu destino? São incapazes de trabalhar em conjunto a favor do meio ambiente que os sustenta a todos?

Você conclui que talvez seja preciso reavaliar a hipótese de que existe vida inteligente sobre a Terra.

PROCURANDO VIDA EM OUTROS LUGARES:
UMA AVALIAÇÃO

Naves espaciais já voaram por dúzias de planetas, luas, cometas e asteroides, equipadas com câmeras, instrumentos para medir ondas de calor e de rádio, espectrômetros para determinar a composição química e milhares de outros mecanismos. Jamais descobrimos qualquer indício de vida em algum outro lugar no Sistema Solar. Você poderia, no entanto, demonstrar ceticismo a respeito de nossa capacidade de detectar vida em outros lugares, especialmente uma vida diferente da espécie que conhecemos. Até bem pouco tempo atrás, nunca tínhamos realizado o teste óbvio de avaliação: fazer uma moderna sonda interplanetária voar pela Terra e verificar se poderíamos nos detectar. Tudo isso mudou em 8 de dezembro de 1990.

A *Galileo* é uma sonda da Nasa projetada para explorar o planeta gigantesco de Júpiter, suas luas e anéis. Seu nome é uma homenagem ao heroico cientista italiano que desempenhou papel essencial na derrocada da pretensão geocêntrica. Foi ele quem primeiro visualizou Júpiter como um mundo e descobriu suas quatro grandes luas. Para chegar a Júpiter, a nave espacial tinha de passar perto de Vênus (uma vez) e da Terra (duas vezes) para ser acelerada pelas gravidades desses planetas; do contrário, não haveria energia suficiente para levá-la a seu destino. A necessidade do desenho dessa trajetória permitiu-nos, pela primeira vez, examinar sistematicamente a Terra a partir de uma perspectiva alienígena.

A *Galileo* passou a apenas 960 quilômetros (cerca de seiscentas milhas) da superfície da Terra. Com algumas exceções — inclusive fotos mostrando características com uma precisão maior que um quilômetro de extensão, e as imagens da Terra à noite —, grande parte dos dados da nave espacial descritos neste capítulo foi realmente obtida pela *Galileo*. Com a *Galileo*, fomos capazes de inferir uma atmosfera de oxigênio, água, nuvens, oceanos, gelo polar, vida e inteligência. A astronauta Sally Ride descreveu como uma "Missão ao Planeta Terra" o uso de instrumentos e projetos desenvolvidos para explorar outros planetas no monitoramento da saúde ambiental do nosso, algo que a Nasa está agora desenvolvendo.

Os outros membros da equipe científica da Nasa que trabalharam comigo nesse projeto *Galileo* de detectar a vida sobre a Terra foram o dr. W.

Reid Thompson, da Universidade Cornell; o dr. Robert Carlson, do JPL; o dr. Donald Gurnett, da Universidade de Iowa; e o dr. Charles Hord, da Universidade do Colorado.

Nosso sucesso em detectar a vida sobre a Terra com a *Galileo*, sem fazer nenhuma pressuposição prévia sobre qual seria esse tipo de vida, aumenta nossa confiança em afirmar que, se não conseguimos encontrar vida em outros planetas, esse resultado é significativo. Será esse julgamento antropocêntrico, geocêntrico, provinciano? Não me parece. Não estamos procurando apenas o nosso tipo de biologia. Qualquer pigmento fotossintético difundido, qualquer gás excessivamente fora de equilíbrio com o resto da atmosfera, qualquer transformação da superfície em padrões altamente geometrizados, qualquer constelação constante de luzes no hemisfério noturno, quaisquer fontes não astrofísicas de emissão de rádio denunciariam a presença de vida. Sobre a Terra, só encontramos certamente o nosso tipo, porém muitos outros tipos teriam sido detectáveis em outros lugares. Mas não os descobrimos. Esse exame do terceiro planeta reforça nossa conclusão, ainda hipotética, de que, dentre todos os mundos no Sistema Solar, apenas o nosso foi agraciado com a vida.

Mal começamos a procurar. Talvez a vida esteja se escondendo em Marte ou Júpiter, Europa ou Titã. Talvez a Galáxia esteja repleta de mundos tão ricos em vida quanto o nosso. Talvez estejamos prestes a fazer essas descobertas. Mas, em termos de conhecimento real, neste momento a Terra é única. Ainda não se conhece nenhum outro mundo que abrigue sequer um micróbio, quanto mais uma civilização técnica.

6. O triunfo da *Voyager*

Os que descem ao mar em navios, mercando nas grandes águas,
esses veem as obras do Senhor, e as suas maravilhas no abismo.

Salmos, 107 (c. 150 a.C.)

As visões que oferecemos a nossos filhos formam o futuro. O conteúdo dessas visões é *importante,* pois elas podem tornar-se profecias. Os sonhos são mapas.

Não acho irresponsável descrever os futuros mais terríveis; para evitá-los, devemos compreender que são possíveis. Mas onde estão as alternativas, os sonhos que motivam e inspiram? Desejamos mapas realistas de um mundo que possamos legar com orgulho a nossos filhos. Onde estão os cartógrafos do desígnio humano? Onde as visões de futuros cheios de esperança, de uma tecnologia que seja a ferramenta para o aperfeiçoamento humano e não um revólver de gatilho sensível apontado para nossas cabeças?

A Nasa, no curso comum de suas atividades, oferece essa visão. Nos anos 1980 e início dos 1990, entretanto, muitas pessoas viam o programa espacial norte-americano como uma sequência de catástrofes: sete bravos americanos mortos numa missão cuja função principal era pôr em órbita um satélite que poderia ter sido lançado com menos custo e sem arriscar a vida de ninguém; um telescópio de 1 bilhão de dólares enviado para o espaço com um caso sério de miopia; uma nave espacial rumo a Júpiter cuja antena principal — essencial para enviar os dados de volta à Terra — não se abriu; uma sonda perdida quando estava prestes a descrever órbitas em torno de Marte. Há quem estranhe a Nasa descrever como exploração o envio de alguns astronautas para trezentos quilômetros acima da Terra numa pequena cápsula que fica dando voltas ao redor do planeta sem ir a lugar algum. Diante das brilhantes realizações das missões robóticas, é impressionantemente raro descobertas científicas fundamentais provirem de missões tripuladas por homens. Exceto consertos em satélites avariados ou com problemas de fabricação, ou lançamentos de satélites que poderiam muito bem ter sido enviados por propulsores sem tripulação, o programa espacial tripulado não parece ter gerado realizações proporcionais ao seu custo desde os anos 1970. Outros viam na Nasa um pretexto para projetos grandiosos, de pôr armas no espaço, embora uma arma em órbita seja, em muitas circunstâncias, um alvo fácil. E a Nasa apresentava sintomas de burocracia esclerosada, supercautelosa, pouco ousada. Essa tendência talvez esteja começando a se reverter.

Mas essas críticas, muitas certamente válidas, não nos devem impedir de ver os triunfos da Nasa no mesmo período: a primeira exploração dos sistemas de Urano e Netuno, o conserto em órbita do Telescópio Espacial Hubble, a prova de que a existência das galáxias é compatível com o Big Bang, as primeiras observações minuciosas dos asteroides, o mapeamento de Vênus de polo a polo, o monitoramento da diminuição da camada de ozônio, a demonstração da existência de um buraco negro com massa de 1 bilhão de sóis no centro de uma galáxia próxima e um compromisso histórico de cooperação espacial firmado por Estados Unidos e Rússia.

Há implicações de longo alcance, visionárias e até revolucionárias no programa espacial. Os satélites de comunicação unem o planeta, são centrais para a economia global e, por meio da televisão, comunicam rotineiramente o fato essencial de que vivemos numa comunidade global. Os satélites meteorológicos predizem o tempo, salvam vidas em furacões e tornados e evitam a perda de lavouras que valem bilhões de dólares. Os satélites de reconhecimento militar e de verificação de tratados dão mais segurança às nações e à civilização global; num mundo com dezenas de milhares de armas nucleares, acalmam os exaltados e paranoicos e são ferramentas essenciais para a sobrevivência num planeta perturbado e imprevisível.

Os satélites de observação da Terra, sobretudo uma nova geração a ser desenvolvida em breve, controlam a saúde do meio ambiente global: o efeito estufa, a erosão da camada superior do solo, a diminuição da camada de ozônio, as correntes dos oceanos, a chuva ácida, os efeitos das enchentes e secas e perigos ainda desconhecidos.

Os sistemas de localização global são agora apropriados para que as localidades sejam radiotrianguladas por vários satélites. Com um pequeno instrumento do tamanho de um rádio moderno de onda curta, você pode determinar com alta precisão a sua latitude e longitude. Aviões acidentados, navios na neblina e motoristas em cidades desconhecidas não têm mais por que se perder.

Os satélites astronômicos, que espiam com clareza insuperável para fora da órbita da Terra, estudam questões que vão da possível existência de planetas ao redor das estrelas próximas até a origem e o destino do Universo. As sondas planetárias exploram de perto a deslumbrante série de outros mundos em nosso Sistema Solar, comparando seus destinos com o nosso.

Todas essas atividades estimulantes estão voltadas para o futuro e compensam o custo. Nenhuma requer voos espaciais "tripulados por homens".* Uma questão-chave para a Nasa no futuro e que recebe atenção neste livro é se as justificativas para o voo espacial humano são coerentes e sustentáveis. Valerá o custo? Consideremos primeiro, porém, as visões de um futuro cheio de esperança que nos deram as naves espaciais robóticas em suas viagens entre os planetas.

---

* Como mulheres astronautas e cosmonautas de várias nações já voaram no espaço, a expressão "tripulado por homens" é totalmente incorreta. Tentei encontrar alternativa para esse termo de uso tão difundido, cunhado numa era menos constrangida a seu sexismo. Tentei "tripulado" por algum tempo, mas na linguagem falada o termo se presta a equívocos. "Pilotado" não funciona, porque até mesmo aviões comerciais têm pilotos automáticos. "Tripulado por homens e mulheres" é correto, mas canhestro. A melhor solução de compromisso talvez seja "tripulado por humanos", o que nos permite uma distinção bem nítida entre missões humanas e robóticas. De vez em quando, porém, acho que "tripulado por humanos" não funciona muito bem e, para minha consternação, a expressão "tripulado por homens" volta a se introduzir nas minhas frases.

A *Voyager 1* e a *Voyager 2* são as sondas espaciais que desvendaram o Sistema Solar para a espécie humana, abrindo a trilha para as gerações futuras. Antes de seu lançamento, em agosto e setembro de 1977, éramos quase totalmente ignorantes da parte planetária do Sistema Solar. Nos doze anos seguintes, forneceram-nos as primeiras informações minuciosas sobre muitos mundos novos, uns antes conhecidos apenas como discos imprecisos nas oculares de telescópios de solo, outros simplesmente como pontos de luz, e alguns de cuja existência nem se suspeitava. Ainda nos enviam milhares de dados.

Essas sondas espaciais nos revelaram as maravilhas dos outros mundos, a singularidade e a fragilidade do nosso, o princípio e o fim. Permitiram-nos o acesso à maior parte do Sistema Solar, tanto em extensão como em massa. São as naves que exploraram pela primeira vez o que pode vir a ser o lar de nossos remotos descendentes.

Os atuais meios de lançamento norte-americanos são muito fracos para enviar uma sonda dessas a Júpiter; mais longe, só dentro de alguns anos, com a propulsão de um foguete. Com inteligência (e sorte), contudo, podemos tentar outra coisa (como a *Galileo* também fez anos mais tarde): podemos voar perto de um mundo para que sua gravidade nos arremesse até o próximo — um impulso gravitacional, como se diz. O custo é quase só engenho: como agarrar-se à coluna de um carrossel em movimento quando ela passa à sua frente para ser acelerado e arremessado em nova direção. A aceleração da nave espacial é compensada por uma desaceleração no movimento orbital do planeta ao redor do Sol, mas como o planeta é muito volumoso em comparação com a nave espacial, ele quase não desacelera. Cada uma das naves espaciais *Voyager* obteve um impulso de velocidade de quase 60 mil quilômetros por hora com a gravidade de Júpiter. Por sua vez, Júpiter teve seu movimento ao redor do Sol retardado: daqui a 5 bilhões de anos, quando o nosso Sol se tornar um gigante vermelho inchado, Júpiter estará um milímetro aquém de sua provável posição se as *Voyager* não tivessem voado por ele no final do século xx.

A *Voyager 2* valeu-se de um raro alinhamento dos planetas: passar perto de Júpiter acelerou-a para Saturno, daí para Urano, de Urano para Netuno e de Netuno para as estrelas. Mas não se pode fazer isso sempre que se queira: a oportunidade anterior para esse jogo de bilhar celeste se apresentou durante o mandato presidencial de Thomas Jefferson, na era do transporte a cavalo, da canoa e do veleiro. (Barcos a vapor eram a nova tecnologia transformadora do futuro próximo.) Sem recursos financeiros adequados, o Laboratório de Propulsão a Jato da Nasa (JPL) só conseguiu construir uma sonda espacial que funcionasse confiavelmente até Saturno. Mais além, não se garantia nada. Entretanto, devido ao brilhantismo do projeto de engenharia — e ao fato de os engenheiros do JPL, que radiotransmitiam as instruções para a nave espacial, terem sido mais rápidos em desenvolver sua inteligência que a nave espacial em perder a sua —, as duas naves espaciais foram explorar Urano e Netuno. Atualmente, transmitem-nos descobertas de um ponto além do mais distante planeta conhecido do Sol.

É mais comum ouvir falar das maravilhas transmitidas que das sondas que as revelaram ou dos homens que as construíram. Sempre foi assim. Mesmo os livros sobre as viagens de Cristóvão Colombo pouco nos falam dos construtores da *Niña,* da *Pinta* e da *Santa María* ou do princípio da caravela. As naves espaciais, seus projetistas, construtores, navegadores e controladores mostram o que a ciência e a engenharia voltadas para fins pacíficos bem definidos podem realizar. Esses cientistas e engenheiros deveriam servir de modelo para uma América do Norte que busca excelência e competitividade internacional.

Em cada um dos quatro planetas gigantescos — Júpiter, Saturno, Urano e Netuno —, uma das sondas espaciais ou as duas estudaram o planeta, seus anéis e suas luas. Em Júpiter, em 1979, elas enfrentaram uma dose de partículas carregadas ali retidas, milhares de vezes mais intensa que a necessária para matar um ser humano; envoltas em toda essa radiação, descobriram os anéis do planeta, os primeiros vulcões ativos fora da Terra e um possível oceano subterrâneo num mundo sem ar — mais uma infinidade de descobertas surpreendentes. Em Saturno, em 1980 e 1981, sobreviveram a uma nevasca de gelo e encontraram milhares de novos anéis. Examinaram luas congeladas que se derreteram misteriosamente num passado relativamente recente, e um grande mundo com um suposto oceano de hidrocarbonetos líquidos sob nuvens de matéria orgânica.

Em 25 de janeiro de 1986, a *Voyager 2* entrou no sistema de Urano e informou uma série de maravilhas. O encontro durou só algumas horas, mas os dados transmitidos para a Terra revolucionaram nosso conhecimento do planeta água-marinha, de suas quinze luas, de seus anéis escuros como breu e de seu cinturão de partículas retidas carregadas de intensa energia. Em 25 de agosto de 1989, a *Voyager 2* passou pelo sistema de Netuno e observou, fracamente iluminados pelo Sol distante, padrões caleidoscópicos de nuvens e uma lua bizarra sobre a qual plumas de finas partículas orgânicas voavam no ar espantosamente fino. E em 1992, depois de ultrapassar o último planeta conhecido do Sol, as *Voyager* captaram emissões de rádio talvez emanadas da ainda remota heliopausa — o lugar onde o vento que vem do Sol dá lugar ao vento que vem das estrelas.

Como estamos presos à Terra, somos forçados a espiar os mundos distantes através de um oceano de ar deformador. Boa parte das ondas ultravioleta, infravermelhas e de rádio que eles emitem não penetra em nossa atmosfera. É fácil entender por que nossas sondas espaciais revolucionaram o estudo do Sistema Solar: subimos para a claridade perfeita do vácuo do espaço e ali nos aproximamos de nossos alvos, como fizeram as *Voyager,* descrevendo órbitas ao redor deles ou pousando sobre suas superfícies.

Essas naves espaciais transmitiram 4 trilhões de bits de informação para a Terra, o equivalente a aproximadamente 100 mil volumes de enciclopédias. Descrevi os encontros das *Voyager 1* e *2* com Júpiter em *Cosmo.* Nas páginas seguintes, vou dizer alguma coisa sobre os encontros com Saturno, Urano e Netuno.

Pouco antes do encontro da *Voyager 2* com o sistema de Urano, o projeto da missão especificara uma manobra final, breves impulsões do sistema de propulsão a bordo para posicionar a nave de modo que ela pudesse ziguezaguear por um caminho predeterminado entre as luas de movimento rápido e violento. Mas a correção de seu curso foi desnecessária. A nave já estava a duzentos quilômetros de sua trajetória projetada depois de uma viagem ao longo de um arco de 5 bilhões de quilômetros — mais ou menos o equivalente a passar um alfinete pelo buraco da agulha arremessando-o de uma distância de cinquenta quilômetros.

Os principais filões dos tesouros planetários foram radiotransmitidos para a Terra, mas a Terra fica tão distante que, no momento em que os sinais de Netuno foram colhidos pelos radiotelescópios sobre nosso planeta, a potência recebida era de apenas 10^{-16} watts (quinze zeros entre o ponto decimal e o algarismo 1). Esse sinal fraco tem para com a energia emitida por uma lâmpada comum de leitura a mesma proporção do diâmetro de um átomo para com a distância entre a Terra e a Lua. É como escutar os passos de uma ameba.

A missão, concebida no final dos anos 1960, recebeu seu primeiro financiamento em 1972 e só foi aprovada em sua forma final (inclusive os encontros com Urano e Netuno) depois que as naves já tinham completado o reconhecimento de Júpiter. As duas naves foram levadas ao espaço por *Titan/Centaur*, uma configuração não reutilizável de propulsor auxiliar. Pesando cerca de uma tonelada, cada *Voyager* extrai aproximadamente quatrocentos watts de energia — bem menos que uma casa norte-americana comum — de um gerador que converte plutônio radioativo em eletricidade. (Se fosse contar com a energia solar, a potência disponível diminuiria rapidamente à medida que a nave se aventurasse para cada vez mais longe do Sol. Não fosse pela energia nuclear, a *Voyager* não teria transmitido dados sobre os planetas exteriores do Sistema Solar, à exceção talvez de alguns relativos a Júpiter.)

O fluxo de eletricidade no interior da nave geraria magnetismo suficiente para sobrecarregar o instrumento sensível que mede os campos magnéticos interplanetários. Por isso o magnetômetro é colocado na extremidade de uma longa haste, longe das correntes elétricas danosas. Junto com outras saliências, ele dá à *Voyager* uma leve aparência de porco-espinho. Câmeras, espectrômetros infravermelhos e ultravioleta e um instrumento chamado fotopolarímetro se encontram em uma plataforma de varredura que gira sob comando para que esses mecanismos se direcionem para o alvo. A nave espacial deve saber onde está a Terra para que a antena seja apontada e os dados possam ser recebidos em nosso planeta. Também precisa saber onde estão o Sol e pelo menos uma estrela brilhante para poder se orientar em três dimensões e apontar qualquer mundo que passa. Se não souber apontar as câmeras, de nada adiantará poder transmitir fotos a bilhões de quilômetros.

Cada nave custou quase o mesmo que um único bombardeiro estratégico moderno, só que a *Voyager*, uma vez lançada, não pode voltar ao hangar para eventuais consertos. Por isso os computadores e o sistema eletrônico da nave são projetados em dobro. A maioria dos mecanismos-chave, inclusive o essencial receptor de rádio, tinha pelo menos o seu duplo esperando para ser ativado em caso de emergência. Quando qualquer das *Voyagers* se vê em dificuldades, os computadores empregam a lógica da árvore de decisões para definir a linha apropriada de ação. Se não funcionar, a nave transmite para a Terra um pedido de socorro.

À medida que a sonda espacial se afasta da Terra o tempo de viagem de ida e volta das radiações eletromagnéticas também aumenta, chegando quase a onze horas quando a *Voyager* está à distância de Netuno. Assim, em caso de emergência, a nave espacial precisa saber como se colocar em modo de prontidão para aguardar instruções da Terra. À medida que envelhece, é de esperar um número maior de falhas, tanto em suas partes mecânicas como em seu sistema de computador, embora ainda não haja sinal de séria deterioração da sua memória.

Isso não quer dizer que a *Voyager* seja perfeita. Alguns acidentes geraram muita tensão e puseram a missão em risco. Em cada uma dessas ocasiões, equipes especiais de engenheiros — alguns trabalhando no programa *Voyager* desde o início — foram designadas para "elaborar" o problema. Eles estudavam a ciência básica e recorriam à sua experiência anterior com os subsistemas deficientes. Faziam experiências com equipamentos idênticos aos de uma nave *Voyager*, ou até fabricavam um grande número de componentes da espécie que falhara, para adquirir uma compreensão estatística do modo da deficiência.

Em abril de 1978, quase oito meses depois do lançamento e quando a nave se aproximava do cinturão de asteroides, a omissão de um comando da Terra — um erro humano — fez com que o computador de bordo da *Voyager 2* trocasse o receptor de rádio original por seu reserva. Durante a seguinte transmissão da Terra para a nave espacial, o receptor-reserva se recusou a captar e acompanhar os sinais da Terra. Um componente chamado condensador do circuito de rastreamento falhara. A *Voyager 2* ficou sete dias inteiramente fora de contato; depois seu software de proteção contra falhas ordenou, de repente, que o receptor-reserva fosse desativado e reativado o receptor original. Até hoje ninguém sabe por que o receptor original parou de funcionar pouco depois. Nunca mais se ouviu sinal algum dele. Para completar, o computador de bordo passou a insistir tolamente em usar o receptor original avariado. Por uma concatenação infeliz de erro humano e robótico, a nave espacial estava agora realmente em perigo. Ninguém conseguia imaginar um modo de fazer com que a *Voyager 2* voltasse a usar o receptor-reserva. Mesmo nesse caso, o receptor-reserva não poderia receber os comandos da Terra por causa do condensador defeituoso. Muitos membros do projeto receavam estar tudo perdido.

Uma semana depois de obstinada indiferença a quaisquer comandos, porém, as instruções para troca automática de receptores foram aceitas e programadas pelo nervoso computador de bordo. Durante essa mesma semana, os engenheiros do JPL projetaram um procedimento inovador de controle de frequência de comando, para se assegurarem de que as ordens essenciais seriam compreendidas pelo receptor-reserva avariado.

Os engenheiros já podiam voltar a se comunicar com a nave espacial, ao menos de modo rudimentar, só que o receptor-reserva voltou a ficar desorientado, tornando-se extremamente sensível ao calor fortuito liberado quando vários componentes da nave espacial têm sua potência aumentada ou diminuída. Nos meses seguintes, os engenheiros do JPL delinearam e realizaram testes que lhes permitiram compreender plenamente as implicações térmicas da maioria dos modos operacionais da nave espacial: o que impedia e o que permitia a recepção de comandos da Terra?

Com essas informações, o problema do receptor-reserva foi totalmente contornado. Mais tarde, captou todos os comandos da Terra sobre como colher dados nos sistemas de Júpiter, Saturno, Urano e Netuno. Os engenheiros haviam salvado a missão. (Por medida de segurança, durante a maior parte do voo subsequente da *Voyager 2*, uma sequência nominal da coleta dos dados do próximo planeta a ser encontrado estava sempre preparada nos computadores de bordo, caso a nave espacial voltasse a ficar surda.)

Outra falha ocorreu pouco depois de a *Voyager 2* aparecer por trás de Saturno (vista a partir da Terra) em agosto de 1981. A plataforma de varredura estivera movendo-se febrilmente, apontando aqui e ali entre os anéis, as luas e o próprio planeta nos momentos breves de maior aproximação. De repente, a plataforma emperrou. Uma plataforma de varredura imóvel é de enlouquecer: saber que a nave está passando por maravilhas jamais vistas, que não mais veremos em anos ou décadas, e ela indiferente, fitando fixamente o espaço, ignorando tudo.

A plataforma de varredura é impelida por acionadores que contêm jogos de engrenagem. Assim, os engenheiros do JPL primeiro fizeram funcionar uma cópia idêntica de um atuador do voo numa missão simulada. O acionador falhou após 348 voltas; o da nave espacial falhara depois de 352 voltas. Descobriu-se que o problema era uma falha de lubrificação. Ótimo saber, mas e agora? Obviamente, seria impossível levar uma lata de óleo até a *Voyager*.

Os engenheiros especulavam sobre se poderiam reativar o acionador deficiente alternando aquecimento e esfriamento; as tensões térmicas resultantes talvez induzissem os componentes a se expandir e contrair em ritmos diferentes, desemperrando o sistema. Testaram a ideia com acionadores especialmente fabricados no laboratório e, com júbilo, descobriram que assim poderiam reativar a plataforma de varredura no espaço. O pessoal do projeto também elaborou formas de diagnosticar outras tendências de falha nos acionadores, com antecedência bastante para contornar o problema. Desde então, a plataforma de varredura da *Voyager 2* tem funcionado perfeitamente. Todas as fotos tiradas nos sistemas de Urano e Netuno devem sua existência a esse trabalho.

As *Voyager 1* e *2* foram projetadas para explorar apenas os sistemas de Júpiter e Saturno. É verdade que suas trajetórias poderiam fazê-las passar por Urano e Netuno; oficialmente, porém, esses planetas nunca foram considerados alvos para a exploração das *Voyager* porque não se esperava que as naves espaciais durassem todo esse tempo. Devido a nosso desejo de voar perto do mundo misterioso de Titã, a *Voyager 1* foi arremessada por Saturno numa trajetória em que nunca mais encontraria outro mundo conhecido; a *Voyager 2* prosseguiu o voo para Urano e Netuno com brilhante sucesso. Nessas imensas distâncias, a luz solar torna-se cada vez mais fraca e os sinais de rádio transmitidos para a Terra ficam cada vez mais débeis. Esses eram problemas previsíveis, mas ainda assim muito sérios, que os engenheiros e cientistas do JPL também tinham que resolver.

Devido aos baixos níveis de iluminação em Urano e Netuno, as câmeras de televisão da *Voyager* foram obrigadas a adotar tempos de exposição mais longos, mas a nave espacial avançava tão rapidamente pelo sistema de Urano (a cerca de 55 mil quilômetros por hora) que a imagem teria ficado manchada ou borrada. Para contrabalançar esse efeito, toda a nave espacial tinha de se mover durante os tempos de exposição, a fim de eliminar o movimento, exatamente como girar a câmera na direção oposta à sua ao tirar a foto de uma cena de rua dentro de um carro em movimento. Pode parecer fácil, mas não é: é preciso neutralizar até o mais inocente dos movimentos. Com gravidade zero, o simples ligar e desligar do gravador de bordo pode balançar a nave o suficiente para manchar a foto.

O problema foi resolvido enviando-se comandos para os pequenos foguetes (os propulsores) da sonda espacial, máquinas de sensibilidade refinada. Com um breve jato de gás no início e no fim de cada sequência de recepção de dados, os aceleradores compensavam o balanço do gravador virando toda a nave espacial apenas um pouquinho. Para lidar com a baixa potência de rádio recebida na Terra, os engenheiros projetaram uma forma nova e mais eficiente de gravar e transmitir os dados, e os radiotelescópios sobre a Terra foram conectados eletronicamente com outros para que sua sensibilidade ficasse maior. De modo geral, segundo muitos critérios, o sistema de imagens funcionou melhor em Urano e Netuno que em Saturno ou até mesmo em Júpiter.

A *Voyager* talvez ainda não tenha acabado a sua exploração. É claro que existe a possibilidade de algum subsistema vital falhar amanhã; no que depender da desintegração radioativa da fonte de energia de plutônio, porém, as duas naves espaciais *Voyager* devem poder transmitir dados para a Terra mais ou menos até o ano 2015.

A *Voyager* é um ser inteligente, parte robô, parte humano. Estende os sentidos humanos até mundos distantes. Para tarefas simples e problemas de curto prazo, confia em sua própria inteligência; para tarefas complexas e problemas de longo prazo, recorre à inteligência e à experiência coletiva dos engenheiros do JPL. Essa tendência certamente vai crescer. As *Voyager* encarnam a tecnologia do início dos anos 1970; se fossem projetadas hoje espaçonaves para uma missão desse tipo, incorporariam progressos incríveis em inteligência artificial, miniaturização, velocidade de processamento de dados, capacidade de autodiagnóstico e correção, e tendência a aprender com a experiência. Seriam também muito mais baratas.

Nos muitos ambientes demasiado perigosos para as pessoas, tanto na Terra como no espaço, o futuro pertence a parcerias robôs-humanos que reconhecerão as duas *Voyager* como antecessoras e pioneiras. Nos acidentes nucleares, desastres em minas, exploração submarina e arqueologia, indústria, reconhecimento do interior de vulcões e assistência nas tarefas domésticas, para citar apenas algumas aplicações potenciais, faria uma enorme diferença ter uma unidade preparada de robôs espertos, móveis, compactos e controláveis que soubessem diagnosticar e reparar as próprias avarias. O número dessa tribo provavelmente aumentará no futuro próximo.

Já é lugar-comum dizer que qualquer coisa construída pelo governo é um desastre. Mas as duas naves espaciais *Voyager* foram construídas pelo governo (em parceria com a academia). Saíram pelo preço de custo, ficaram prontas no prazo e excederam em muito as especificações do projeto, bem como os sonhos mais acalentados de seus fabricantes. Procurando não controlar, ameaçar, ferir ou destruir, essas máquinas elegantes representam a parte exploratória de nossa natureza, livre para vagar pelo Sistema Solar e além. Esse tipo de tecnologia e os tesouros que revela, inteiramente à disposição de todos os seres humanos, têm sido, nas últimas décadas, uma das poucas atividades dos Estados Unidos admiradas tanto pelos que abominam muitas de suas políticas como pelos que concordam com a nação a respeito de tudo. A *Voyager* custou, para cada norte-americano, menos de um *penny* por ano, do lançamento até o encontro com Netuno. As missões para os planetas são uma das coisas — e não falo apenas dos Estados Unidos, mas de toda a espécie humana — que melhor sabemos fazer.

7. Entre as luas de Saturno

Senta-te como um sultão entre as luas de Saturno.
Herman Melville, *Moby Dick*, capítulo 107 (1851)

Existe um mundo, de tamanho intermediário entre a Lua e Marte, cuja camada superior de ar é eriçada de eletricidade — originária do arquetípico planeta seguinte, rodeado de anéis; cuja perpétua camada de nuvens marrons é matizada por um estranho laranja-queimado e onde a própria matéria da vida cai dos céus sobre a superfície abaixo. É tão distante que a luz do sol leva mais de uma hora para chegar lá. As naves espaciais levam anos. Muito a seu respeito ainda é mistério, inclusive se possui ou não grandes oceanos. No entanto, sabemos o suficiente para reconhecer que talvez naquele lugar ao nosso alcance estejam em andamento certos processos que há longas eras originaram a vida sobre a Terra.

Em nosso mundo, está em andamento uma experiência de longa duração — e sob alguns aspectos promissora — sobre a evolução da matéria. Os fósseis conhecidos mais antigos têm cerca de 3,6 bilhões de anos. Sem dúvida, a origem da vida deve ter acontecido bem antes disso. Mas, há 4,2 bilhões ou 4,3 bilhões de anos, a Terra estava sendo tão abalada pelos estágios finais de sua formação que a vida ainda não poderia ter aparecido: grandes colisões fundiam a superfície, transformando os oceanos em vapor e impelindo para o espaço toda atmosfera acumulada desde o último impacto. Assim, há aproximadamente 4 bilhões de anos, houve um hiato propício bastante estreito — talvez de apenas 100 milhões de anos —, em que surgiram nossos antepassados mais antigos. Tão logo as condições permitiram, a vida apareceu rapidamente. De alguma forma.

As primeiras coisas vivas deviam ser ineptas, muito menos dotadas que o mais humilde micróbio de nosso tempo; talvez mal e mal capazes de fazerem cópias grosseiras de si mesmas. Mas a seleção natural, o processo-chave que Charles Darwin descreveu coerentemente pela primeira vez, é um instrumento tão poderoso que, a partir de quase nada, pode surgir toda a riqueza e beleza do mundo biológico.

Esses primeiros seres vivos eram feitos de peças surgidas por si mesmas, impulsionados pelas leis da física e da química numa Terra sem vida. Os tijolos de toda vida terrestre são chamados moléculas orgânicas, tendo por base o carbono. Do imenso número de moléculas orgânicas possíveis, raras são usadas no núcleo da vida. As duas classes mais importantes são os aminoácidos, tijolos das proteínas, e as bases nucleotídeas, tijolos dos ácidos nucleicos.

Logo antes da origem da vida, de onde vieram essas moléculas? Há só duas possibilidades: de fora ou de dentro. Sabemos que então um número muitíssimo maior de cometas e asteroides atingia a Terra, que esses pequenos mundos são fontes ricas de moléculas orgânicas complexas e que algumas dessas moléculas não eram calcinadas com o impacto. Não estou descrevendo mercadorias importadas, mas feitas em casa: as moléculas orgânicas geradas no ar e nas águas da Terra primitiva.

Infelizmente, carecemos de dados sobre a composição do ar primitivo, e as moléculas orgânicas se constituem mais facilmente em algumas atmosferas que em outras. Não devia haver muito oxigênio, pois o oxigênio é gerado pelas plantas verdes e ainda elas não existiam. Provavelmente havia mais hidrogênio, muito abundante no Universo e que consegue escapar da atmosfera superior da Terra para o espaço com mais facilidade que qualquer outro átomo (por ser tão leve). Podemos imaginar várias atmosferas primitivas possíveis, reproduzi-las em laboratório, aplicar um pouco de energia e ver que moléculas orgânicas se formam e em que quantidades: experiências estimulantes e promissoras. Nossa ignorância das condições iniciais, porém, limita sua relevância.

Precisamos é de um mundo real cuja atmosfera ainda retenha alguns gases ricos em hidrogênio, um mundo que em outros aspectos se pareça com a Terra, onde os tijolos orgânicos da vida estejam sendo maciçamente gerados em nossa própria época e que possamos explorar em busca de nossos primórdios. Existe apenas um mundo desse tipo no Sistema Solar.* É Titã, a grande lua de Saturno. Tem cerca de 5150 quilômetros (3200 milhas) de diâmetro, um pouco menos que a metade do tamanho da Terra. Leva dezesseis de nossos dias para completar uma órbita em torno de Saturno.

Nenhum mundo é réplica perfeita de outro; pelo menos em um aspecto importante, Titã é muito diferente da Terra primitiva: por estar muito longe do Sol, sua superfície é muito fria, bem abaixo do ponto de congelamento da água, cerca de 180° abaixo de zero grau centígrado. Assim, enquanto a Terra, à época da origem da vida, era coberta, como agora, na sua maior parte, por oceanos, obviamente não pode haver oceanos de água líquida em Titã. (Oceanos de alguma outra substância são outra história, como veremos.) As baixas temperaturas, no entanto, têm uma vantagem: as moléculas sintetizadas em Titã tendem a se manter por ali, pois quanto mais elevada a temperatura, mais depressa as moléculas se decompõem. Em Titã, as moléculas caídas como maná do céu durante os últimos 4 bilhões de anos talvez ainda estejam lá, em grande parte inalteradas, congeladas, à espera dos químicos da Terra.

A invenção do telescópio, no século XVII, permitiu a descoberta de muitos novos mundos. Em 1610, Galileu divisou pela primeira vez os quatro grandes satélites de Júpiter. Parecia um Sistema Solar em miniatura, com as pequenas luas girando ao redor de Júpiter como Copérnico imaginara os planetas tendo órbitas ao redor do Sol. Novo golpe nos adeptos do geocentrismo. Quarenta e cinco anos mais tarde o físico holandês Christianus

---

* Poderia não haver nenhum. Temos muita sorte de que *exista* um mundo desse tipo para estudarmos. Todos os outros têm hidrogênio em demasia, ou em quantidade insuficiente, ou então não têm atmosfera alguma.

Huygens descobriu uma lua em órbita ao redor de Saturno e chamou-a Titã.* Era um ponto de luz a 1 bilhão de quilômetros de distância, brilhando à luz solar refletida. Desde a época de sua descoberta até a Segunda Guerra Mundial, quase nada mais foi estabelecido acerca de Titã, a não ser sua curiosa cor castanho-amarelada. Os telescópios de solo mal conseguiam perceber detalhes enigmáticos. Na virada do século xx, o astrônomo espanhol J. Comas Sola registrou evidências vagas e indiretas de uma atmosfera.

De certa forma, cresci com Titã. Redigi minha dissertação de doutorado na Universidade de Chicago sob a orientação de Gerard Kuiper, o astrônomo que constatou que há uma atmosfera em Titã. Kuiper era holandês, descendente intelectual em linha direta de Christianus Huygens. Em 1944, ao fazer um exame espectroscópico de Titã, ele viu com espanto sinais espectrais característicos de gás metano. Quando apontava o telescópio para Titã, lá estava o sinal de metano.** Quando afastava o telescópio, nem sinal de metano. Mas luas, supostamente, não têm atmosferas consideráveis (a Lua da Terra não tem). Kuiper entendeu que Titã retinha uma atmosfera, mesmo com gravidade menor que a da Terra, porque sua atmosfera superior é muito fria. As moléculas simplesmente não se movem com rapidez suficiente para atingir a velocidade de poder escapar e escoar para o espaço.

Daniel Harris, um aluno de Kuiper, demonstrou definitivamente que Titã é vermelha. Talvez estivéssemos olhando para uma superfície ferrugenta como a de Marte. Quem quisesse aprender mais sobre Titã também poderia medir a polarização da luz solar que dela se irradia. A luz solar comum não é polarizada. Joseph Veverka, atualmente membro do corpo docente da Universidade Cornell, era meu aluno de pós-graduação na Universidade de Harvard e assim, de certa forma, um aluno neto de Kuiper. Em seu trabalho de doutorado, aí por 1970, ele mediu a polarização de Titã e viu que ela mudava quando as posições relativas de Titã, do Sol e da Terra se alteravam. Mas a mudança era muito diferente da Lua, por exemplo. Veverka concluiu

---

* Não lhe deu esse nome por achá-la extraordinariamente grande, mas porque, na mitologia grega, os membros das gerações que precederam os deuses olímpicos — Saturno, seus irmãos e seus primos — eram chamados Titãs.

**A atmosfera de Titã não tem oxigênio detectável, por isso o metano não está assim tão fora do equilíbrio químico — como acontece na Terra — e sua presença não é, de forma alguma, um sinal de vida.

que o caráter dessa variação era compatível com extensas nuvens ou com uma bruma sobre Titã. Quando observávamos a lua de Saturno pelo telescópio, não víamos sua superfície. Não sabíamos como era essa superfície. Não fazíamos ideia da distância entre as nuvens e a superfície abaixo.

Assim, no início dos anos 1970, como uma espécie de legado de Huygens e sua linhagem intelectual, sabíamos, ao menos, que Titã tem uma densa atmosfera rica em metano e que provavelmente está envolta num véu de nuvens ou aerossóis avermelhados. Mas que tipo de nuvem é vermelha? Ainda no início dos anos 1970, meu colega Bishun Khare e eu fizéramos experiências em Cornell irradiando várias atmosferas ricas em metano com luz ultravioleta ou elétrons e gerando sólidos avermelhados ou castanhos; a substância cobria o interior de nossos recipientes de reação. Se a lua Titã, rica em metano, tinha nuvens castanho-avermelhadas, parecia-me que essas nuvens poderiam ser semelhantes ao que estávamos fazendo no laboratório. Chamamos esse material de "tolina" (*tholin*), palavra grega para "lamacento". No início não tínhamos muita noção de sua constituição. Era um cozido orgânico obtido decompondo nossas moléculas iniciais e permitindo que os átomos — carbono, hidrogênio, nitrogênio — e fragmentos moleculares se recombinassem.

A palavra "orgânico" não implica imputação de origem biológica; o uso químico do termo, que remonta a mais de um século, simplesmente supõe moléculas formadas de átomos de carbono (exceto algumas muito simples como o monóxido de carbono, CO, e o dióxido de carbono, CO_2). Como a vida na Terra tem por base as moléculas orgânicas, e como houve um período *anterior* à existência de vida sobre a Terra, algum processo deve ter constituído as moléculas orgânicas em nosso planeta antes de surgir o primeiro organismo. Acho que algo semelhante pode estar acontecendo atualmente em Titã.

Um acontecimento relevante para nossa compreensão de Titã foi a chegada das naves *Voyager 1* e *2* ao sistema de Saturno em 1980 e 1981. Os instrumentos ultravioleta, infravermelhos e de rádio revelaram a pressão e a temperatura através da atmosfera, desde a superfície oculta até a orla do espaço. Ficamos sabendo até que altura chegam os cimos das nuvens. Descobrimos que o ar em Titã é composto, principalmente, de nitrogênio, N_2, como na Terra de hoje. O outro componente principal é, descobriu Kuiper, o metano, CH$_4$, o material básico a partir do qual são ali geradas as moléculas orgânicas que têm como base o carbono.

Descobriram-se diversas moléculas orgânicas simples sob a forma de gases, principalmente hidrocarbonetos e nitrilos. As mais complexas têm quatro átomos "pesados" (carbono e/ou nitrogênio). Os hidrocarbonetos são moléculas compostas apenas de átomos de carbono e hidrogênio; nós os conhecemos como gás natural, petróleo e ceras (completamente diferentes dos carboidratos, como os açúcares e amidos, que também têm átomos de oxigênio). Os nitrilos são moléculas com um átomo de carbono e hidrogênio ligados de modo especial. O nitrilo mais conhecido é o HCN, o cianeto de hidrogênio, um gás mortal para os seres humanos implícito às etapas que na Terra conduziram à origem da vida.

É excitante descobrir essas moléculas orgânicas simples na atmosfera superior de Titã — mesmo que só estejam presentes na proporção de um elemento por milhão ou um elemento por bilhão. A atmosfera da Terra primitiva teria sido semelhante? Há aproximadamente dez vezes mais ar em Titã que na Terra de nossos dias, mas é possível que a Terra primitiva tivesse uma atmosfera mais densa.

Além disso, a *Voyager* descobriu uma extensa região de elétrons e prótons energéticos ao redor de Saturno, presos ao campo magnético do planeta. No curso de seu movimento orbital em torno de Saturno, Titã entra e sai dessa magnetosfera. Raios de elétrons (além da luz ultravioleta do Sol) caem sobre a camada superior do ar de Titã, assim como partículas carregadas (além da luz ultravioleta do Sol) eram interceptadas pela atmosfera da Terra primitiva.

Assim, é uma ideia óbvia irradiar a mistura adequada de nitrogênio e metano com luz ultravioleta ou elétrons em pressões muito baixas para ver que outras moléculas mais complexas podem se formar. Será possível simular o que se passa na atmosfera superior de Titã? Em nosso laboratório em Cornell — numa experiência em que meu colega W. Reid Thompson desempenhou papel-chave — copiamos parte da produção dos gases orgânicos de Titã. Seus hidrocarbonetos mais simples são produzidos pela luz ultravioleta do Sol. Quanto aos demais produtos gasosos, porém, os que produziram os elétrons no laboratório com mais facilidade correspondem aos descobertos pela *Voyager* em Titã, e nas mesmas proporções. A relação é de um para um. Os outros gases abundantes descobertos no laboratório serão pesquisados em futuros estudos de Titã. Os gases orgânicos mais complexos que produzimos têm seis ou sete átomos de carbono e/ou nitrogênio. Essas moléculas-produtos estão a caminho de formar tolinas.

Esperávamos encontrar uma brecha na atmosfera à medida que a *Voyager 1* se aproximasse de Titã. À longa distância, ela parecia um disco minúsculo; no momento de maior aproximação, o campo de visão de nossa câmera foi ocupado por uma pequena região de Titã. Se houvesse uma brecha na neblina e nas nuvens, mesmo de alguns quilômetros de largura, teríamos visto parte de sua superfície oculta. Mas não havia sinal de brecha. É um mundo oculto. Ninguém na Terra sabe o que há na superfície de Titã. Um observador deste mundo, olhando para o céu à luz visível comum, não imagina o esplendor de ascender através da neblina e contemplar Saturno e seus anéis magníficos.

A partir de medições realizadas pela *Voyager*, pelo observatório *International Ultraviolet Explorer*, em órbita ao redor da Terra, e por telescópios de solo terrestre, temos muitas informações sobre as partículas da neblina castanho-alaranjada que obscurece a superfície de Titã: as cores de luz que gostam de absorver, as cores que mais ou menos deixam passar entre si, o quanto desviam a luz que realmente passa por elas e seu tamanho (em geral são do tamanho das partículas da fumaça de um cigarro). As "propriedades ópticas" vão depender, é claro, da composição das partículas da neblina.

Com Edward Arakawa, do Laboratório Nacional de Oak Ridge em Tennessee, Khare e eu medimos as propriedades ópticas da tolina de Titã. Revelou-se um sósia perfeito da neblina real da lua de Saturno. Nenhum outro dos possíveis materiais, minerais ou orgânicos, tem as constantes ópticas de Titã. Assim, podemos dizer, com propriedade, que engarrafamos sua neblina — formada no alto de sua atmosfera, caindo devagar e acumulando-se copiosamente sobre sua superfície. De que é feita essa substância?

É muito difícil saber a composição exata de um sólido orgânico complexo. A química do carvão, por exemplo, ainda não é bem entendida, apesar do duradouro incentivo econômico. Descobrimos, porém, algumas coisas sobre a tolina de Titã. Ela contém muitos dos tijolos essenciais para a vida na Terra. Derramando tolina de Titã na água, você produz muitos aminoácidos, os elementos básicos das proteínas, e também as bases nucleotídeas, os tijolos do DNA e do RNA: alguns dos aminoácidos assim formados estão difundidos nos seres vivos sobre a Terra. Outros são de um tipo completamente diferente. Um rico conjunto de outras moléculas orgânicas também está presente, algumas relevantes à vida, outras não. Durante os últimos 4 bilhões de anos, imensas quantidades de moléculas orgânicas provenientes da atmosfera se sedimentaram na superfície de Titã. Caso tenham se mantido profundamente congeladas e inalteradas nas eras intermediárias, a quantidade acumulada deveria ter uma espessura de pelo menos dezenas de metros; estimativas à distância lhe atribuem uma profundidade de um quilômetro.

Mas a 180°C abaixo do ponto de congelamento da água, é razoável pensar que jamais se produzirão aminoácidos. Derramar tolinas na água pode ser relevante para a Terra primitiva, porém, aparentemente, não é para Titã. Entretanto, cometas e asteroides de vez em quando devem espatifar-se sobre a superfície de Titã. (As outras luas de Saturno apresentam muitas crateras de impacto, e a atmosfera de Titã não é bastante espessa para impedir que objetos grandes e em alta velocidade atinjam a superfície.) Embora nunca tenham visto a superfície de Titã, os cientistas planetários sabem alguma coisa sobre sua composição. A densidade média está entre a densidade do gelo e a da rocha. É plausível que contenha ambos. Gelo e rocha abundam nos mundos próximos, alguns constituídos de gelo quase puro. Se a superfície de Titã é glacial, o impacto de um cometa em alta velocidade derreterá temporariamente o gelo. Thompson e eu estimamos que a probabilidade de qualquer ponto da superfície de Titã ter se fundido alguma vez é maior que 50%, sendo de quase mil anos a duração média do material fundido e da pasta semifluida produzidos pelo impacto.

Ora, a origem da vida sobre a Terra parece ter ocorrido em oceanos e em lagos rasos formados pelas marés. A vida sobre a Terra é feita principalmente de água, que desempenha um papel físico e químico essencial. Na verdade, é difícil para nós, criaturas amantes de água, imaginar a vida sem ela. Se em nosso planeta a origem da vida levou menos de 100 milhões de anos, existe alguma possibilidade de que tenha levado mil anos em Titã? Com as tolinas misturadas na água líquida — ainda que só por mil anos — a superfície de Titã pode estar muito mais perto da origem da vida do que pensamos.

Apesar de tudo, sabemos pouco sobre Titã. Isso me foi demonstrado num simpósio científico realizado em Toulouse, na França, patrocinado pela Agência Espacial Europeia (ESA). Se oceanos de água líquida são impossíveis em Titã, oceanos de hidrocarbonetos líquidos não são. Nuvens de metano (CH_4), o hidrocarboneto mais abundante, são presumíveis não tão acima da superfície. Etano (C_2H_6), o segundo hidrocarboneto mais abundante, deve condensar-se na superfície tal como o vapor de água se torna líquido perto da superfície da Terra, onde a temperatura está, em geral, entre os pontos de congelamento e de fusão. Imensos oceanos de hidrocarbonetos líquidos devem ter se acumulado durante a existência de Titã, muito abaixo da neblina e das nuvens. O que não significa que seriam totalmente inacessíveis para nós — as ondas de rádio penetram facilmente na atmosfera de Titã e passam pelas finas partículas suspensas em queda lenta.

Em Toulouse, Duane Muhleman, do Instituto de Tecnologia da Califórnia, descreveu a difícil proeza técnica de transmitir pulsos de radar por um radiotelescópio localizado no deserto Mojave, da Califórnia, de modo que chegassem a Titã, atravessassem a neblina e as nuvens, alcançassem a superfície, fossem refletidos de volta para o espaço e retransmitidos para a Terra. Em nosso planeta, o sinal, muito enfraquecido, era captado por radiotelescópios perto de Socorro, Novo México. Ora, se Titã tem uma superfície glacial ou rochosa, um pulso de radar refletido em sua superfície seria detectável na Terra. Mas se Titã fosse coberta por oceanos de hidrocarbonetos, Muhleman nada veria. Os hidrocarbonetos líquidos são pretos para essas ondas de rádio e nenhum eco teria sido retransmitido para a Terra. Na verdade, o gigantesco sistema de radar de Muhleman capta um reflexo quando algumas longitudes de Titã estão voltadas para a Terra e nada capta em outras longitudes. Então Titã tem oceanos e continentes e um continente que refletiu os sinais de volta à Terra? Mas se Titã é, a esse respeito, semelhante à Terra — alguns meridianos cobertos principalmente por continentes e outros principalmente por oceanos —, então temos um novo problema.

A órbita de Titã ao redor de Saturno não é um círculo perfeito, mas elíptica. Ora, se Titã tem oceanos extensos, o gigantesco planeta Saturno, em torno do qual gira, deveria provocar marés de vulto em sua superfície, e, com o atrito de marés, a órbita de Titã se tornaria circular em muito menos tempo que a idade do Sistema Solar. Num artigo científico de 1982, "A maré nos mares de Titã", Stanley Dermott, atualmente na Universidade da Flórida, e eu afirmávamos que, por isso, Titã deve ser um mundo coberto por oceanos ou por continentes, senão o atrito de maré, em lugares onde o oceano é raso, teria consequências. Talvez houvesse lagos e ilhas, mas com qualquer coisa além disso Titã teria uma órbita muito diferente.

Temos, portanto, três argumentos científicos: o que conclui ser esse mundo quase todo coberto por oceanos de hidrocarbonetos; o que afirma tratar-se de uma mistura de continentes e oceanos; e um terceiro, que exige uma escolha, lembrando que Titã não pode ter, ao mesmo tempo, oceanos extensos e continentes extensos.

O que acabo de lhes comunicar é uma espécie de relatório de desenvolvimento científico. Amanhã, talvez, uma nova descoberta venha esclarecer os mistérios e contradições. Talvez algo esteja errado com os resultados do radar de Muhleman, embora seja difícil perceber o quê: seu sistema lhe diz que ele está vendo Titã quando essa lua está mais perto, quando ele realmente deveria estar vendo Titã. Pode haver algo errado com os cálculos que eu e Dermott elaboramos sobre a evolução da órbita de Titã causada pela maré. É difícil entender como o etano pode deixar de se condensar na superfície de Titã. Talvez, apesar das baixas temperaturas, tenha havido uma mudança química no decorrer de bilhões de anos; talvez cometas caindo com impacto do céu, somados a vulcões e outros acontecimentos tectônicos, raios cósmicos, possam congelar hidrocarbonetos líquidos e transformá-los num sólido orgânico complexo que reflita ondas de rádio de volta ao espaço. Ou, quem sabe, algo que reflete ondas de rádio flutue na superfície oceânica. Mas hidrocarbonetos líquidos são muito pouco densos: qualquer sólido orgânico conhecido, a não ser que fosse extremamente espumoso, afundaria como uma pedra no mar de Titã.

Dermott e eu agora nos perguntamos se, ao imaginarmos continentes e oceanos em Titã, não estávamos presos à experiência em nosso mundo, se nosso pensamento não era chauvinista em relação à Terra. Terrenos cheios de crateras e bacias de impacto cobrem outras luas de Saturno. Se tivéssemos hidrocarbonetos líquidos acumulando-se num desses mundos, acabaríamos não só com oceanos globais, mas com grandes crateras isoladas cobertas de hidrocarbonetos líquidos, mesmo que não estivessem repletas até a borda. Haveria muitos mares circulares de petróleo, alguns com quase duzentos quilômetros de diâmetro, mas não haveria ondas perceptíveis estimuladas pelo distante Saturno nem navios, nadadores, surfistas e peixes. Segundo nossos cálculos, o atrito de maré seria desprezível nesse caso, e a órbita elíptica de Titã não teria ficado tão circular. Não saberemos enquanto não começarmos a obter imagens da superfície via radar ou raios infravermelhos próximos, mas talvez Titã seja um mundo de grandes lagos circulares de hidrocarboneto, mais concentrados em algumas longitudes que em outras.

Haverá uma superfície glacial coberta por uma profunda camada de sedimentos de tolina? Um oceano de hidrocarboneto com, no máximo, algumas ilhas cobertas de matéria orgânica aqui e ali? Um mundo de lagos de crateras? Uma nave espacial está sendo projetada para ir a Titã. Num programa conjunto NASA/ESA, uma nave espacial, a *Cassini*, será lançada em outubro de 1997, se tudo correr bem. Com duas passagens por Vênus, uma pela Terra e outra por Júpiter para obter impulso gravitacional, a nave será colocada em órbita ao redor de Saturno depois de uma viagem de sete anos. Sempre que passar perto de Titã, examinará a lua por meio de um conjunto de instrumentos, inclusive um radar. Como a *Cassini* estará bem mais perto de Titã, poderá captar muitos detalhes da superfície dessa lua indetectáveis pelo sistema pioneiro de Muhleman com base na Terra. É provável, também, que a superfície possa ser vista através de raios infravermelhos próximos. Talvez em algum momento do verão de 2004 tenhamos em nossas mãos mapas da superfície oculta de Titã.

A Cassini também vai levar uma sonda de entrada, *Huygens*, que se desprenderá da espaçonave principal e mergulhará verticalmente na atmosfera de Titã. Um grande paraquedas será aberto. O pacote de instrumentos descerá lentamente através da neblina orgânica e entrará na atmosfera inferior, passando pelas nuvens de metano. Examinará a química orgânica durante a descida e também na superfície desse mundo — se resistir ao pouso.

Nada é garantido. Mas a missão é tecnicamente exequível, o hardware está sendo construído, um círculo notável de especialistas, inclusive muitos jovens cientistas europeus, trabalha com afinco para sua realização, e todas as nações responsáveis parecem comprometidas com o projeto. É possível que, de fato, ele se concretize. Passando pelos bilhões de quilômetros do espaço interplanetário intermediário, talvez cheguem até nós, num futuro não muito distante, notícias sobre as etapas já percorridas por Titã no caminho para a vida.

8. O primeiro planeta novo

Por favor, você não espera ser capaz de dar as razões para o número de planetas, não? Essa questão já foi resolvida...
Johannes Kepler, *Epítome da astronomia copernicana*,
Livro 4 (1621)

Antes de inventarmos a civilização, nossos antepassados viviam principalmente ao relento, a céu aberto. Antes de inventarmos luzes artificiais, poluição atmosférica e formas modernas de diversão noturna, observávamos as estrelas. Havia razões práticas relativas ao calendário para esse hábito, mas ele significava muito mais. Mesmo hoje, o habitante mais fatigado das cidades pode se comover de repente ao ver o céu de uma noite clara salpicado de estrelas cintilantes. Depois de todos esses anos, isso ainda me deixa sem fôlego.

Em toda cultura, o céu e o impulso religioso estão entrelaçados. Deito num campo aberto e o céu me rodeia. Sinto-me esmagado pela amplidão. Ele é tão vasto e tão distante que minha própria insignificância fica palpável. Mas não me sinto repelido pelo céu. Sou parte dele — uma parte minúscula, mas tudo é minúsculo comparado a essa imensidão. E, quando fixo as estrelas, os planetas e seus movimentos, tenho a impressão irresistível de um elegante mecanismo de precisão funcionando numa escala que nos eclipsa e humilha.

A maioria das grandes invenções da história humana — das ferramentas de pedra e do controle do fogo à linguagem escrita — foi obra de benfeitores anônimos. Nossa memória institucional de acontecimentos remotos é fraca. Não sabemos o nome do antepassado que notou pela primeira vez que os planetas eram diferentes das estrelas; deve ter vivido há dezenas, centenas de milhares de anos. Mas um dia as pessoas de todo o mundo entenderam que cinco, e apenas cinco, dos pontos brilhantes de luz do céu noturno não acompanham o passo das outras estrelas durante um período de meses, movendo-se estranhamente, quase como se tivessem inteligência própria.

O estranho movimento aparente desses planetas era acompanhado pelo Sol e pela Lua, o que significava sete corpos errantes ao todo. Eles eram importantes para os antigos, que lhes deram nomes de deuses; não quaisquer deuses antigos, mas os principais, os poderosos, aqueles que determinam o que os outros deuses (e os mortais) devem fazer. Um dos planetas, brilhante e de movimento lento, foi chamado Marduc pelos babilônios, Odin pelos nórdicos, Zeus pelos gregos e Júpiter pelos romanos. Sempre o rei dos deuses. Ao planeta tênue e veloz que jamais se distanciava muito do Sol os romanos deram o nome de Mercúrio em homenagem ao mensageiro dos deuses; o mais brilhante deles recebeu o nome de Vênus, a deusa do amor e da beleza; o vermelho, cor de sangue, foi chamado Marte em homenagem ao deus da guerra; e o mais lento do grupo ficou sendo Saturno, em homenagem ao deus do tempo. Essas metáforas e alusões foram o máximo que nossos antepassados puderam fazer: não possuíam instrumentos científicos além do olho nu, estavam confinados na Terra e não faziam ideia de que também ela era um planeta.*

---

* Houve um momento, nos últimos 4 mil anos, em que os sete corpos celestes ficaram aglomerados, bem próximos uns dos outros. Pouco antes do amanhecer de 4 de março de 1953 a.C., a lua crescente estava no horizonte. Vênus, Mercúrio, Marte, Saturno e Júpiter se enfileiraram como as contas de um colar perto do grande quadrado da constelação Pégaso — perto de onde emana, em nossa era, a chuva de meteoros Perseídeos. Até observadores casuais do céu devem ter ficado paralisados com o evento. O que estava acontecen-

Quando se tornou necessário delinear a semana — período de tempo que, ao contrário de dia, mês e ano, não tem importância astronômica intrínseca —, foram determinados sete dias, com o nome de cada uma das sete luzes anômalas no céu noturno. Não é difícil reconhecer os vestígios dessa convenção. Em inglês, *Saturday* é o dia de *Saturno*. A leitura de *Sunday* e *Mo[o]nday*, o dia do Sol e o dia da Lua, é bastante clara. De *Tuesday* a *Friday*, os dias têm os nomes dos deuses dos saxões e de seus parentes invasores teutônicos da Bretanha romana/céltica: *Wednesday*, por exemplo, é o dia de Odin (ou Wodin); *Thursday*, o de Thor; *Friday*, o de Freya, a deusa do amor. O último dia da semana permaneceu romano, o resto tornou-se germânico.

Nas línguas românicas como o francês, o espanhol e o italiano, a conexão é ainda mais evidente: todas derivam do antigo latim, no qual os dias da semana eram denominados (pela ordem, a começar de domingo) em homenagem ao Sol, à Lua, a Marte, a Mercúrio, a Júpiter, a Vênus e a Saturno. (O dia do Sol tornou-se o dia do Senhor.) Eles poderiam ter denominado os dias pela hierarquia do brilho dos corpos astronômicos correspondentes — o Sol, a Lua, Vênus, Júpiter, Marte, Saturno e Mercúrio (e assim teríamos, em espanhol, *Domingo, Lunes, Viernes, Jueves, Martes, Sábado, Miércoles)* — mas não o fizeram. Se os dias da semana, nas línguas românicas, tivessem sido ordenados pela distância do Sol, a sequência seria *Domingo, Miércoles, Viernes, Lunes, Martes, Jueves, Sábado*. Mas ninguém sabia a ordem dos planetas na época em que estávamos nomeando os planetas, os deuses e os dias da semana.

Essa coleção de sete deuses, sete dias e sete mundos — o Sol, a Lua e cinco planetas errantes — entrou na mente das pessoas em todo o mundo.

---

do — uma comunhão dos deuses? Segundo David Pankenier, da Universidade Lehigh, e, mais tarde, Kevin Pang, do JPL, esse fenômeno foi o ponto de partida para os ciclos planetários dos antigos astrônomos chineses.

Não há nenhum outro momento, nos últimos 4 mil anos (ou nos próximos), em que a dança dos planetas ao redor do Sol os tenha aproximado tanto, quando vistos da Terra. Mas em 5 de maio de 2000, os sete serão visíveis na mesma parte do céu, alguns ao amanhecer, outros ao crepúsculo, e umas dez vezes mais espalhados que naquela antiga manhã de inverno em 1953 a.C. Ainda assim, será, provavelmente, uma boa noite para uma festa.

O número 7 começou a adquirir conotações sobrenaturais. Havia sete "céus", as redomas esféricas transparentes, centradas na Terra, que se imaginava serem responsáveis pelo movimento desses mundos. A mais externa — o sétimo céu — é onde se imaginava que residiam as estrelas "fixas". Há Sete Dias da Criação (se incluímos o dia de descanso de Deus), sete orifícios na cabeça, sete virtudes, sete pecados mortais, sete demônios do mal no mito sumeriano, sete vogais no alfabeto grego (cada uma associada a um deus planetário), Sete Regentes do Destino segundo os herméticos, sete Grandes Livros do Maniqueísmo, Sete Sacramentos, Sete Sábios da Grécia Antiga e sete "corpos" alquímicos (ouro, prata, ferro, mercúrio, chumbo, estanho e cobre — o ouro ainda associado ao Sol, a prata à Lua, o ferro a Marte etc.). O sétimo filho de um sétimo filho é dotado de poderes sobrenaturais. Sete é um número de "sorte". No Apocalipse do Novo Testamento, sete selos de pergaminho são abertos, sete trombetas são tocadas, sete taças são preenchidas. Santo Agostinho argumentou, obscuramente, a favor da importância mística do 7, afirmando que 3 "é o primeiro número inteiro que é ímpar" (que dizer do 1?), "4 é o primeiro que é par" (que dizer do 2?), e "destes... 7 é composto". E assim por diante.

A própria existência dos quatro satélites de Júpiter que Galileu descobriu — e não eram planetas — foi desacreditada por desafiar a primazia do número 7. Quando a aceitação do sistema copernicano se ampliou, a Terra foi acrescentada à lista dos planetas e o Sol e a Lua foram eliminados. Assim, parecia haver apenas seis planetas (Mercúrio, Vênus, Terra, Marte, Júpiter e Saturno). Por isso, eruditos argumentos acadêmicos surgiram para explicar por que eles *tinham* de ser seis. Por exemplo, seis é o primeiro número "perfeito", igual à soma de seus divisores (1 + 2 + 3). Q.E.D.E, de qualquer forma, os dias da criação não eram sete, apenas seis.

Enquanto os adeptos do misticismo numerológico se adaptavam ao sistema copernicano, esse modo autocomplacente de pensar transbordou dos planetas para as luas. A Terra tinha uma lua, Júpiter tinha as quatro luas galileanas. Total, cinco. Era claro que faltava uma. (Não esquecer: seis é o primeiro número perfeito.) Quando Huygens descobriu Titã em 1655, ele e muitos outros acharam que era a última: seis planetas, seis luas e Deus no céu.

O historiador da ciência I. Bernard Cohen, da Universidade Harvard, observou que Huygens deixara de procurar outras luas por ser evidente, com base nesses argumentos, não haver mais nenhuma a ser descoberta. Dezesseis anos depois, ironicamente com a assistência de Huygens, G. D. Cassini,* do Observatório de Paris, descobriu uma sétima lua, Japeto, um mundo bizarro com um hemisfério preto e o outro branco, numa órbita mais afastada que a de Titã. Pouco depois, Cassini descobriu Reia, lua saturnina com órbita vizinha à de Titã.

Mais uma oportunidade para a numerologia, dessa vez a serviço da tarefa de lisonjear mecenas. Cassini somou o número de planetas (seis) ao número de satélites (oito) e obteve catorze. Ora, o homem que construíra o observatório para Cassini e pagava o seu salário era Luís XIV da França, o Rei Sol. O astrônomo imediatamente "ofereceu" as duas novas luas ao seu soberano e proclamou que as "conquistas" de Luís se estendiam até os confins do Sistema Solar. Discretamente, Cassini parou de procurar outras luas. Cohen sugere que ele temia que uma nova lua pudesse ofender um monarca com quem não se devia brincar, que em breve estaria jogando seus súditos em masmorras pelo crime de serem protestantes. Doze anos mais tarde, porém, Cassini voltou a procurar e descobriu — sem dúvida, com uma dose de apreensão — mais duas luas.

Quando se sugeriu a existência de novos mundos, no final do século XVIII, a força dos argumentos numerológicos dissipara-se bastante. Ainda assim, foi com verdadeira surpresa que em 1781 as pessoas ouviram falar de um novo planeta, descoberto através do telescópio. Novas luas impressionavam relativamente pouco, especialmente depois das primeiras seis ou oito. Mas que houvesse novos *planetas* a serem descobertos e que os seres humanos tivessem inventado o meio de descobri-los era considerado espantoso, e com toda a razão. Se existe um planeta que antes se desconhecia, talvez existam muitos mais, neste Sistema Solar e em outros.

A descoberta nem sequer foi feita por um astrônomo profissional, mas por William Herschel, um músico cujos parentes foram para a Grã-

---

* O astrônomo que deu o nome à missão europeia-americana que explorou o sistema de Saturno.

-Bretanha com a família de outro alemão anglicizado, o monarca reinante e futuro opressor dos colonos norte-americanos, George III. O desejo de Herschel era dar ao planeta o nome de George ("Estrela de George", na realidade), em homenagem ao seu mecenas, mas, providencialmente, o nome não pegou. (Adular reis parece ter sido ocupação frequente dos astrônomos.) Em vez disso, o planeta descoberto por Herschel se chama Urano. Recebeu o nome do antigo deus do céu que, segundo o mito grego, foi pai de Saturno e, assim, avô dos deuses olímpicos.

Já não consideramos o Sol e a Lua planetas e, ignorando os asteroides e cometas relativamente insignificantes, contamos Urano como o sétimo planeta a partir do Sol (Mercúrio, Vênus, Terra, Marte, Júpiter, Saturno, Urano, Netuno, Plutão). É o primeiro planeta desconhecido dos antigos. Os quatro planetas mais afastados, os jovianos, revelaram-se muito diferentes dos quatro planetas mais próximos, os terreais. Plutão é um caso separado.

Com o passar dos anos e a crescente qualidade dos instrumentos astronômicos, começamos a compreender melhor o distante Urano. O que reflete a tênue luz solar de volta para a Terra não é uma superfície sólida, mas atmosfera e nuvens — assim como em Titã, Vênus, Júpiter, Saturno e Netuno. O ar em Urano é feito de hidrogênio e hélio, os dois gases mais simples. Metano e outros hidrocarbonetos também estão presentes. Pouco abaixo das nuvens, visível aos observadores da Terra, está uma atmosfera compacta com enormes quantidades de amônia, sulfeto de hidrogênio e, especialmente, água.

Nas profundezas das atmosferas de Júpiter e Saturno, as pressões são tão grandes que os átomos "transpiram elétrons" e o ar se transforma em metal. Tal coisa não parece acontecer no menos compacto Urano, porque as pressões nas profundezas da atmosfera são menores. Ainda mais fundo, descoberta apenas pelos puxões sutis nas luas de Urano, totalmente inacessível à vista, sob o peso esmagador da atmosfera sobrejacente, está uma superfície rochosa. Um grande planeta semelhante à Terra ali se esconde, envolto em imenso cobertor de ar.

A temperatura da superfície da Terra se deve à luz solar que ela intercepta. É só eliminar o Sol e o planeta logo esfria: não para o insignificante frio antártico, não a ponto de os oceanos congelarem, mas para um frio tão intenso que o próprio ar se condensaria, formando uma camada de neve de oxigênio e nitrogênio de dezenas de metros de espessura sobre todo o planeta. A pequena quantidade de energia que escoa do interior quente da Terra seria insuficiente para derreter essa neve. O caso de Júpiter, Saturno e Netuno é diferente. Há tanto calor extravasando de seus interiores quanto o que eles captam da tepidez do Sol distante. Eliminado o Sol, eles seriam só um pouco afetados.

Urano, porém, é outra história. Urano é uma anomalia entre os planetas jovinianos. Ele é como a Terra: há muito pouco calor intrínseco extravasando. Não compreendemos muito bem por que é assim, por que Urano — sob muitos aspectos, tão semelhante a Netuno — não possui uma poderosa fonte de calor interno. Por essa razão, entre outras, não podemos dizer que compreendemos o que se passa no interior profundo desses vastos mundos.

Urano jaz de lado enquanto gira ao redor do Sol. Nos anos 1990, o Sol está aquecendo o polo Sul, e é este polo que os observadores da Terra veem no final do século xx. Urano leva 84 anos terrestres para dar uma volta ao redor do Sol. Assim, na década de 2030 o polo Norte estará voltado para o Sol (e para a Terra). Na década de 2070 o polo Sul estará apontando mais uma vez para o Sol. No intervalo entre essas décadas, os astrônomos da Terra estarão observando principalmente as latitudes equatoriais.

Todos os outros planetas giram muito mais aprumados em suas órbitas. Ninguém sabe ao certo qual a razão da rotação anômala de Urano; a ideia mais promissora é de que em algum momento de sua história primitiva, há bilhões de anos, ele teria sido atingido por um planeta errante, mais ou menos do tamanho da Terra, numa órbita altamente excêntrica. Essa colisão, se é que aconteceu, deve ter provocado muito tumulto no sistema de Urano; supõe-se que outros vestígios da antiga devastação ainda possam ser descobertos. Mas a distância de Urano tende a guardar os mistérios do planeta.

Em 1977, uma equipe de cientistas chefiada por James Elliot, então na Universidade Cornell, descobriu por acaso que Urano tem anéis, como Saturno. Os cientistas estavam voando sobre o oceano Índico num avião especial da Nasa — o Observatório Aéreo Kuiper — para testemunhar a passagem de Urano na frente de uma estrela. (Essas passagens ou ocultações, como são chamadas, acontecem de tempos em tempos, precisamente porque Urano se move lentamente em relação às estrelas distantes.) Os observadores ficaram surpresos ao ver a estrela tremeluzir várias vezes pouco antes de passar atrás de Urano e sua atmosfera, voltando a tremeluzir assim que reapareceu no outro lado. Como os padrões desse tremeluzir foram iguais antes e depois da ocultação, essa observação (e muito trabalho posterior) abriu caminho para a descoberta de nove anéis circumplanetários muito escuros e muito finos, que dão a Urano a aparência de um alvo no céu.

Circundando os anéis, como os observadores da Terra vieram a compreender, estavam as órbitas concêntricas das cinco luas então conhecidas: Miranda, Ariel, Umbriel, Titânia e Oberon. Elas receberam os nomes das personagens de *Sonho de uma noite de verão* e de *A tempestade,* de Shakespeare, e de *O rapto da madeixa,* de Alexander Pope. Duas delas foram descobertas pelo próprio Herschel. A mais interior das cinco, Miranda, só veio a ser descoberta por meu professor G. P. Kuiper* em 1948. Lembro-me de que, naquela época, a descoberta de uma nova lua de Urano era considerada uma grande realização. A luz infravermelha próxima, refletida por todas as cinco luas, revelou, subsequentemente, o sinal espectral de gelo de água comum em suas superfícies. E não é de admirar. Urano está tão distante do Sol que o seu meio-dia não é mais claro que a noite na Terra. A temperatura é frígida. Toda água deve estar congelada.

Uma revolução em nossa compreensão do sistema de Urano — o planeta, seus anéis e suas luas — teve início em 24 de janeiro de 1986. Naquele dia, depois de uma viagem de oito anos e meio, a nave espacial *Voyager 2* passou muito perto de Miranda e acertou em cheio o alvo no céu. A gravidade de Urano arremessou-a depois para Netuno. A espaçonave enviou para a Terra 4300 closes do sistema de Urano e muitos outros dados.

Descobriu-se que Urano é circundado por um cinturão de intensa radiação, elétrons e prótons presos pelo campo magnético do planeta. A *Voyager* passou através desse cinturão de radiação, medindo o campo magnético e as partículas carregadas ali presas enquanto se deslocava. A

---

* Ele lhe deu esse nome por causa das palavras proferidas por Miranda, a heroína de *A tempestade*: "Oh, admirável mundo novo, que possui pessoas desse tipo". (Ao que Próspero responde: "É novo para ti". Certamente. Como todos os outros mundos no Sistema Solar, Miranda tem, aproximadamente, 4,5 bilhões de anos.)

nave também detectou — com timbres, harmonias e nuances variadas, mas principalmente em *fortissimo* — uma cacofonia de ondas de rádio geradas pelas partículas presas, aceleradas. Algo semelhante foi descoberto em Júpiter e Saturno e seria mais tarde encontrado em Netuno, sempre com tema e contraponto peculiares a cada mundo.

Na Terra, os polos magnéticos e geográficos se acham bem próximos. Em Urano, o eixo magnético e o eixo de rotação estão afastados por uma inclinação de uns sessenta graus. Ninguém até agora entende a razão: alguns sugeriram que estamos captando Urano numa reversão de seus polos magnéticos norte e sul, como acontece periodicamente na Terra. Outros propõem que isso também é consequência daquela antiga e potente colisão que abalou o planeta. Não sabemos.

A quantidade de luz ultravioleta que Urano recebe do Sol é bem menor do que a que ele emite, provavelmente gerada pelas partículas carregadas que vazam da magnetosfera e atingem a atmosfera superior. De um ponto de observação no sistema de Urano, a nave espacial examinou uma estrela brilhante tremeluzir, enquanto os anéis de Urano passavam por ela. Foram descobertas novas faixas tênues de poeira. Da perspectiva da Terra, a nave espacial circulou por trás de Urano; assim, os sinais de rádio transmitidos para a Terra passavam tangencialmente pela atmosfera de Urano, sondando-a até debaixo de suas nuvens de metano. Alguns inferiram a existência de um oceano vasto e profundo, talvez de 8 mil quilômetros de espessura, de água líquida superaquecida, flutuando no ar.

Entre as principais glórias do encontro de Urano estão as fotografias. Com as duas câmeras de televisão da *Voyager*, descobrimos dez novas luas, determinamos a duração do dia nas nuvens de Urano (cerca de dezessete horas) e estudamos uma dúzia de anéis. As fotos mais espetaculares foram as que vieram das cinco luas maiores de Urano, que já conhecíamos, especialmente da menor delas, a Miranda de Kuiper. Sua superfície é um tumulto de vales relacionados a falhas, cadeias paralelas de montanhas, penhascos perpendiculares, montanhas baixas, crateras de impacto e inundações solidificadas de um material da superfície outrora fundido. Essa paisagem tumultuada é surpreendente num pequeno mundo frio e glacial tão distante do Sol. É possível que a superfície tenha se fundido e se reestruturado em alguma época muito remota, quando uma ressonância gravitacional entre Urano, Miranda e Ariel teria extraído energia do planeta próximo, canalizando-a para o interior de Miranda. Ou, talvez, estejamos vendo os resultados da colisão primordial que se julga ter abalado Urano. É concebível, ainda, que Miranda tenha sido, outrora, completamente destruída, desmembrada, fragmentada por um mundo adernado e descontrolado, permanecendo em sua órbita muitos fragmentos da colisão. Ao se chocarem lentamente, ao se atraírem gravitacionalmente, os cacos e restos podem ter se reagregado para formar exatamente um mundo embaralhado, remendado e inacabado como Miranda é hoje.

Para mim, as fotos da sombria Miranda têm um caráter sobrenatural, pois ainda me lembro muito bem de quando ela era apenas um tênue ponto de luz quase perdido no brilho de Urano. Descoberta graças ao talento e à paciência do astrônomo, em apenas metade de uma vida deixou de ser um mundo desconhecido para assumir um destino cujos segredos antigos e idiossincráticos foram, ao menos em parte, revelados.

9. Uma nave norte-americana nas fronteiras do Sistema Solar

> *...na praia*
> *do lago de Tritão...*
> *Desabafarei os segredos de meu peito.*
> Eurípides, *Ion* (*c.* 413 a.C.)

Netuno era o último ponto a ser visitado na grande viagem da *Voyager 2* pelo Sistema Solar. Em geral, é considerado o penúltimo planeta e Plutão, o mais distante. Mas por causa da órbita elíptica de Plutão, Netuno tem sido nos últimos tempos o planeta mais distante, e vai continuar a sê-lo até 1999. As temperaturas típicas em suas nuvens superiores são de aproximadamente −240°C, pois está muito distante dos raios quentes do Sol. Seria mais frio, não fosse o calor emanado de seu interior. Netuno está tão distante que, em seu céu, o Sol é só uma estrela muito brilhante.

A distância? Tanta que Netuno ainda não completou uma única volta ao redor do Sol desde a sua descoberta, em 1846.* Tanta que não pode ser

---

* Ele leva muito tempo para dar uma volta ao redor do Sol porque sua órbita é imensa, 37 bilhões de quilômetros, e porque a força da gravidade do Sol — que o impede de se perder no espaço interestelar — é, àquela distância, relativamente fraca: menos de um milésimo do seu valor nas vizinhanças da Terra.

visto a olho nu. Tanta que a luz — mais veloz que todo o resto — leva mais de cinco horas para chegar de Netuno à Terra. Quando a *Voyager 2* passou veloz pelo sistema de Netuno em 1989, as câmeras, os espectrômetros, os detectores de campos e partículas e outros instrumentos examinaram febrilmente o planeta, suas luas e seus anéis. Como seus primos Júpiter, Saturno e Urano, Netuno é um gigante. Todo planeta é, no fundo, um mundo semelhante à Terra — mas os quatro gigantes gasosos usam disfarces elaborados, pesadões. Júpiter e Saturno são grandes mundos gasosos com núcleos de rocha e gelo relativamente pequenos, mas Urano e Netuno são fundamentalmente mundos de rocha e gelo ocultos por atmosferas densas.

Netuno é quatro vezes maior que a Terra. Quando olhamos para o seu azul austero e frio, mais uma vez vemos apenas atmosfera e nuvens — nenhuma superfície sólida. Também aqui a atmosfera é composta principalmente de hidrogênio e hélio, com metano e vestígios de outros hidrocarbonetos. Também pode haver nitrogênio. As nuvens brilhantes flutuam sobre nuvens espessas mais profundas de composição desconhecida. Pelo movimento das nuvens, inferimos ventos violentos, de quase a velocidade local do som. Descobriu-se uma Grande Mancha Escura, curiosamente quase na mesma latitude da Grande Mancha Vermelha em Júpiter. A cor azul convém a um planeta com o nome do deus do mar.

Ao redor desse mundo remoto, tempestuoso, frio e pouco iluminado existe, também, um sistema de anéis, compostos de objetos orbitantes que, em tamanho, variam de finas partículas a pequenos caminhões. Como os anéis dos outros planetas jovinianos, os de Netuno parecem ser evanescentes — calcula-se que a gravidade e a radiação solar vão rompê-los em muito menos tempo que a idade do Sistema Solar. Se são destruídos rapidamente, só os vemos por serem de formação recente. Mas como se criam os anéis?

A maior lua no sistema de Netuno é Tritão.* Ela leva quase seis de nossos dias para dar uma volta ao redor de Netuno, o que realiza — fato raro entre as grandes luas do Sistema Solar — na direção oposta à da rota-

---

* Robert Goddard, o inventor do moderno foguete de combustível líquido, imaginou um tempo em que as expedições para as estrelas seriam preparadas e lançadas de Tritão. Falou disso ao repensar, em 1927, um manuscrito de 1918, "A última migração". Considerado muito ousado para ser publicado, o texto foi guardado no cofre de um amigo. Na capa, lê-se: "Estas notas devem ser lidas em sua totalidade apenas por um otimista".

ção de seu planeta. Tritão tem uma atmosfera rica em nitrogênio, semelhante à de Titã; mas, como o ar e a neblina são muito mais finos, podemos ver a sua superfície. As paisagens são esplêndidas: um mundo de gelos — gelo de nitrogênio, gelo de metano, provavelmente sustentados por rochas e gelo de água mais familiares. Há bacias de impacto, que parecem ter sido inundadas por líquidos antes de congelarem novamente (de modo que em alguma época houve lagos em Tritão); crateras de impacto; longos vales sinuosos; imensas planícies cobertas de neve de nitrogênio; o terreno enrugado lembra a casca de um cantalupo; longas faixas escuras mais ou menos paralelas parecem ter sido sopradas pelo vento e então depositadas sobre a superfície glacial — apesar de a atmosfera de Tritão ser muito rala (cerca de 1/10 000 da espessura da atmosfera da Terra).

Todas as crateras de Tritão são antigas. Não há paredões despencados ou relevos suavizados. Mesmo com a queda e a evaporação periódicas da neve, parece que nada erodiu a superfície de Tritão em bilhões de anos. Assim, todas as crateras abertas durante a formação de Tritão devem ter sido preenchidas e cobertas por algum antigo acontecimento global que renovou a superfície. Tritão gira em torno de Netuno na direção oposta à da rotação de Netuno — ao contrário do que acontece com a Terra e sua lua e com a maioria das grandes luas do Sistema Solar. Se Tritão tivesse se formado do mesmo disco giratório que deu origem a Netuno, deveria estar circulando ao redor de Netuno na mesma direção da rotação do planeta. Portanto, Tritão não saiu da nebulosa local original ao redor de Netuno, mas veio de algum outro lugar — talvez de muito além de Plutão — e foi, por acaso, capturada pela gravidade ao passar perto de Netuno. Esse acontecimento deve ter provocado enormes marés de corpos sólidos em Tritão, fundindo a superfície e eliminando a topografia anterior.

Em alguns lugares, a superfície é brilhante e branca como a neve antártica nova (e pode proporcionar uma experiência de esqui única em todo o Sistema Solar). Em outros, observa-se um matiz que vai do rosa ao marrom. Uma explicação possível: neve recém-caída de nitrogênio, metano e outros hidrocarbonetos irradiada pela luz ultravioleta solar e por elétrons presos no campo magnético de Netuno, por onde Tritão passa com grande dificuldade. Sabemos que essa irradiação converterá a neve (e os gases correspondentes) em sedimentos orgânicos avermelhados, escuros e complexos, tolinas de gelo — nada vivo, mas algo composto de algumas das moléculas presentes na origem da vida sobre a Terra há 4 bilhões de anos.

No inverno local, camadas de gelo e neve se formam sobre a superfície. (Nossos invernos, graças a Deus, têm apenas 4% de sua duração.) Durante a primavera, elas lentamente se transformam, acumulando uma quantidade crescente de moléculas orgânicas avermelhadas. No verão, o gelo e a neve evaporam; os gases assim liberados migram até o hemisfério do inverno e ali mais uma vez cobrem a superfície de gelo e neve. Mas as moléculas orgânicas avermelhadas não evaporam e não são transportadas — um depósito defasado; no inverno seguinte, elas são novamente cobertas por outras neves, por sua vez irradiadas, e no verão seguinte, a acumulação é mais espessa. À medida que o tempo passa, quantidades substanciais de matéria orgânica formam-se sobre a superfície de Tritão, o que talvez explique suas delicadas marcas coloridas.

As faixas começam em pequenas e escuras regiões de origem, talvez quando o calor da primavera e do verão aquece neves voláteis sob a superfície. Ao se evaporar, o gás esguicha como num gêiser, dispersando neves menos voláteis e matéria orgânica escura da superfície. Ventos predominantes de baixa velocidade levam a matéria orgânica escura, que lentamente se sedimenta no ar ralo, depositando-se no solo e gerando a aparência das faixas. Eis uma reconstrução possível da história recente de Tritão.

Tritão pode ter grandes calotas polares sazonais de gelo de nitrogênio liso sob camadas de materiais orgânicos escuros. Neves de nitrogênio parecem ter caído recentemente no equador. Nevadas, gêiseres, poeira orgânica carregada pelo vento e neblinas de altitude elevada surpreenderam, num mundo com atmosfera tão rala.

Por que o ar é tão ralo? Porque Tritão está muito distante do Sol. Se conseguíssemos deslocar esse mundo para uma órbita ao redor de Saturno, os gelos de nitrogênio e metano se evaporariam rapidamente, formar-se-ia uma atmosfera muito mais densa, de metano e nitrogênio gasosos, e a radiação geraria uma neblina opaca de tolina. Tritão ficaria parecida com Titã. Inversamente, se deslocássemos Titã para uma órbita ao redor de Netuno, quase toda a sua atmosfera congelaria, formando neve e gelo; a tolina desapareceria e não seria substituída; o ar clarearia e a superfície ficaria visível à luz comum, e Titã seria muito parecida com Tritão.

Os dois mundos não são idênticos. O interior de Titã parece conter muito mais gelo que o de Tritão, e muito menos rocha. O diâmetro de Titã é quase duas vezes o de Tritão. Ainda assim, se colocados à mesma distância do Sol, pareceriam irmãos. Alan Stern, do Instituto de Pesquisa do Sudoeste, sugere que fazem parte de uma imensa série de pequenos mundos ricos em nitrogênio e metano formados no Sistema Solar primitivo. Plutão, que ainda não foi visitado por uma nave espacial, parece ser outro membro do grupo. É possível que, no espaço além de Plutão, muitos outros mundos do tipo sejam descobertos. As atmosferas ralas e as superfícies glaciais de todos eles estão sendo irradiadas — por raios cósmicos, pelo menos —, e compostos orgânicos ricos em nitrogênio estão sendo formados. É como se a matéria da vida não se encontrasse apenas em Titã, mas em todos os frios e mal iluminados confins de nosso sistema planetário.

Outra classe de pequenos objetos foi recentemente descoberta, com órbitas que os levam — pelo menos em parte do tempo — além de Netuno e Plutão. Às vezes chamados planetas menores ou asteroides, é mais provável que sejam cometas inativos (sem cauda, é claro; muito distantes do Sol, seus gelos não podem se evaporar rapidamente), são muito maiores que os cometas comuns que conhecemos. Podem ser a vanguarda de um imenso conjunto de pequenos mundos que vai da órbita de Plutão até meio caminho para a estrela mais próxima. A região mais interna da Nuvem de Cometas de Oort, a que esses novos objetos talvez pertençam, é chamada Cinturão de Kuiper, em homenagem a meu mentor, Gerard Kuiper, que pela primeira vez sugeriu sua existência. Cometas de curta duração — como o de Halley — nascem no Cinturão de Kuiper, reagem a puxões gravitacionais, entram velozmente na parte interior do Sistema Solar, formam suas caudas e embelezam nosso céu.

No final do século XIX, esses tijolos de mundos — então meras hipóteses — eram chamados "planetesimais". Suponho que o teor da palavra tenha a ver com o de "infinitesimais": é preciso um número infinito deles para se fazer alguma coisa. Não se chega a tal ponto com os planetesimais, embora seja preciso um número muito grande deles para formar um planeta. Por exemplo, para formar um planeta com o volume da Terra, seria necessário aglutinar trilhões de corpos de um quilômetro. Outrora havia um número muito maior de mundos pequenos na parte planetária do Sistema Solar. A maioria já desapareceu — expelidos para o espaço interestelar, tragados pelo Sol ou sacrificados na grande empresa de formar luas e planetas. Muito além de Netuno e Plutão, no entanto, os descartes, as sobras jamais agregadas para formar mundos, podem estar à nossa espera — alguns na faixa dos cem quilômetros e um número espantoso de corpos de um quilômetro ou menores salpicando toda a orla externa do Sistema Solar até a Nuvem de Oort.

Nesse sentido, há planetas além de Netuno e Plutão — mas muito menores que os planetas jovianos, ou até que o próprio Plutão. Mundos maiores podem estar se escondendo no escuro além de Plutão, mundos que podem ser chamados planetas. Quanto mais distantes, tanto menos provável que os detectemos. Eles não podem, porém, estar logo além de Netuno; seus puxões gravitacionais teriam alterado perceptivelmente as órbitas de Netuno e Plutão e das naves espaciais *Pioneer 10 e 11* e *Voyager 1 e 2*.

Os recém-descobertos corpos cometários (com nomes como 1992QB e 1993FW) não são bem planetas. Se foram alcançados por nosso limiar de detecção, decerto ainda restam muitos outros a descobrir nos limites do Sistema Solar — tão afastados que é muito difícil vê-los da Terra, tão distantes que é uma longa viagem aproximar-se deles. Naves pequenas e velozes para Plutão e além, contudo, estão dentro de nossas capacidades. Faria sentido mandar uma nave sobrevoar Plutão e sua lua Caronte e depois tentar aproximar-se de um dos membros do Cinturão de Cometas de Kuiper.

Os núcleos rochosos de Urano e Netuno, semelhantes ao da Terra, parecem ter primeiro incorporado, depois atraído gravitacionalmente, quantidades maciças de gás de hidrogênio e hélio da antiga nebulosa de que se formaram os planetas. Originalmente, viviam numa tempestade de granizo. Suas gravidades eram suficientes apenas para repelir pequenos mundos glaciais que chegassem demasiado perto, lançando-os muito além do reino dos planetas, para povoar a Nuvem de Cometas de Oort. Júpiter e Saturno tornaram-se gigantes de gás pelo mesmo processo, mas suas gravidades eram fortes demais para povoar a Nuvem de Oort: mundos glaciais que deles se aproximavam eram arremessados pela força da gravidade para um ponto totalmente fora do Sistema Solar e destinados a vagar para sempre na grande escuridão das estrelas.

Assim, os lindos cometas que às vezes despertam no homem admiração e temor abrem crateras em planetas próximos e luas afastadas e, de vez em quando, põem em perigo a vida na Terra, seriam desconhecidos e não nos ameaçariam se Urano e Netuno não tivessem se tornado mundos gigantescos há 4,5 bilhões de anos.

Este é o momento para um breve interlúdio sobre os planetas muito além de Netuno e Plutão, os planetas de outras estrelas.

Muitas estrelas próximas estão rodeadas por discos finos de gás e poeira orbitante que podem estender-se por centenas de unidades astronômicas (UA) a partir da estrela local (os planetas mais afastados, Netuno e Plutão, estão a cerca de 40 UA do nosso Sol). As estrelas mais jovens, semelhantes ao Sol, têm mais probabilidade de ter discos que as antigas. Algumas têm um buraco no centro, como num disco fonográfico. O buraco se estende até 30 UA ou 40 UA a partir da estrela. É o que acontece, por exemplo, com os discos que circundam as estrelas Vega e Epsilon Eridani. O buraco no disco ao redor de Beta Pictoris se estende até somente 15 UA a partir da estrela. Existe uma possibilidade de que essas zonas interiores, livres de poeira, tenham sido limpas pelos planetas que ali se formaram recentemente. Na verdade, esse processo de limpeza estava previsto na história primitiva de nosso sistema planetário. À medida que as observações se aprimorem, talvez divisemos detalhes denunciadores, na configuração de zonas com ou sem poeira, indicando a presença de planetas demasiado pequenos e escuros para serem vistos diretamente. Os dados espectroscópicos sugerem que tais discos estão se movendo e que há matéria caindo nas estrelas centrais — talvez de cometas formados nos discos, desviados pelos planetas ocultos e que se evaporam ao aproximar-se muito do sol local.

Como os planetas são pequenos e brilham por luz refletida, tendem a sumir no brilho do sol local. Contudo, há muito empenho para achar planetas plenamente formados ao redor das estrelas próximas — detectando-se um tênue e breve ofuscamento da luz estelar, quando um planeta escuro se interpõe entre a estrela e o observador na Terra; ou percebendo uma leve oscilação no movimento da estrela, quando puxada primeiro numa direção depois em outra por um companheiro orbitante que não podemos ver. As técnicas aplicadas no espaço serão muito mais sensíveis. Um planeta joviniano movendo-se ao redor de uma estrela próxima tem um brilho cerca de 1 bilhão de vezes mais fraco que o de seu sol; ainda assim, uma nova geração de telescópios de solo capazes de compensar a cintilação da atmosfera terrestre talvez em breve possa detectar esses planetas com poucas horas de observação. Um planeta terreal de uma estrela vizinha tem um brilho cem vezes mais fraco; mas agora parece que naves espaciais relativamente baratas acima da atmosfera terrestre poderiam detectar outras Terras. Essas investigações não se realizaram até o momento, mas estamos prestes a poder detectar pelo menos planetas do tamanho de Júpiter ao redor das estrelas mais próximas — se ele existir.

Uma descoberta recente, importante e imprevista, foi a de um sistema planetário autêntico ao redor de uma estrela improvável a uns 1300 anos-luz de distância, descoberto por uma técnica inesperada. O pulsar B1257+12 é uma estrela de nêutrons em rápida rotação, um sol incrivelmente denso, resíduo de uma estrela volumosa que sofreu uma explosão de supernova. A uma velocidade medida com acurada precisão, ele gira em torno de si mesmo a cada 0,0062185319388187 segundo. Esse pulsar desenvolve 10 mil rpm.

As partículas carregadas presas em seu intenso campo magnético geram ondas de rádio lançadas através da Terra, cerca de 160 oscilações por segundo. Em 1991, mudanças pequenas mas discerníveis no ritmo dos lampejos foram conjecturalmente interpretadas por Alexander Wolszczan, hoje na Universidade Estadual da Pensilvânia, como um mínimo movimento reflexo do pulsar reagindo à presença de planetas. Em 1994, Wolszczan confirmou as previstas interações gravitacionais mútuas desses planetas com um estudo dos resíduos de tempo, em nível de microssegundos, durante o intervalo de anos. A evidência de que são mesmo planetas novos, e não tremores estelares na superfície de nêutrons da estrela (ou outra coisa), é agora esmagadora — ou, como disse Wolszczan, "irrefutável"; um novo Sistema Solar está "inequivocamente identificado". Ao contrário das outras técnicas, o método de medir os tempos do pulsar torna relativamente fácil detectar planetas terreais próximos e relativamente difícil detectar planetas jovianos mais distantes.

O planeta C, umas 2,8 vezes mais volumoso que a Terra, gira em torno do pulsar a cada 98 dias, a uma distância de 0,47 unidade astronômica* (UA); o planeta B, com cerca de 3,4 massas da Terra, tem um ano de 67 dias terrestres, a 0,36 UA. Um mundo menor, o planeta A, ainda mais próximo da estrela, com cerca de 0,015 da massa terrestre, está a 0,19 UA. O planeta B está a uma distância mais ou menos equivalente à que separa Mercúrio do Sol; o planeta C está a uma distância equivalente a um meio-termo entre as distâncias de Mercúrio e Vênus; e menos afastado que ambos está o planeta A, com mais ou menos o volume da Lua e a uma distância equivalente a cerca de metade da que existe entre Mercúrio e o Sol. Não sabemos se esses planetas são os restos de um sistema planetário anterior que de alguma forma conseguiu sobreviver à explosão de supernova que produziu o pulsar, ou se foram formados pelo disco resultante da acreção circunstelar subsequente à explosão de supernova. Seja como for, aprendemos que há outras Terras.

A energia produzida pelo B1257+12 é cerca de 4,7 vezes a do Sol. Ao contrário do Sol, sua maior parte não está na luz visível, mas num violento furacão de partículas eletricamente carregadas. Caso essas partículas colidissem com os planetas e os aquecessem, mesmo um planeta a 1 UA teria em sua superfície uma temperatura de uns 280°C, mais que o ponto de ebulição normal da água e que a temperatura de Vênus.

Esses planetas escuros e escaldantes não parecem hospitaleiros à vida, mas pode haver outros. (Há indícios de pelo menos um mundo mais afastado e fresco no sistema de B1257+12.) Claro que nem sequer sabemos se esses mundos conseguiriam manter suas atmosferas; todas, talvez, tenham sido eliminadas na explosão de supernova, se remontarem àquela época. Há indícios, porém, de que realmente detectamos um sistema planetário reconhecível. É provável que muitos outros fiquem conhecidos nas próximas décadas, ao redor de estrelas comuns semelhantes ao Sol e ao redor de anãs brancas, pulsares e outros estados finais da evolução estelar.

Acabaremos com um elenco de sistemas planetários — com planetas terreais e jovinianos e, talvez, novas classes de planetas. Examinaremos esses mundos espectroscopicamente e de outras maneiras, em busca de novas Terras e outra vida.

---

* A Terra, por definição, está a 1 UA de sua estrela, o Sol.

* * *

Em nenhum dos mundos do Sistema Solar exterior as *Voyager* encontraram sinais de vida. Há matéria orgânica em abundância — a substância da vida, talvez premonições de vida —, mas, pelo que pudemos observar, inexiste vida. Não há oxigênio em suas atmosferas, nem gases profundamente fora de equilíbrio químico, como o metano no oxigênio da Terra. Muitos mundos tinham matizes sutis, mas nenhum as características de absorção aguda e distintiva geradas pela clorofila em boa parte da superfície da Terra. Em raros mundos a *Voyager* soube precisar detalhes com uma resolução de até um quilômetro: assim não teria detectado nem a nossa civilização técnica transplantada para o Sistema Solar exterior. Seja qual for, porém, o valor dessas observações, não encontramos padrões regulares, geometrização, paixão por pequenos círculos, triângulos, quadrados ou retângulos. Não havia constelações de pontos luminosos constantes nos hemisférios noturnos ou sinais de civilização técnica a reestruturar a superfície desses mundos.

Os planetas jovianos são transmissores prolíficos de ondas de rádio — geradas pelas abundantes partículas carregadas presas em seus campos magnéticos e irradiadas pelos raios, por seus interiores aquecidos. Mas nenhuma dessas emissões tem o caráter de vida inteligente — é o que pensam os especialistas da área.

Nosso raciocínio pode ser limitado. Podemos deixar de perceber alguma coisa. Por exemplo, há um pouco de dióxido de carbono na atmosfera de Titã, o que põe sua atmosfera de nitrogênio/metano fora de equilíbrio químico. Acho que o CO_2 é gerado pelo constante tamborilar de cometas que caem na atmosfera de Titã — mas não sei. Talvez haja algo sobre a superfície que inexplicavelmente gere CO_2 na presença de todo esse metano.

As superfícies de Miranda e Tritão diferem de tudo o que conhecemos, com imensas formas de relevo em zigue-zague e linhas retas entrecruzadas que até geólogos planetários sérios descreveram como "rodovias". Pensamos entender (mal e mal) essas formas de relevo em termos de falhas e colisões, mas podemos estar errados.

As manchas de matéria orgânica na superfície são atribuídas a partículas carregadas que produzem reações químicas em gelo de hidrocarboneto simples e geram outros materiais orgânicos complexos, o que não tem nada a ver com a intermediação da vida. Mas podemos estar errados.

O padrão complexo da estática, estouros e assobios de rádio que recebemos dos quatro planetas jovinianos, parece em geral explicável pela física dos plasmas e a emissão térmica. (Boa parte dos detalhes não está bem entendida.) Mas podemos estar errados.

Em dúzias de mundos, não encontramos nada tão claro e impressionante como os sinais de vida descobertos pela nave espacial *Galileo* em sua passagem pela Terra. A vida é uma hipótese de última instância. Só a invocamos quando não há outra maneira de explicar o que vemos. Na minha opinião, não existe vida em nenhum dos mundos que estudamos, à exceção, é claro, do nosso. Mas posso estar errado, e, certa ou errada, minha opinião se limita a nosso Sistema Solar. Talvez em uma nova missão encontremos algo diferente, algo impressionante, algo totalmente inexplicável com as ferramentas comuns da ciência planetária — e trêmulos, cautelosos, avancemos aos poucos para uma explicação biológica. Mas por ora nada requer que percorramos esse caminho: a única vida no Sistema Solar é a que existe na Terra. Nos sistemas de Urano e Netuno, o único sinal de vida tem sido a própria *Voyager*.

Identificando os planetas de outras estrelas, descobrindo mundos com tamanho e volume semelhantes aos da Terra, iremos pesquisá-los em busca de vida. Uma densa atmosfera de oxigênio pode ser detectável até num mundo que não concebemos. Tal como para a Terra, pode ser um sinal de vida. Uma atmosfera de oxigênio com muito metano seria quase certamente um sinal de vida, bem como emissões de rádio moduladas. Algum dia, a partir de observações sobre nosso sistema planetário ou outro, a nova de que existe vida em outro mundo pode vir a ser anunciada.

As sondas espaciais *Voyager* estão a caminho das estrelas em trajetórias de escape do Sistema Solar, deslocando-se em alta velocidade, quase a 1 milhão de quilômetros por dia. Os campos gravitacionais de Júpiter, Saturno, Urano e Netuno as arremessaram em velocidades tão elevadas que elas romperam os laços que as ligavam ao Sol.

Já abandonaram o Sistema Solar? A resposta depende muito de como se define a fronteira do reino do Sol. Se é a órbita do planeta mais afastado de tamanho razoável, então as *Voyager* já se foram há muito; não é provável que existam outros Netunos a serem descobertos. Caso se pense no planeta mais afastado, pode ser que haja outros planetas — talvez semelhantes a Tritão — muito além de Netuno e Plutão; nesse caso, a *Voyager 1* e a *Voyager 2* ainda estão dentro do Sistema Solar. Se os limites mais afastados do Sistema Solar são definidos como a heliopausa — onde as partículas e campos magnéticos interplanetários são substituídos por seus equivalentes interestelares —, então nenhuma das *Voyager* saiu do Sistema Solar, embora possam vir a fazê-lo nas próximas décadas.* Mas se a definição da orla do Sistema Solar é a distância em que nossa estrela já não consegue manter mundos em órbita ao seu redor, então as *Voyager* só deixarão o Sistema Solar em centenas de séculos.

Presa fracamente pela gravidade do Sol, em todas as direções do céu, está a imensa horda de 1 trilhão de cometas ou mais, a Nuvem de Oort. As duas naves espaciais terminarão sua passagem pela Nuvem de Oort em mais uns 20 mil anos. Então, completando seu longo adeus ao Sistema Solar, libertadas dos elos gravitacionais que as ligavam ao Sol, as *Voyager* partirão para o mar aberto do espaço interestelar e começará a Fase Dois de sua missão.

Com seus transmissores de rádio há muito desativados, as naves espaciais vão vagar durante eras na calma e fria escuridão interestelar — onde não existe quase nada para desgastá-las. Uma vez fora do Sistema Solar, permanecerão intactas por 1 bilhão de anos ou mais, circum-navegando o centro da galáxia da Via Láctea.

---

* Julga-se que os sinais de rádio que as *Voyager* detectaram em 1992 provêm da colisão de violentas rajadas de vento solar com o gás ralo que há entre as estrelas. Pela imensa potência do sinal (mais de 10 trilhões de watts), pode-se estimar a distância até a heliopausa: aproximadamente cem vezes a distância entre a Terra e o Sol. À velocidade com que está saindo do Sistema Solar, a *Voyager 1* talvez atravesse a heliopausa e entre no espaço interestelar pelo ano 2010. Se sua fonte de energia radioativa ainda estiver funcionando, novas da travessia serão radiotransmitidas para os que ficaram na Terra. A energia liberada pela colisão dessa onda de choque com a heliopausa a transforma na fonte mais poderosa de emissão de rádio do Sistema Solar. Isso nos faz conjecturar se choques ainda mais fortes em outros sistemas planetários não poderiam ser detectados por nossos radiotelescópios.

Não sabemos se há outras civilizações de navegantes do espaço na Viá Láctea. Se houver, não sabemos quantos são, nem muito menos onde se encontram. Mas há pelo menos uma possibilidade de que, num futuro remoto, uma das *Voyager* venha a ser interceptada e examinada por uma nave alienígena.

Por isso, ao deixar a Terra rumo aos planetas e às estrelas, cada *Voyager* levou um disco fonográfico de ouro num invólucro dourado e espelhado contendo, entre outras coisas: saudações em 59 línguas humanas e uma em língua de baleia; um ensaio sonoro de doze minutos que inclui um beijo, choro de bebê e o registro eletrencefalográfico das meditações de uma jovem mulher apaixonada; 116 imagens codificadas sobre nossa ciência, nossa civilização e nós mesmos; e noventa minutos dos maiores sucessos musicais da Terra — orientais e ocidentais, clássicos e populares, inclusive uma canção noturna dos navajos, uma peça *shakuhachi* japonesa, uma cantiga de iniciação de uma menina pigmeia, uma canção nupcial peruana, uma composição de 3 mil anos para o *ch'in* chamada "Rios correntes", Bach, Beethoven, Mozart, Stravinsky, Louis Armstrong, Blind Wilhe Johnson e "Johnny B. Goode", de Chuck Berry.

O espaço é quase vazio. Não há possibilidade de uma das *Voyager* vir a entrar num outro Sistema Solar — mesmo que toda estrela do céu esteja acompanhada de planetas. As instruções nos invólucros dos discos, escritas no que acreditamos ser hieróglifos científicos facilmente compreensíveis, somente serão lidas, e o conteúdo dos discos compreendido, se alienígenas, em algum lugar num futuro distante, descobrirem as *Voyager* nas profundezas do espaço interestelar. Como as duas naves vão circular pelo centro da galáxia da Via Láctea essencialmente para sempre, há tempo de sobra para que os discos sejam encontrados — se houver quem realize a descoberta.

Não temos como saber quanto dos discos eles compreenderiam. As saudações seriam incompreensíveis, mas sua intenção talvez não. (Achamos que seria descortês não dizer oi.) Os alienígenas hipotéticos têm de ser muito diferentes de nós — pois evoluíram independentemente num outro mundo. Estamos mesmo certos de que poderiam entender nossa mensagem? Toda vez que sinto essas preocupações, tranquilizo-me: sejam quais forem as incompreensibilidades do disco das *Voyager*, qualquer alienígena que as encontrar nos julgará por outros padrões. A *Voyager* é em si uma mensagem. Por sua intenção exploratória, pela ambição grandiosa de seus objetivos, por sua total falta de intenção agressiva e pelo brilhantismo de seu projeto e desempenho, esses robôs falam eloquentemente por nós.

Como cientistas e engenheiros muito mais avançados que nós — senão jamais encontrariam e recuperariam a pequena e silenciosa nave no espaço interestelar —, os alienígenas talvez não tenham dificuldade em compreender o que está codificado nesses discos dourados. Talvez reconheçam o caráter experimental de nossa sociedade, a falta de correspondência entre nossa tecnologia e nossa sabedoria. Talvez se perguntem se já não nos destruímos desde o lançamento da *Voyager,* ou se fomos adiante em busca de maiores realizações.

Talvez os discos nunca sejam interceptados. Talvez ninguém os encontre em 5 bilhões de anos. Cinco bilhões de anos é muito tempo. Em 5 bilhões de anos, os seres humanos estarão extintos ou serão seres diferentes pela evolução; não haverá mais nenhum de nossos artefatos sobre a Terra; os continentes terão sido alterados ou destruídos; e a evolução do Sol terá calcinado a Terra ou reduzido nosso planeta a um redemoinho de átomos.

Longe de casa, imunes a esses acontecimentos remotos, as *Voyager,* levando as lembranças de um mundo que já não existe, seguirão seu rumo.

10. O preto sagrado

O céu profundo é, de todas as impressões visuais, a mais seme-
lhante a um sentimento.

Samuel Taylor Coleridge, *Caderno de notas* (1805)

O azul de uma manhã de maio sem nuvens ou o vermelho e o laranja de um pôr do sol sobre o mar levaram os seres humanos ao deslumbramento, à poesia e à ciência. Não importa o lugar onde vivemos sobre a Terra, não importa qual seja a nossa língua, costumes ou política, temos um céu em comum. A maioria de nós *espera* esse azul-celeste e ficaria estupefata, com boas razões, se acordasse ao amanhecer e descobrisse um céu sem nuvens que fosse preto, amarelo ou verde. (Os habitantes de Los Angeles e da Cidade do México se acostumaram com céus marrons, e os de Londres e Seattle, com céus cinzentos — mas mesmo eles ainda consideram o azul a norma planetária.)

Entretanto, *há* mundos com céus pretos e amarelos, talvez até mesmo verdes. A cor do céu caracteriza o mundo. Joguem-me sobre qualquer planeta do Sistema Solar; sem sentir a gravidade, sem olhar para o solo, somente com uma rápida olhada para o Sol e o céu, acho que posso lhes dizer com bastante acerto onde estou. Esse tom familiar de azul, interrompido aqui e ali por nuvens brancas felpudas, é uma assinatura de nosso mundo. Os franceses têm uma expressão, *sacré-bleu!*, que numa tradução aproximada seria "Céus!".* Literalmente, significa "azul sagrado!". Sem dúvida. Se houver algum dia uma verdadeira bandeira da Terra, essa deverá ser a sua cor.

Os pássaros voam no azul, as nuvens estão ali suspensas, os seres humanos o admiram e com ele convivem, a luz do Sol e das estrelas esvoaça por ele. Mas o que *é* afinal? Onde termina? Qual o seu volume? De onde vem todo esse azul? Se é um lugar-comum para todos os seres humanos, se caracteriza o nosso mundo, certamente devemos saber alguma coisa sobre ele. O que é o céu?

Em agosto de 1957, pela primeira vez um ser humano elevou-se acima do azul e olhou ao redor — quando David Simons, oficial da reserva da Força Aérea e médico, tornou-se o ser humano mais alto da história. Sozinho, ele pilotou um balão até uma altitude superior a trinta quilômetros e, pelas janelas de vidro grosso, vislumbrou um céu diferente. Atualmente professor da Escola de Medicina da Universidade da Califórnia em Irvine, o dr. Simons lembra que acima de sua cabeça havia um roxo forte e escuro: havia alcançado a região de transição, em que o azul do nível do solo está sendo invadido pelo preto perfeito do espaço.

Desde o voo quase esquecido de Simons, pessoas de muitas nações voaram acima da atmosfera. É agora evidente, depois de repetidas experiências humanas (e robóticas) diretas, que no espaço o céu diurno é preto. O Sol brilha resplandecente sobre a nave. A Terra lá embaixo é brilhantemente iluminada, mas o céu acima é preto como a noite.

Eis a descrição memorável de Yuri Gagarin sobre o que viu no primeiro voo espacial da espécie humana, a bordo da *Vostok 1*, em 12 de abril de 1961:

---

* Como *"gosh-darned"* em relação a *"God-damned"* e *"geez"* em relação a "Jesus", a expressão era originalmente um eufemismo para os que consideravam *Sacré-Dieu!*, "Santo Deus!", uma blasfêmia demasiado forte para ser dita em voz alta, tendo em vista o respeito devido ao Segundo Mandamento.

O céu é totalmente preto; e contra o pano de fundo desse céu negro, as estrelas parecem um pouco mais brilhantes e mais distintas. A Terra tem um halo azul muito bonito, muito característico, que se pode divisar com clareza quando se observa o horizonte. Há uma transição harmoniosa de cores, do azul suave para o azul, depois para o azul-escuro e o violeta e, então, para a cor totalmente preta do céu. É uma transição muito bela.

Evidentemente, o céu diurno — todo esse azul — tem alguma conexão com o ar. Mas quando você olha para o outro lado da mesa na hora do café da manhã, o seu companheiro (em geral) não é azul; a cor do céu não deve ser a propriedade de um pouco de ar, mas de um grande volume de ar. Se examinada atentamente a partir do espaço, a Terra aparece rodeada por uma fina faixa azul, da espessura da atmosfera inferior; na realidade, *é* a atmosfera inferior. No topo dessa faixa, é possível ver o céu azul desaparecendo gradualmente na escuridão do espaço. Essa é a zona de transição que Simons foi o primeiro a invadir e Gagarin o primeiro a observar do alto. Num voo espacial de rotina, começamos na parte inferior (desse azul, penetramos em toda a sua extensão alguns minutos depois da decolagem, e depois entramos naquele reino sem limites em que a simples respiração é impossível sem elaborados equipamentos de vida. Para a sua própria existência, a vida humana depende desse céu azul. Temos razão em considerá-lo suave e sagrado.

Vemos o azul durante o dia porque a luz solar está ricocheteando no ar ao redor e acima de nós. Em uma noite sem nuvens, o céu é preto porque não há uma fonte de luz suficientemente intensa para ser refletida no ar. De alguma forma, o ar prefere fazer a luz azul ricochetear até nós. Como?

A luz visível do Sol chega até nós em muitas cores — violeta, azul, verde, amarelo, laranja, vermelho —, que correspondem à luz de diferentes comprimentos de onda. (Um comprimento de onda é a distância de crista a crista à medida que a onda viaja pelo ar ou pelo espaço.) As ondas da luz violeta e azul têm os comprimentos mais curtos; a laranja e a vermelha, os mais longos. O que percebemos como cor é a maneira de nossos olhos e cérebro lerem os comprimentos de onda da luz. (Poderíamos com igual propriedade traduzir os comprimentos de onda da luz em, digamos, tons sonoros em vez de cores visíveis — mas não foi assim que nossos sentidos evoluíram.)

Quando todo esse arco-íris do espectro está misturado, como na luz solar, as cores parecem quase brancas. Essas ondas percorrem em oito minutos os 150 milhões de quilômetros do espaço intermediário entre o Sol e a Terra e atingem a atmosfera, que é constituída basicamente de nitrogênio e moléculas de oxigênio. O ar reflete algumas dessas ondas de volta para o espaço. Outras ricocheteiam ao redor antes de a luz atingir o solo e podem ser detectadas por um globo ocular passante. (Também pode acontecer que algumas ricocheteiem nas nuvens ou no solo e voltem para o espaço.) Esse ricochetear das ondas de luz na atmosfera é chamado "espalhamento".

Mas nem todas as ondas são igualmente bem espalhadas pelas moléculas de ar. Os comprimentos de onda muito mais longos que o tamanho das moléculas são menos espalhados; eles se derramam sobre as moléculas, pouco influenciados pela sua presença. Os comprimentos de onda mais próximos ao tamanho das moléculas são mais espalhados. E as ondas têm dificuldade em ignorar obstáculos do seu tamanho. (Pode-se observar essa sua característica nas ondas espalhadas pelas estacas do cais ou nas ondas formadas numa banheira quando os pingos da torneira encontram um patinho de borracha.) Os comprimentos de onda mais curtos, aqueles que percebemos como luz violeta ou azul, são espalhados com mais eficácia que os comprimentos de onda mais longos — aqueles que percebemos como luz laranja e vermelha. Quando olhamos para cima num dia sem nuvens e admiramos o céu azul, estamos testemunhando o espalhamento preferencial das ondas curtas na luz solar. Isso é chamado espalhamento de Rayleigh, em homenagem ao físico inglês que deu a primeira explicação coerente para o fenômeno. A fumaça de cigarro é azul exatamente pela mesma razão: as partículas que a formam são quase tão pequenas quanto o comprimento de onda da luz azul.

Então por que o pôr do sol é vermelho? O vermelho do entardecer é o que sobrou da luz solar depois que o ar dispersa o azul. Como a atmosfera é uma redoma fina de gás gravitacionalmente preso ao redor da Terra sólida, a luz solar deve passar por uma trajetória oblíqua mais longa ao entardecer (ou ao amanhecer) do que ao meio-dia. Como as ondas violeta e azuis vão ser ainda mais espalhadas durante essa longa trajetória do que quando o Sol está a pino, o que vemos ao olhar para o Sol são os resíduos — as ondas de luz solar que quase não são espalhadas, especialmente as laranja e as vermelhas. Um céu azul forma um pôr do sol vermelho. (O Sol do meio-dia parece amarelado em parte porque emite uma luz ligeiramente mais amarela que as outras cores, em parte porque, mesmo com o Sol a pino, um pouco de luz azul se espalha dos raios solares pela atmosfera da Terra.)

Comenta-se que os cientistas não são românticos, que sua paixão por entender as coisas tira a beleza e o mistério do mundo. Mas não é emocionante compreender como o mundo realmente funciona — que a luz branca é composta de cores, que a cor é a maneira de percebermos os comprimentos de onda da luz, que o ar transparente reflete a luz, que ao realizar esse processo ele discrimina entre as ondas, e que o céu é azul pela mesma razão que o pôr do sol é vermelho? Não faz mal algum ao romance do pôr do sol saber um pouco a seu respeito.

Como a maioria das moléculas simples tem mais ou menos o mesmo tamanho (aproximadamente um centésimo milionésimo de centímetro), o azul do céu da Terra não depende muito da composição do ar — desde que o ar não absorva a luz. As moléculas de oxigênio e nitrogênio não absorvem a luz visível; apenas a ricocheteiam em alguma outra direção. Mas outras moléculas podem engolir a luz. Os óxidos de nitrogênio — produzidos em motores de automóveis e nos fornos da indústria — são uma fonte da coloração marrom-escura presente na mistura de nevoeiro e fumaça. Os óxidos de nitrogênio (compostos de oxigênio e nitrogênio) absorvem a luz. Assim como o espalhamento, a absorção pode colorir um céu.

Outros mundos, outros céus: Mercúrio, a lua da Terra e a maioria dos satélites dos outros planetas são mundos pequenos; devido a suas gravidades fracas, são incapazes de reter as próprias atmosferas — que escoam para o espaço. O vácuo quase perfeito do espaço chega então até o solo. A luz solar atinge suas superfícies sem encontrar obstáculos, sem ser espalhada ou absorvida ao longo de sua trajetória. Os céus desses mundos são pretos, mesmo ao meio-dia. Até agora, isso foi testemunhado em primeira mão somente por doze seres humanos, as tripulações das *Apollos 11, 12* e *14-17*, que pousaram sobre a Lua.

SESSENTA E DOIS MUNDOS PARA O TERCEIRO MILÊNIO: LUAS CONHECIDAS DOS PLANETAS (E DE UM ASTEROIDE), LISTADAS NA ORDEM DA DISTÂNCIA DE SEU PLANETA.

TERRA (1)	MARTE (2)	DACTYL (1)	JÚPITER (16)	SATURNO (18)	URANO (15)	NETUNO (8)	PLUTÃO (1)
Lua	Fobos	(A ser	Metis	Pan	Cordélia	Náiade	Caronte
	Deimos	nomeado)	Adrastea	Atlas	Ofélia	Talassa	
			Amalteia	Prometeu	Bianca	Despina	
			Tebe	Pandora	Cressilda	Galateia	
			Io	Epimeteu	Desdê-	Larissa	
			Europa	Jano	mona	Proteu	
			Ganimedes	Mimas	Julieta	Tritão	
			Calisto	Encelado	Pórcia	Nereida	
			Leda	Tétis	Rosalinda		
			Himalia	Telesta	Belinda		
			Lisiteia	Calipso	Puck		
			Elara	Dione	Miranda		
			Ananque	Helena	Ariel		
			Carme	Reia	Umbriel		
			Parífae	Titã	Titânia		
			Sinope	Hipérion	Oberon		
				Japeto			
				Febe			

Uma lista completa dos satélites no Sistema Solar conhecidos até a época da redação deste livro é apresentada na tabela acima. (Quase a metade foi descoberta pelas *Voyager*.) Todos têm céus pretos — exceto Titã de Saturno e talvez Tritão de Netuno, que são bastante grandes para terem atmosferas. E o céu é igualmente negro em todos os asteroides.

Vênus tem cerca de noventa vezes mais ar que a Terra. Mas ele não é composto principalmente de oxigênio e nitrogênio como entre nós — é dióxido de carbono. O dióxido de carbono, porém, também não absorve a luz visível. Como seria o céu visto da superfície de Vênus, se Vênus não tivesse nuvens? Com tanta atmosfera no meio do caminho, não são apenas as ondas azuis e violeta que são espalhadas, mas também todas as outras cores — verde, amarelo, laranja, vermelho. O ar, no entanto, é tão espesso que dificilmente um pouco de luz azul consegue chegar até o solo; é espalhada de volta para o espaço por sucessivos espalhamentos nas camadas superiores da atmosfera. Assim, a luz que chega por fim ao solo deve ser fortemente avermelhada — como um pôr do sol terrestre cobrindo todo o céu. Além disso, o enxofre nas nuvens elevadas vai manchar o céu de amarelo. Fotos tiradas pelas naves soviéticas *Venera*, que pousaram sobre o planeta e confirmam que os céus de Vênus são uma espécie de amarelo-laranja.

Marte é outra história. É um mundo menor que a Terra, com uma atmosfera muito mais rala. A pressão na superfície de Marte é, na realidade, quase a mesma daquele ponto na estratosfera da Terra atingido por Simons. Assim seria possível esperar que o céu marciano fosse preto ou roxo-preto. A primeira fotografia colorida da superfície de Marte foi obtida em julho de 1976, pela nave norte-americana *Viking 1* — a primeira nave espacial a pousar com sucesso sobre a superfície do Planeta Vermelho. Os dados digitais foram devidamente radiotransmitidos de Marte para a Terra, e a foto colorida foi montada pelo computador. Para surpresa de todos os cientistas e de ninguém mais, essa primeira imagem, liberada para a imprensa, mostrava que o céu marciano era de um azul confortável, familiar — impossível num planeta com atmosfera tão insubstancial. Algo não estava certo.

A imagem em sua televisão colorida é uma mistura de três imagens monocromas, cada uma com uma cor de luz diferente — vermelha, verde e azul. Pode-se ver esse método de composição de cor em sistemas de projeção de vídeos, em que raios de luz vermelha, verde e azul são projetados separadamente para gerar uma imagem com todas as cores (inclusive amarelo). Para conseguir a cor apropriada, o seu aparelho deve misturar ou equilibrar essas três imagens monocromas corretamente. Se você aumenta a intensidade do azul, por exemplo, a imagem vai ficar muito azul. Qualquer imagem transmitida do espaço requer um equilíbrio de cor semelhante. Às vezes, grande parte desse equilíbrio fica a critério dos analistas de computador. Os analistas da *Viking* não eram astrônomos planetários e, com essa primeira foto colorida de Marte, o que eles fizeram foi simplesmente misturar as cores até que parecessem "apropriadas". Estamos tão condicionados por nossa experiência terrestre que "apropriado" significa, é claro, um céu azul. A cor da fotografia foi logo corrigida — usando padrões de calibragem de cor colocados para esse fim a bordo da nave espacial —, e a composição resultante não apresentava nem sombra de céu azul; ao contrário, era uma cor entre ocre e rosa. Não era azul, mas também não era roxo-preto.

A cor entre ocre e rosa é a cor apropriada do céu marciano. Grande parte da superfície de Marte é deserta — e vermelha porque as areias são ferrugentas. De vez em quando há violentas tempestades de areia que levantam finas partículas da superfície, transportando-as até altitudes bem elevadas da atmosfera. Elas levam muito tempo para cair, e, antes que o céu esteja clareado, sempre sobrevém outra tempestade de areia. Tempestades de areia globais ou quase globais ocorrem em quase todos os anos marcianos. Como partículas ferrugentas estão sempre suspensas nesse céu, as futuras gerações de seres humanos nascidas e vivendo em Marte vão considerar essa cor salmão tão natural e familiar quanto é para nós o azul. Com uma rápida olhadela para o céu diurno é provável que saibam dizer quanto tempo já se passou desde a última grande tempestade de areia.

Os planetas mais afastados do Sistema Solar — Júpiter, Saturno, Urano e Netuno — são diferentes. São mundos imensos com atmosferas gigantescas, compostas principalmente de hidrogênio e hélio. Suas superfícies sólidas se encontram em tal profundidade que nenhuma luz solar penetra até o solo. Embaixo o céu é preto, sem perspectiva alguma de amanhecer. A eterna noite sem estrelas talvez seja iluminada de vez em quando por um raio. Porém, mais no alto da atmosfera, onde a luz solar consegue penetrar, aguarda-nos um panorama muito belo.

Em Júpiter, acima de uma camada de neblina de altitude elevada, composta de partículas de gelo de amônia (em vez de água), o céu é quase preto. Mais abaixo, na região do céu azul, estão nuvens multicoloridas com vários matizes de amarelo-marrom e de composição desconhecida. (Seus possíveis materiais compreendem enxofre, fósforo e moléculas orgânicas complexas.) Ainda mais abaixo, o céu vai parecer vermelho-marrom, só que há nuvens de várias espessuras; onde elas são finas, pode-se ver um pouco de azul. Indo ainda mais fundo, retornamos gradualmente à noite perpétua. Algo semelhante também acontece em Saturno, mas as cores nesse planeta são muito mais desbotadas.

Urano e especialmente Netuno têm uma cor azul austera e misteriosa pela qual transitam as nuvens — algumas um pouco mais brancas — carregadas por ventos de alta velocidade. A luz solar atinge uma atmosfera relativamente limpa, composta principalmente de hidrogênio e hélio, mas também rica em metano. Longas trilhas de metano absorvem a luz amarela e especialmente a vermelha, deixando passar a luz azul e a verde. Uma fina neblina de hidrocarboneto retira um pouco do azul. Talvez exista uma camada da atmosfera em que o céu seja esverdeado.

O conhecimento convencional nos diz que a absorção efetuada pelo metano e o espalhamento de Rayleigh da luz solar na atmosfera profunda são a razão das cores azuis em Urano e Netuno, mas a análise dos dados da *Voyager* feita por Kevin Baines, do JPL, parece mostrar que essas causas são insuficientes. Aparentemente, numa camada muito profunda — talvez nas proximidades das hipotéticas nuvens de sulfeto de hidrogênio — existe abundante substância azul. Até o momento, ninguém conseguiu imaginar o que possa ser. Materiais azuis são muito raros na natureza. Como sempre acontece na ciência, os antigos mistérios são dissipados apenas para dar lugar a novos. Mais cedo ou mais tarde vamos descobrir a resposta para esse também.

Todos os mundos que possuem céus que não são pretos têm atmosferas. Se nos encontramos sobre a superfície de um mundo e existe uma atmosfera espessa o suficiente para ser visível, é provável que haja um modo de voar por ela. Estamos atualmente enviando nossos instrumentos para voar pelos céus multicoloridos de outros mundos. Algum dia iremos nós.

Paraquedas já foram usados nas atmosferas de Vênus e Marte e estão sendo planejados para Júpiter e Titã. Em 1985, dois balões franco-soviéticos navegaram pelos céus amarelos de Vênus. Do balão *Vega 1*, com cerca de quatro metros de diâmetro, pendia, treze metros mais abaixo, um pacote de instrumentos. O balão se enfunou no hemisfério noturno, flutuou uns 54 quilômetros acima da superfície e transmitiu dados durante quase dois dias terrestres, antes de suas baterias falharem. Nesse ínterim, percorreu 11600 quilômetros sobre a superfície de Vênus, em baixa altitude. O *Vega 2* possui perfil quase idêntico. A atmosfera de Vênus também foi usada para frenagem aérea ao mudar a órbita da nave espacial *Magellan* pela fricção com o ar denso; essa tecnologia é importante para, futuramente, converter as espaçonaves que passam por Marte em naves que entram em órbita ao redor do planeta ou nele pousam.

Uma missão a Marte liderada pela Rússia e com lançamento programado para 1998 inclui um enorme balão francês de ar quente com a aparência de uma imensa água-viva ou de uma caravela portuguesa. O balão está projetado para descer sobre a superfície marciana nos crepúsculos frios e elevar-se quando aquecido pela luz solar do dia seguinte. Os ventos são tão velozes que, se tudo sair bem, ele será carregado por centenas de quilômetros todos os dias, pulando e saltando sobre o polo Norte. Nas primeiras horas da manhã, quando estiver bem próximo do solo, obterá fotos e outros dados de resolução muito alta. O balão tem um estabilizador de instrumentos, essencial para a sua estabilidade, concebido e projetado por uma associação privada sediada em Pasadena, Califórnia, a Sociedade Planetária.

Como a pressão na superfície de Marte é quase a de uma altitude de trinta quilômetros na Terra, sabemos que podemos fazer aviões voarem por lá. O U-2 ou o *Blackbird* SR-71, por exemplo, rotineiramente chegam perto dessas pressões baixas. Aviões com envergaduras ainda maiores têm sido projetados para Marte.

O sonho de voar e o sonho de viajar pelo espaço são gêmeos. Concebidos por visionários similares, eles dependem de tecnologias afins e evoluem mais ou menos juntos. Quando se atingem certos limites práticos e econômicos no voo sobre a Terra, surge a possibilidade de voar pelos céus matizados de outros mundos.

É agora quase possível atribuir combinações de cores, com base nas cores das nuvens e do céu, a todos os planetas do Sistema Solar — dos céus manchados de enxofre de Vênus e dos céus ferrugentos de Marte ao azul água-marinha de Urano ou o azul hipnótico e fantasmagórico de Netuno. *Sacré-jaune, sacré-rouge, sacré-vert.* Um dia, talvez, eles enfeitem as bandeiras de distantes postos humanos no Sistema Solar, na época em que as novas fronteiras se estenderem do Sol até as estrelas e os exploradores estiverem cercados pelo preto infinito do espaço. *Sacré-noir.*

11. A estrela da manhã e da tarde

Este é um outro mundo:
Que não é dos homens.
Li Bai, "Pergunta e resposta nas montanhas"
(China, Dinastia Tang, *c.* 730)

Podemos vê-la brilhando resplandecente ao crepúsculo, afugentando o Sol no horizonte ocidental. Depois de vislumbrá-la pela primeira vez à noite, as pessoas costumavam fazer um pedido ("à estrela"). Às vezes, o desejo se realizava.

Ou podemos avistá-la a leste, antes do amanhecer, fugindo do Sol nascente. Nessas duas encarnações, mais brilhante que todos os outros corpos celestes, à exceção apenas do Sol e da Lua, ela era conhecida como a estrela da tarde e a estrela da manhã. Os nossos antepassados não reconheciam que ela era um mundo, um único mundo, nunca muito distante do Sol, porque gira ao seu redor numa órbita mais próxima que a da Terra. Pouco antes do amanhecer ou pouco antes do entardecer, podemos vê-la às vezes perto de alguma nuvem branca fofa e assim descobrir, pela comparação, que Vênus tem cor, um amarelo-limão bem claro.

Espiamos pela ocular de um telescópio — mesmo um telescópio grande, mesmo o maior telescópio óptico sobre a Terra — e não podemos perceber absolutamente nenhum pormenor. Ao longo dos meses, vemos um disco sem características passar metodicamente por fases, como a Lua: Vênus crescente, Vênus cheia, Vênus minguante, Vênus nova. Não há indícios de continentes ou oceanos.

Alguns dos primeiros astrônomos que viram Vênus pelo telescópio reconheceram de imediato que estavam examinando um mundo envolto em nuvens. Estas, como sabemos atualmente, são gotinhas de ácido sulfúrico concentrado manchadas de amarelo por um pouco de enxofre elementar. Elas se mantêm bem acima do solo. À luz visível comum, não há indícios de como seria a superfície desse planeta a uns cinquenta quilômetros abaixo do topo das nuvens; durante séculos, o melhor que tivemos foram hipóteses fantásticas.

Conjecturava-se que, se conseguíssemos uma visão mais detalhada, talvez encontrássemos brechas nas nuvens que revelariam, dia a dia, aos pouquinhos, a superfície misteriosa geralmente oculta a nossos olhos. A época das hipóteses chegaria, então, ao fim. A Terra tem, em média, metade de sua superfície coberta de nuvens. Nos primeiros tempos da exploração de Vênus, não víamos motivo para que esse planeta fosse 100% encoberto. Se fosse apenas 90%, ou até mesmo 99% coberto de nuvens, os trechos transitórios livres poderiam nos dar muitas informações.

Em 1960 e 1961, as *Mariner 1 e 2*, primeiras sondas espaciais projetadas para visitar Vênus, estavam sendo preparadas. Havia aqueles que, como eu, achavam que as naves deveriam levar câmeras de vídeo para radiotransmitir imagens para a Terra. A mesma tecnologia seria usada alguns anos mais tarde, quando as *Ranger 7, 8 e 9* fotografaram a Lua antes de se espatifarem sobre a sua superfície — a última abrindo um buraco na cratera Alphonsus. Mas o tempo era curto para a missão a Vênus, e as câmeras eram pesadas. Alguns afirmavam que estas não eram, de fato, instrumentos científicos, mas uma espécie de vale-tudo, uma brincadeira, uma concessão ao público, sendo incapazes de responder a uma única pergunta científica simples e bem formulada. De minha parte, achava que verificar se há brechas nas nuvens era uma pergunta desse tipo. Argumentava que as câmeras também poderiam responder perguntas que éramos de-

134

masiado tolos até mesmo para formular. Dizia que as fotos eram a única maneira possível de mostrar ao público — que, afinal, era quem pagava a conta — a emoção das viagens robóticas. De qualquer modo, as naves não levaram câmeras e, no caso desse mundo específico, as missões subsequentes têm, ao menos em parte, justificado essa decisão: mesmo em imagens de alta resolução tiradas por voos próximos, descobriu-se que, à luz visível, não há brechas nas nuvens de Vênus, assim como não as há nas nuvens de Titã.* Esses mundos são permanentemente encobertos.

Na radiação ultravioleta, há detalhes devidos a trechos passageiros de nuvens em elevadas altitudes, muito acima da principal camada de nuvens. As nuvens altas deslocam-se ao redor do planeta muito mais velozmente do que este gira: super-rotação. Nas radiações ultravioleta, a possibilidade de ver a superfície é ainda menor.

Quando ficou claro que a atmosfera de Vênus era muito mais espessa que o ar sobre a Terra — como sabemos agora, a pressão na superfície é noventa vezes maior do que a existente em nosso planeta —, concluiu-se imediatamente que, à luz visível comum, não seria possível ver a superfície, mesmo que *houvesse* brechas nas nuvens. O pouco de luz solar que conseguisse abrir um caminho tortuoso pela densa atmosfera até a superfície seria, certamente, refletido; os fótons, porém, estariam tão embaralhados pelo repetido espalhamento das moléculas na camada inferior de ar que não se poderia reter nenhuma imagem da superfície. Seria como a "brancura sem sombras e sem horizonte" de uma tempestade de neve polar. Entretanto, esse efeito, intenso espalhamento de Rayleigh, declina rapidamente com o aumento do comprimento das ondas; era fácil calcular que *seria possível* ver a superfície nas radiações infravermelhas próximas se houvesse brechas nas nuvens — ou se as nuvens ali fossem transparentes.

Por isso, em 1970, Jim Pollack, Dave Morrison e eu fomos para o Ob-

---

* Em relação a Titã, as imagens revelaram uma sequência de neblinas soltas acima da principal camada de aerossóis. Assim, Vênus vem a ser o único mundo no Sistema Solar em que as câmeras das naves espaciais, funcionando à luz visível comum, *nada* descobriram de importante. Felizmente, já obtivemos fotos de quase todos os mundos que visitamos. (*O International Cometary Explorer*, que passou velozmente pela cauda do cometa Giacobini-Zimmer em 1985, voou sem nada ver, por estar destinado ao estudo de partículas carregadas e campos magnéticos.)

servatório McDonald, da Universidade do Texas, para tentar observar Vênus no infravermelho próximo. "Hipersensibilizamos" nossas emulsões; as boas e antiquadas* lâminas fotográficas de vidro foram tratadas com amônia e, às vezes, aquecidas ou brevemente iluminadas antes de serem expostas no telescópio à luz de Vênus. Durante algum tempo, os porões do Observatório McDonald recenderam a amônia. Tiramos muitas fotografias. Nenhuma apresentava detalhe algum. Concluímos que ou não tínhamos avançado o suficiente no infravermelho, ou as nuvens de Vênus eram opacas e ininterruptas no infravermelho próximo.

Depois de mais de vinte anos, a nave espacial *Galileo*, ao passar perto de Vênus, examinou-a com graus de resolução e sensibilidade mais elevados e em comprimentos de onda no infravermelho além do que éramos capazes de atingir com nossas toscas emulsões sobre lâminas de vidro. A *Galileo* fotografou grandes cadeias de montanhas. Já sabíamos de sua existência porém; uma técnica muito mais poderosa fora empregada antes disso: o radar. As ondas de rádio penetram facilmente nas nuvens e na densa atmosfera de Vênus, ricocheteiam na superfície e voltam para a Terra, onde são recolhidas e usadas para formar uma imagem. O primeiro trabalho fora feito, principalmente, por radares norte-americanos com base no solo, na estação de rastreamento Goldstone do JPL, no deserto de Mojave e no Observatório Arecibo em Porto Rico, operado pela Universidade Cornell.

Mais tarde, as missões da *Pioneer 12* norte-americana, das *Venera 15* e *16* soviéticas e da *Magellan* norte-americana colocaram telescópios de radar em órbita ao redor de Vênus e mapearam o planeta de polo a polo. Cada sonda espacial emitia um sinal de radar para a superfície, recolhendo-o mais tarde quando ricocheteava de volta. Construiu-se lenta e trabalhosamente um mapa pormenorizado de toda a superfície, com base no grau de reflexão de cada trecho e do tempo que o sinal levava para retornar (mais curto para as montanhas e mais longo para os vales).

O mundo assim revelado mostrou-se esculpido unicamente por torrentes de lava (e, em grau muito menor, pelo vento), como será descrito no

---

* Hoje muitas imagens telescópicas são obtidas com detectores eletrônicos, como semicondutores de carga acoplada e matrizes de díodos, e processadas por computador — tecnologias de que os astrônomos não dispunham em 1970.

próximo capítulo. As nuvens e a atmosfera de Vênus tornaram-se transparentes para nós e mais um mundo foi visitado pelos valentes exploradores robóticos da Terra. A nossa experiência em Vênus está sendo aplicada em outros lugares. Em Titã, especialmente, onde mais uma vez nuvens impenetráveis ocultam uma superfície enigmática; e o radar está começando a nos dar indícios do que pode haver embaixo.

Há muito tempo considerava-se Vênus o nosso mundo irmão. E o planeta mais próximo da Terra. Tem quase a mesma massa, tamanho, densidade e força gravitacional. Está um pouco mais próximo do Sol que a Terra, mas suas nuvens brilhantes refletem mais luz solar para o espaço que as nossas. Como primeira conjectura, era razoável imaginar que, sob as nuvens compactas, Vênus fosse semelhante à Terra. As primeiras especulações científicas incluíam pântanos fétidos fervilhando de monstros anfíbios, como a Terra no período carbonífero; um mundo deserto; um mar de petróleo global; e um oceano de água de soda salpicado aqui e ali por ilhas incrustadas de calcário. Embora fundamentados em alguns dados científicos, esses "modelos" de Vênus — o primeiro do início do século, o segundo dos anos 1930 e os dois últimos da metade dos anos 1950 — eram pouco mais que fantasias científicas que os escassos dados disponíveis não podiam restringir muito.

Foi então que, em 1956, Cornell H. Mayer e seus colegas publicaram um relatório em *The Astrophysical Journal*. Eles haviam apontado para Vênus um radiotelescópio recém-montado, construído em parte para pesquisa sigilosa — sobre o telhado do Laboratório de Pesquisa Naval em Washington, D.C. —, e medido o fluxo de ondas de rádio que chegava até a Terra. Como aquilo não era um radar, nenhuma onda de rádio ricocheteou na superfície de Vênus. As ondas de rádio ouvidas são emitidas por Vênus para o espaço. Vênus revelou-se muito mais brilhante que o fundo de estrelas e galáxias distantes. A descoberta, em si mesma, não era muito surpreendente. Todo objeto mais quente que zero absoluto (−273°C) emite radiações por todo o espectro eletromagnético, inclusive pela região das ondas de rádio. Você, por exemplo, emite ondas de rádio a uma temperatura efetiva de cerca de 35°C, e, se estivesse num ambiente mais frio que seu corpo, um radiotelescópio sensível poderia detectar as tênues ondas de rádio que você transmite em todas as direções. Cada um de nós é uma fonte de estática fria.

O surpreendente na descoberta de Mayer era que a temperatura do brilho de Vênus é maior que 300°C, muito mais elevada que a temperatura da superfície da Terra ou a temperatura das nuvens de Vênus medida pelas radiações infravermelhas. Alguns lugares em Vênus pareciam pelo menos 200°C mais quentes que o ponto normal de ebulição da água. O que isso significava?

Logo apareceu um dilúvio de explicações. Eu argumentava que a alta temperatura do brilho das ondas de rádio era uma indicação direta de uma superfície quente, e que as altas temperaturas se deviam a um enorme efeito estufa criado por dióxido de carbono/vapor de água — quando um pouco de luz solar passa através das nuvens e aquece a superfície, mas esta encontra enormes dificuldades em devolver as radiações para o espaço por causa da elevada opacidade infravermelha do dióxido de carbono e do vapor de água. O dióxido de carbono absorve as radiações numa série de comprimentos de onda que passam pela região infravermelha, mas parecia haver "janelas" entre as bandas de absorção de CO_2 pelas quais a superfície poderia ser imediatamente refrescada, devolvendo as radiações para o espaço. No entanto, o vapor de água absorve as radiações em frequências infravermelhas que correspondem em parte às janelas na opacidade do dióxido de carbono. Parecia-me que os dois gases juntos poderiam muito bem absorver quase todas as emissões infravermelhas, mesmo que houvesse muito pouco vapor de água — algo parecido com duas cercas de estacas, as tabuinhas de uma acidentalmente posicionadas de modo a cobrir as lacunas da outra.

Outra explicação muito diferente dizia que a alta temperatura do brilho de Vênus nada tinha a ver com o solo. A superfície podia até ser temperada, clemente, adequada. Uma das hipóteses era de que alguma região na atmosfera de Vênus ou em sua magnetosfera circundante emitia aquelas ondas de rádio para o espaço. Foram sugeridas descargas elétricas entre gotinhas de água nas nuvens de Vênus. Falou-se numa descarga luminosa, quando íons e elétrons se recombinavam ao crepúsculo e ao amanhecer na atmosfera superior. Uma ionosfera muito densa tinha os seus advogados, pois nela a aceleração mútua de elétrons livres ("emissão livre-livre") emitia as ondas de rádio. (Um defensor dessa ideia até sugeriu que a alta ionização exigida se devia a uma média de radioatividade 10 mil vezes maior em Vênus que na Terra — gerada, talvez, por recente guerra nuclear naquele planeta.) E à luz da descoberta da radiação proveniente da magnetosfera de Júpiter, era natural sugerir que a emissão das radiações provinha de uma imensa nuvem de partículas carregadas, presas num hipotético e muito intenso campo magnético venusiano.

Em uma série de artigos que publiquei na metade dos anos 1960, muitos em colaboração com Jim Pollack,* esses modelos conflitantes de uma região emissora quente e elevada e de uma superfície fria foram submetidos a uma análise crítica. A essa altura tínhamos duas novas pistas importantes: o espectro eletromagnético de Vênus e a evidência da *Mariner 2* de que a emissão das radiações era mais intensa no centro do disco de Vênus que perto de sua orla. Em 1967 conseguimos descartar os modelos alternativos com alguma segurança, concluindo que a superfície de Vênus tinha uma temperatura abrasadora e nada semelhante à da Terra: mais de 400°C. Mas o argumento era inferido, e havia muitos passos intermediários. Ansiávamos por uma medição mais direta.

Em outubro de 1967 — celebrando o décimo aniversário da *Sputnik 1* — a sonda soviética *Venera 4* deixou cair uma cápsula nas nuvens de Vênus. Ela transmitiu dados da quente atmosfera inferior, mas não sobreviveu até chegar à superfície. Um dia depois, a sonda norte-americana *Mariner 5* voou por Vênus, tendo suas transmissões de rádio para a Terra examinado a atmosfera em profundidades progressivamente maiores. A taxa de enfraquecimento do sinal dava informações sobre as temperaturas atmosféricas. Embora parecesse haver algumas discrepâncias (mais tarde resolvidas) entre os dois conjuntos de dados das astronaves, ambos indicavam claramente que a superfície de Vênus é muito quente.

A partir de então, uma série de astronaves soviéticas *Venera* e um grupo de naves espaciais norte-americanas da missão *Pioneer 12* entraram na

---

* James B. Pollack fez contribuições importantes em todas as áreas da ciência planetária. Foi meu primeiro aluno de pós-graduação e um colega a partir de então. Transformou o Centro de Pesquisa Ames da Nasa num líder mundial de pesquisa planetária e pós-doutoramento para cientistas planetários. Sua gentileza era tão extraordinária quanto seu talento científico. Morreu em 1994, no auge de sua capacidade.

atmosfera profunda ou pousaram sobre a superfície e mediram diretamente — com a utilização de um termômetro — as temperaturas da superfície e da área próxima à superfície. Revelaram que elas chegam perto de 470°C. Quando se levam em conta fatores como erros de calibração de radiotelescópios terrestres e emissividade da superfície, as antigas observações de rádio e as novas medições diretas das naves espaciais se mostram coerentes.

As primeiras naves soviéticas de pouso, projetadas para uma atmosfera semelhante à nossa, foram esmagadas pelas altas pressões como uma lata na mão de um campeão de queda de braço ou como um submarino da Segunda Guerra Mundial na fossa de Tonga. Depois dessas experiências, os veículos soviéticos de acesso a Vênus foram pesadamente reforçados, como os submarinos modernos, e pousaram com sucesso sobre a superfície chamuscada. Quando se tornou claro que a atmosfera era muito profunda e que as nuvens eram muito espessas, os projetistas soviéticos se preocuparam com a possibilidade de a superfície ser preta como breu. As *Venera 9* e *10* foram equipadas com holofotes, que se revelaram desnecessários. Uma pequena porcentagem da luz solar que cai sobre o topo das nuvens consegue chegar até a superfície, e Vênus é tão claro quanto um dia nublado na Terra.

A resistência à ideia de uma superfície quente em Vênus pode ser atribuída, suponho, a nossa relutância em abandonar a noção de que o planeta mais próximo seja capaz de acolher a vida, a exploração futura e talvez até, a longo prazo, a colonização humana. Agora sabemos que não há pântanos carboníferos, nem oceanos de óleo ou de soda. Em vez disso, Vênus é um inferno sufocante, melancólico. Há alguns desertos, mas trata-se essencialmente de um mundo de mares de lava solidificada. Nossas esperanças se frustraram. A atração desse mundo está agora mais amortecida que nos primeiros dias da exploração espacial, quando quase tudo era possível e, pelo que então sabíamos, nossas ideias mais românticas sobre Vênus eram realizáveis.

Muitas naves espaciais contribuíram para nossa atual compreensão de Vênus, mas a missão pioneira foi a *Mariner 2*. A *Mariner 1* falhou no lançamento e teve de ser destruída. A *Mariner 2* funcionou maravilhosamente e forneceu os primeiros dados de rádio importantes sobre o clima de Vênus. Fez observações infravermelhas das propriedades das nuvens. Em sua trajetória da Terra para Vênus, descobriu e mediu o vento solar — a corrente de partículas carregadas que flui do Sol, preenchendo as magnetosferas de todos os planetas que encontra pelo caminho, soprando para trás as caudas dos cometas e estabelecendo a distante heliopausa. A *Mariner 2* foi a primeira sonda planetária bem-sucedida, a nave que inaugurou a era da exploração espacial.

Ainda está em órbita ao redor do Sol e se aproxima tangencialmente da órbita de Vênus a cada cem dias mais ou menos. Toda vez que isso acontece, Vênus não se acha nas proximidades. Mas, se esperarmos bastante, Vênus estará por perto um dia, e a *Mariner 2* será acelerada pela gravidade do planeta para alguma órbita bem diferente. Em última instância, a *Mariner 2*, como um planetesimal de eras passadas, será destruída por algum outro planeta, cairá no Sol ou será expelida do Sistema Solar.

Enquanto isso não acontecer, esse minúsculo planeta artificial, precursor da era da exploração espacial, continuará a girar silenciosamente ao redor do Sol. É mais ou menos como se a caravela de Colombo, a *Santa María*, ainda estivesse fazendo viagens regulares pelo Atlântico entre Cádiz e Hispaniola com uma tripulação-fantasma. No vácuo do espaço interplanetário, a *Mariner 2* deve manter-se em bom estado durante muitas gerações.

Meu pedido à estrela da tarde e da manhã é o seguinte: que, no decorrer do século XXI, alguma grande nave movida por graviaceleração, em seu trânsito regular rumo aos limites do Sistema Solar, intercepte esse antigo navio abandonado e o traga para bordo, a fim de ser exibido num museu de tecnologia espacial primitiva — talvez em Marte, em Europa ou em Japeto.

12. O solo se funde

A meio caminho entre Tera e Terasia, labaredas irromperam do mar e continuaram a queimar durante quatro dias, fazendo todo o mar ferver e arder em chamas, e as flamas moldaram uma ilha que foi erguida aos poucos como se por alavancas [...] Depois que a erupção cessou, os habitantes de Rodes, então no período de sua supremacia marítima, foram os primeiros que se aventuraram a visitar o local, tendo erigido sobre a ilha um templo.

Estrabo, *Geografia* (c. 7 a.C.)

Sobre toda a Terra, pode-se encontrar um tipo de montanha com uma característica surpreendente e inusitada. Qualquer criança é capaz de reconhecê-la: o topo parece cortado ou atorado. Subindo até o cimo ou voando sobre ele, descobre-se que a montanha tem um buraco ou cratera no seu pico. Em algumas montanhas desse tipo, as crateras são pequenas; em outras, são quase tão grandes quanto a própria montanha. De vez em quando, as crateras estão cheias de água. Às vezes, de um líquido mais espantoso: você se aproxima da beirada na ponta dos pés e vê imensos lagos brilhantes de um líquido amarelo-vermelho e fontes de labaredas. Esses buracos nos topos das montanhas são chamados caldeiras, com referência à palavra "caldeirão", e as montanhas em que se encontram são conhecidas, é claro, como vulcões — em alusão a Vulcano, o deus romano do fogo. Tem-se conhecimento de cerca de seiscentos vulcões ativos na Terra. Alguns, embaixo dos oceanos, ainda estão por ser descobertos.

Uma montanha vulcânica típica parece bastante segura. A vegetação natural sobe pelas suas encostas. Campos dispostos em terraços decoram os seus flancos. Povoados e capelas se aninham em seu sopé. Sem nenhum aviso, entretanto, depois de séculos de lassitude, a montanha pode explodir. Barragens de pedra, torrentes de cinza caem do céu. Rios de rocha fundida se derramam pelas encostas. Em toda a Terra, as pessoas imaginavam que um vulcão ativo era um gigante ou um demônio aprisionado lutando para se libertar.

As erupções do monte de Santa Helena e do monte Pinatubo nos trazem lembranças recentes, mas pode-se encontrar exemplos em toda a história. Em 1902, uma nuvem vulcânica incandescente e quente escorreu pelas encostas do monte Pelée e matou 35 mil pessoas na cidade de Saint Pierre, na ilha caribenha de Martinica. Torrentes de lava compactas provenientes da erupção do vulcão Nevado del Ruiz mataram mais de 25 mil colombianos em 1985. No século I, a erupção do monte Vesúvio enterrou os infelizes habitantes de Pompeia e Herculano nas cinzas e matou o intrépido naturalista Plínio, o Velho, quando ele subiu pela encosta do vulcão, determinado a compreender melhor o seu funcionamento. (Plínio não foi o último: quinze vulcanólogos foram mortos em diversas erupções vulcânicas entre 1979 e 1993.) A ilha mediterrânea de Santorini (também chamada Tera) é, na realidade, a única parte da coroa de um vulcão, ora inundado pelo mar, que aparece acima do nível do mar.* Segundo alguns historiadores, a explosão do vulcão Santorini em 1623 a.C. pode ter contribuído para a destruição da grande civilização minoica na ilha vizinha de Creta e alterado o equilíbrio de poder no começo da civilização clássica. Esse desastre pode ser a origem da lenda de Atlântida relatada por Platão, quando uma civilização foi destruída "num dia e numa

---

* A erupção de um vulcão submarino próximo e a rápida construção de uma nova ilha em 197 a.C. são descritas por Estrabo na epígrafe deste capítulo.

noite de desgraça". Naquela época, devia ser fácil pensar que um deus estava zangado.

Como é natural, os vulcões têm sido considerados com respeito e terror. Quando os cristãos medievais presenciaram a erupção do monte Hekla na Islândia e viram fragmentos ferventes de lava flexível suspensos sobre o cume, imaginaram estar vendo as almas dos condenados aguardando a entrada no inferno. "Uivos de pavor, choro e ranger de dentes", "gritos melancólicos e gemidos lancinantes" foram devidamente relatados. Os lagos vermelhos incandescentes e os gases sulfurosos dentro da caldeira do Hekla foram tomados como um real vislumbre do mundo subterrâneo e uma confirmação das crenças populares no inferno (e, por simetria, em seu parceiro, o céu).

Um vulcão é, na realidade, uma abertura para um reino subterrâneo muito mais vasto que a fina camada da superfície habitada pelos seres humanos, e muito mais hostil. A lava expelida de um vulcão é rocha líquida — rocha aquecida até seu ponto de fusão, geralmente em torno de 1000°C. A lava emerge de um buraco na Terra; quando esfria e se solidifica, gera e depois refaz os flancos de uma montanha vulcânica.

Os locais mais vulcanicamente ativos na Terra tendem a estar ao longo das cordilheiras no fundo dos oceanos e nos arcos das ilhas — na junção de duas grandes placas da crosta oceânica, que estão se separando uma da outra ou deslizando uma por debaixo da outra. No fundo do mar, há longas zonas de erupções vulcânicas — acompanhadas de uma grande quantidade de terremotos e plumas de fumaça e água quente abissais — que estamos apenas começando a observar com veículos submarinos conduzidos por homens ou por robôs.

As erupções de lava devem significar que o interior da Terra é extremamente quente. Na verdade, a evidência sísmica mostra que, apenas a uns cem quilômetros abaixo da superfície, quase todo o corpo da Terra é pelo menos um pouco fundido. O interior da Terra é quente porque os elementos radioativos que ali existem, como o urânio, produzem calor quando se deterioram; e, em parte, porque a Terra retém uma porção do calor original liberado na sua formação, quando muitos mundos pequenos foram unidos pela gravidade mútua e criaram a Terra, e quando o ferro se amontoou no fundo e formou o núcleo de nosso planeta.

A rocha fundida, ou magma, se eleva pelas fissuras nas rochas sólidas mais pesadas que existem ao redor. Podemos imaginar vastas cavernas subterrâneas cheias de líquidos viscosos, borbulhantes, vermelhos, incandescentes, que se lançam para a superfície se, por acaso, encontram um canal apropriado. O magma, chamado de lava quando se derrama da caldeira no cume da montanha, emerge realmente do mundo subterrâneo. Até agora, as almas dos condenados têm se furtado a qualquer detecção.

Depois que o vulcão é plenamente construído por derramamentos sucessivos, e a lava parou de ser lançada da caldeira, ele se torna uma montanha como outra qualquer, sofrendo lenta erosão pela ação da chuva e de fragmentos de rocha soprados pelo vento e, finalmente, pelo movimento de placas continentais na superfície da Terra. "Quantos anos pode uma montanha existir antes de ser arrastada para o mar?", perguntou Bob Dylan na balada "Blowing in the Wind". A resposta depende do planeta em questão. Na Terra, são tipicamente uns 10 milhões de anos. Assim as montanhas, vulcânicas ou não, devem ser construídas na mesma escala de tempo; do contrário, a Terra toda seria tão plana quanto o Kansas.*

As explosões vulcânicas podem empurrar imensas quantidades de matéria — principalmente gotinhas finas de ácido sulfúrico — para a estratosfera. Ali, durante um ou dois anos, elas refletem a luz solar de volta para o espaço e esfriam a Terra. Isso aconteceu recentemente com o vulcão filipino monte Pinatubo, e teve efeitos catastróficos em 1815-6, depois da erupção do vulcão indonésio monte Tambora, pois o resultado foi um "ano sem verão" dominado pela fome. Uma erupção vulcânica em Taupo, Nova Zelândia, no ano de 177, esfriou o clima do Mediterrâneo, a meio mundo de distância, e deixou cair partículas finas sobre a calota glacial da Groenlândia. Em 4803 a.C., a explosão do monte Mazama em Oregon (que produziu a caldeira agora chamada Crater Lake) teve consequências climáticas em todo o hemisfério Norte. Os estudos dos efeitos vulcânicos sobre o clima estavam na trilha investigante que, finalmente, levou à des-

---

* Mesmo com suas montanhas e fossas submarinas, o nosso planeta é espantosamente plano. Se a Terra fosse do tamanho de uma bola de bilhar, as maiores protuberâncias teriam menos de um décimo de milímetro — quase demasiado pequenas para serem vistas ou sentidas.

coberta do inverno nuclear. Eles propiciam testes importantes de nosso uso de modelos computacionais para predizer futuras mudanças do clima. As partículas vulcânicas injetadas na atmosfera superior são também uma causa adicional da redução da camada de ozônio.

Uma grande explosão vulcânica em alguma parte obscura e erma do mundo pode, portanto, alterar o ambiente numa escala global. Tanto pelas suas origens como pelos seus efeitos, os vulcões nos lembram o quanto somos vulneráveis aos menores arrotos e espirros no metabolismo interno da Terra; e o quanto para nós é importante compreender como funciona essa máquina térmica subterrânea.

Supõe-se que, nos estágios finais da formação da Terra — bem como nos da Lua, Marte e Vênus —, impactos de mundos pequenos geraram oceanos de magma globais. A rocha fundida inundou a topografia preexistente. Grandes enchentes, ondas de maré com quilômetros de altura, de um magma líquido fluido, vermelho e quente, manaram do interior e se derramaram pela superfície do planeta, cobrindo tudo o que encontravam pela frente: montanhas, canais, crateras, talvez até as últimas evidências de tempos anteriores mais clementes. O odômetro geológico foi reiniciado. Todos os registros acessíveis da geologia da superfície começam com a última inundação global de magma. Antes de esfriarem e se solidificarem, os oceanos de lava podem ter centenas e até milhares de quilômetros de espessura. Em nossa época, bilhões de anos mais tarde, a superfície de um mundo desse tipo pode estar quieta, inativa, sem indícios de vulcanismo presente. Ou pode haver — como na Terra — alguns elementos que lembram em pequena escala uma época em que toda a superfície foi inundada por rocha líquida.

Nos primeiros tempos da geologia planetária, observações de telescópios de solo eram os únicos dados que possuíamos. Um debate apaixonado se prolongava havia meio século sobre a questão de saber se as crateras da Lua eram causadas por impactos ou por vulcões. Encontraram-se alguns morros baixos com caldeiras nos cumes — com quase certeza, vulcões lunares. Mas as grandes crateras — em forma de bacia ou panela, localizadas em terreno plano, em vez de nos topos das montanhas — eram outra história. Alguns geólogos encontravam nelas semelhanças com certos vulcões muito erodidos da Terra. Outros não concordavam com essa ideia. O melhor argumento contrário era o fato de sabermos que asteroides e cometas passam perto da Lua; devem atingi-la de vez em quando; e as colisões devem formar crateras. Ao longo da história da Lua, um grande número dessas crateras deve ter sido escavado. E se as crateras não são devidas a impactos, onde é que estão as crateras de impacto? Com base em exame direto das crateras lunares em laboratórios, sabemos agora que sua origem é quase inteiramente devida a impactos. Mas há 4 milhões de anos, esse pequeno mundo, quase morto hoje em dia, estava borbulhando e se agitando, impulsionado pelo vulcanismo primitivo de fontes de calor interno há muito desaparecidas.

Em novembro de 1971, a nave espacial *Mariner 9* da Nasa chegou a Marte e encontrou o planeta completamente obscurecido por uma tempestade global de poeira. Quase que as únicas características visíveis eram quatro pontos circulares que emergiam da obscuridade avermelhada. Mas havia algo peculiar neles: tinham buracos nos topos. Quando a tempestade clareou, fomos capazes de perceber inequivocamente quatro imensas montanhas vulcânicas que atravessavam a nuvem de poeira, cada qual com uma grande caldeira em seu cume.

Depois que a tempestade se dissipou, evidenciou-se a verdadeira escala desses vulcões. O maior — apropriadamente chamado monte Olimpo, em alusão à morada dos deuses gregos — tem mais de 25 quilômetros de altura, eclipsando não apenas o maior vulcão da Terra, mas também a sua maior montanha de qualquer tipo, o monte Everest, que se eleva nove quilômetros acima do planalto tibetano. Existem uns vinte grandes vulcões sobre Marte, mas nenhum tão imponente quanto o monte Olimpo, que tem um volume aproximadamente cem vezes maior que o do maior vulcão sobre a Terra, Mauna Loa, no Havaí.

Contando as crateras de impacto acumuladas nos flancos dos vulcões (feitas pelo impacto de pequenos asteroides e facilmente diferenciadas das caldeiras nos cumes), pode-se fazer estimativas de suas idades. Alguns vulcões marcianos revelaram ter alguns bilhões de anos, embora nenhum remonte à origem de Marte, cerca de 4,5 bilhões de anos atrás. Alguns, inclusive o monte Olimpo, são relativamente jovens — talvez só tenham uns 100 milhões de anos. É claro que enormes explosões vulcânicas ocorreram no começo da história marciana, gerando, talvez, uma atmosfera muito mais densa que a existente em Marte hoje em dia. Qual teria sido a aparência do planeta se o tivéssemos visitado naquela época?

Alguns fluxos vulcânicos em Marte (por exemplo, em Cerberus) se formaram há apenas 200 milhões de anos. Suponho que seja até possível — embora não haja nenhuma evidência a favor ou contra — que o monte Olimpo, o maior vulcão que certamente conhecemos no Sistema Solar, se torne mais uma vez ativo. Os vulcanólogos, uma espécie paciente, sem dúvida saudariam o acontecimento.

Em 1990-3, a sonda *Magellan* transmitiu para a Terra dados surpreendentes de radar sobre as formas do relevo de Vênus. Os cartógrafos prepararam mapas de quase todo o planeta, com pormenores precisos que chegavam até uns cem metros, a distância de um gol a outro em um estádio de futebol norte-americano. A *Magellan* radiotransmitiu para a Terra mais dados que todas as outras missões planetárias juntas. Como grande parte do fundo do oceano permanece inexplorada (exceto, talvez, por dados ainda confidenciais obtidos pelas Marinhas norte-americana e soviética), talvez saibamos mais sobre a topografia da superfície de Vênus que sobre a de qualquer outro planeta, inclusive a Terra. Grande parte da geologia de Vênus é diferente do que se vê na Terra ou em qualquer outro lugar. Os geólogos planetários deram nomes a essas formas de relevo, mas isso não significa que compreendemos inteiramente como são formadas.

Como a temperatura da superfície de Vênus é de quase 470°C, as rochas do planeta estão muito mais próximas de seus pontos de fusão que as rochas na superfície da Terra. Em Vênus, as rochas começam a amolecer e a fluir em profundidades muito mais rasas que na Terra. É muito provável que seja essa a razão de muitas características geológicas em Vênus parecerem plásticas e deformadas.

O planeta é coberto por planícies e altiplanos vulcânicos. As construções geológicas compreendem cones vulcânicos, prováveis vulcões de plataforma (tipo Havaí) e caldeiras. Há muitos lugares onde podemos ver que a lava irrompeu em enormes torrentes. Algumas formas de planícies, que alcançam mais de duzentos quilômetros, são chamadas em tom de brincadeira de "carrapatos" e "aracnoides" porque são depressões circulares rodeadas por anéis concêntricos, enquanto fendas longas e finas na superfície se estendem radialmente a partir do centro. "Domos em forma de panqueca" chatos e estranhos — uma característica geológica desconhecida na Terra, mas provavelmente uma espécie de vulcão — talvez sejam formados por lava espessa e viscosa que flui lenta e uniformemente em todas as direções. Há muitos exemplos de outros fluxos irregulares de lava. Curiosas estruturas circulares chamadas "coronae" chegam a ter uns 2 mil quilômetros de diâmetro. Os fluxos de lava característicos da quente e sufocante Vênus oferecem um rico cardápio de mistérios geológicos.

Mais inesperados e peculiares são os canais sinuosos — com meandros e cotovelos, parecendo iguais aos vales de rio sobre a Terra. Os mais longos vão mais longe que os maiores rios do nosso planeta. Vênus é demasiado quente, porém, para ter água líquida. E podemos ver, pela ausência de pequenas crateras de impacto, que a atmosfera tem sido assim espessa, gerando intenso efeito estufa desde a formação da presente superfície. (Se tivesse sido mais fina, asteroides de tamanho médio não se incendiariam ao entrar na atmosfera e teriam sobrevivido para escavar crateras com seus impactos sobre a superfície.) Ao fluir montanha abaixo, a lava forma realmente canais sinuosos (às vezes sob o solo, seguidos pela derrubada do teto do canal). Mesmo às temperaturas de Vênus, as lavas irradiam calor, esfriam, tornam-se mais lentas, solidificam-se e interrompem o seu curso. O magma se torna sólido. Os canais de lava não conseguem percorrer nem 10% do comprimento dos longos canais de Vênus antes de se solidificarem. Alguns geólogos planetários acham que Vênus deve gerar uma lava especial fina, diluída e sem viscosidade. Uma especulação não fundamentada, uma confissão de nossa ignorância.

A atmosfera espessa se move vagarosamente; mas, por ser tão densa, tem boa capacidade de levantar e mover partículas finas. Há faixas eólicas em Vênus, emanando em grande parte das crateras de impacto, onde os ventos predominantes varreram pilhas de areia e poeira e criaram uma espécie de cata-vento gravado na superfície. Aqui e ali temos a impressão de ver campos de dunas de areia, e regiões em que a erosão eólica esculpiu formas de relevo vulcânicas. Esses processos eólicos acontecem em câmara lenta, como se ocorressem no fundo do mar. Os ventos são fracos na superfície de Vênus. Talvez não seja preciso mais que uma rajada suave para levantar uma nuvem de partículas finas, mas nesse inferno sufocante é difícil aparecer uma rajada.

Há muitas crateras de impacto sobre Vênus, porém nada parecido com o número que existe sobre a Lua ou Marte. Estranhamente, não existem crateras com diâmetro menor que alguns quilômetros. A razão é compreensível: asteroides e cometas pequenos são despedaçados ao entrar na densa atmosfera de Vênus, antes de poderem atingir a superfície. O corte observado no tamanho das crateras corresponde muito bem à presente densidade da atmosfera de Vênus. Supõe-se que certas manchas irregulares, percebidas em imagens da *Magellan*, sejam os resíduos dos corpos causadores de impacto que se despedaçaram no ar espesso, antes de poderem abrir uma cratera na superfície.

A maioria das crateras de impacto é excepcionalmente antiga e bem conservada; apenas uma pequena porcentagem foi tragada por subsequentes fluxos de lava. A superfície de Vênus revelada pela *Magellan* é muito jovem. São tão poucas as crateras de impacto que qualquer coisa mais antiga que uns 500 milhões de anos* deve ter sido apagada — isso em um planeta que tem, é quase certo, 4,5 bilhões de anos. Existe apenas um agente erosivo adequado para o que vemos: vulcanismo. Por todo o planeta, crateras, montanhas e outras características geológicas foram inundadas por mares de lava que outrora jorraram do interior, fluíram até bem longe e se solidificaram.

Depois de examinar uma superfície tão jovem coberta de magma solidificado, é de se perguntar se ainda há algum vulcão ativo. Nenhum foi encontrado com certeza, mas há alguns — por exemplo, aquele chamado monte Maat — que parecem estar rodeados por lava fresca e ainda podem estar se agitando por dentro e expelindo lava. Há alguma evidência de que a abundância de compostos de enxofre na atmosfera superior varia com o tempo, como se os vulcões da superfície injetassem episodicamente esses materiais na atmosfera. Quando os vulcões estão inativos, os compostos

---

* A idade da superfície de Vênus, determinada pelas imagens de radar da *Magellan*, ajuda a sepultar a tese de Immanuel Velikovsky. Ele, em torno de 1950, propôs, sob surpreendentes aplausos dos meios de comunicação, que há 3500 anos Júpiter teria cuspido um "cometa" gigantesco que fez várias colisões rasantes com a Terra, causando diversos acontecimentos relatados nas antigas escrituras de muitos povos (como o Sol se detendo sob o comando de Josué), e que depois se transformou no planeta Vênus. Ainda há pessoas que levam a sério essas ideias.

de enxofre simplesmente desaparecem do ar. Ainda há evidências controvertidas de raios caindo ao redor dos cimos das montanhas de Vênus, como às vezes acontece nos vulcões ativos da Terra. Não sabemos ao certo, no entanto, se existe vulcanismo em ação sobre Vênus. É uma questão para futuras missões.

Alguns cientistas acreditam que, até uns 500 milhões de anos atrás, a superfície de Vênus era quase inteiramente destituída de formas de relevo. Correntes e oceanos de rocha fundida se derramavam implacavelmente do interior, preenchendo e cobrindo todo e qualquer relevo que tivesse conseguido se formar. Se tivéssemos atravessado as nuvens naquele tempo passado, a superfície teria sido quase uniforme e sem características. À noite, a paisagem teria sido infernalmente incandescente devido ao calor vermelho da lava fundida. Nessa concepção, a grande usina térmica interior de Vênus, que forneceu um enorme volume de magma para a superfície até cerca de 500 milhões de anos atrás, agora parou de funcionar. A usina térmica planetária finalmente se deteriorou.

Em outro modelo teórico provocativo, proposto pelo geofísico Donald Turcotte, Vênus tem placas tectônicas como as da Terra, que se acham ora inativas, ora ativas. Atualmente, segundo o autor, as placas tectônicas estão inativas; os "continentes" não se movem ao longo da superfície, não colidem uns com os outros, não erguem com isso cadeias de montanhas, nem são mais tarde submersos no interior profundo. No entanto, depois de centenas de milhões de anos de inatividade, as placas tectônicas sempre se manifestam e as configurações da superfície são inundadas por lava, destruídas pela construção de montanhas, removidas e, de alguma outra forma, eliminadas. A última dessas manifestações terminou há cerca de 500 milhões de anos, sugere Turcotte, e tudo tem se mantido quieto desde então. Entretanto, a presença de coroas pode significar, em escalas de tempo que estão geologicamente no futuro próximo, que grandes mudanças na superfície de Vênus estão prestes a irromper novamente.

Ainda mais inesperado que os grandes vulcões marcianos ou a superfície venusiana inundada de lava é o que nos aguardava em março de 1979, quando a nave espacial *Voyager 1* localizou Io, a mais interior das quatro grandes luas galileanas de Júpiter. Ali encontramos um mundo estranho, pequeno, matizado e inundado de vulcões. Enquanto observávamos com espanto, oito plumas ativas jorravam partículas de gás e fogo para o céu. A maior, agora chamada Pelé — em alusão à deusa do vulcão no Havaí —, lançava um jorro de material a 250 quilômetros no espaço, bem mais acima da superfície de Io que alguns astronautas se aventuraram acima da Terra. Quando a *Vayager 2* chegou a Io, quatro meses mais tarde, Pelé se aquietara, embora seis das outras plumas ainda estivessem ativas, pelo menos uma nova pluma fora descoberta, e outra caldeira, denominada Surt, mudara dramaticamente de cor.

As cores de Io, ainda que exageradas nas imagens de cores intensificadas da Nasa, são diferentes de quaisquer outras no Sistema Solar. A explicação atualmente preferida é de que os vulcões de Io não são impulsionados por rocha fundida que jorra para o alto, como na Terra, na Lua, em Vênus e em Marte, mas por jorros de anidrido sulfuroso e enxofre fundido. A superfície é coberta de montanhas vulcânicas, caldeiras vulcânicas, chaminés vulcânicas e lagos de enxofre fundido. Várias formas e compostos de enxofre foram detectados na superfície de Io e no espaço próximo — os vulcões expelem parte do enxofre para fora de Io.* Essas descobertas sugeriram a alguns um mar subterrâneo de enxofre líquido que emana para a superfície nos pontos fracos, gera um monte vulcânico baixo, escorre pelas encostas e se solidifica, sendo a sua cor final determinada pela sua temperatura no momento da erupção.

Na Lua ou em Marte, é possível encontrar muitos lugares que pouco mudaram em bilhões de anos. Em Io, no prazo de um século, grande parte da superfície deve ser novamente inundada, preenchida ou destruída por novos fluxos vulcânicos. Por isso, os mapas de Io se tornarão rapidamente obsoletos, transformando a cartografia de Io numa indústria em expansão.

Todas essas parecem conclusões bastante óbvias das observações da *Voyager*. A velocidade com que a superfície é coberta por correntes vulcânicas implica grandes mudanças em cinquenta ou cem anos, uma previsão

---

* Os vulcões de Io são também a fonte abundante de átomos eletricamente carregados, como oxigênio e enxofre, que povoam um tubo de matéria, em forma de rosca, que circunda Júpiter.

que felizmente pode ser testada. As imagens de Io captadas pela *Voyager* podem ser comparadas com imagens, de qualidade muito inferior, tiradas por telescópios terrestres há cinquenta anos e pelo Telescópio Espacial Hubble, treze anos mais tarde. A conclusão surpreendente parece ser que as grandes marcas na superfície de Io quase não mudaram. Sem dúvida, estamos deixando de ver alguma coisa.

Em certo sentido, um vulcão representa as entranhas de um planeta que jorram para fora, uma ferida que finalmente cicatriza esfriando, apenas para ser substituída por novos estigmas. Mundos diferentes têm entranhas diferentes. A descoberta do vulcanismo de enxofre líquido em Io foi mais ou menos como descobrir que um velho conhecido, ao se cortar, sangra verde. Não se fazia ideia de que essas diferenças eram possíveis. Ele parecia tão comum.

Estamos naturalmente ansiosos por encontrar mais sinais de vulcanismo em outros mundos. Em Europa, a segunda das luas galileanas de Júpiter e vizinha de Io, não há nenhuma montanha vulcânica; mas gelo derretido — água líquida — parece ter jorrado para a superfície por um sem--número de marcas escuras entrecruzadas, antes de se congelar. E mais longe, entre as luas de Saturno, há sinais de que água líquida jorrou do interior e apagou as crateras de impacto. Ainda assim, jamais vimos coisa alguma que pudesse ser plausivelmente um vulcão de gelo, tanto no sistema de Júpiter como no de Saturno. Em Tritão, é possível que tenhamos observado vulcanismo de nitrogênio ou metano.

Os vulcões dos outros mundos apresentam um espetáculo emocionante. Eles intensificam o nosso senso de admiração, a nossa alegria pela beleza e diversidade do cosmo. Mas esses vulcões exóticos também prestam outro serviço: eles nos ajudam a conhecer os vulcões de nosso próprio mundo e talvez, um dia, nos ajudem até a prever suas erupções. Se não conseguimos compreender o que está acontecendo em outras circunstâncias, quando os parâmetros físicos são diferentes, que profundidade pode ter o nosso entendimento da circunstância que mais nos interessa? Uma teoria geral do vulcanismo deve abranger todos os casos. Quando tropeçamos em imensas elevações vulcânicas em um Marte geologicamente inativo; quando descobrimos que a superfície de Vênus foi varrida ainda ontem por inundações de lava; quando encontramos um mundo que não foi fundido pelo calor da deterioração radiativa, como na Terra, mas por marés gravitacionais geradas por mundos próximos; quando observamos vulcanismo de enxofre e não de silicato; e quando começamos a nos perguntar, nas luas dos planetas exteriores, se não poderíamos estar vendo vulcanismo de água, amônia, nitrogênio ou metano — então estamos aprendendo as alternativas possíveis.

13. A dádiva da *Apollo*

> *Os portões do Céu estão bem abertos;*
> *Sigo em frente...*
> Ch'u Tz'u (atribuído a Ch'ü Yüan), "As nove canções", can-
> ção v, "O grande senhor da vida" (China, *c.* século III a.C.)

É uma noite abafada de julho. Você adormeceu na poltrona. De repente, acorda sobressaltado, desorientado. A televisão está ligada, mas sem som. Você faz um esforço para compreender o que está vendo. Duas figuras brancas e fantasmagóricas de macacão e capacete estão dançando suavemente sob um céu preto como breu. Eles dão pequenos pulos estranhos, que os impelem para cima em meio a nuvens de poeira mal e mal perceptíveis. Mas alguma coisa está errada. Eles levam muito tempo para descer. Estão sobrecarregados e parecem estar voando — um pouco. Você esfrega os olhos, mas o quadro onírico persiste.

De todos os acontecimentos em torno do pouso da *Apollo 11* sobre a Lua em 20 de julho de 1969, minha lembrança mais vívida é a sua qualidade irreal. Neil Armstrong e Buzz Aldrin arrastavam os pés pela superfície lunar cinzenta e empoeirada, com a Terra avultando em seu céu, enquanto Michael Collins, que era então a lua da Lua, girava acima deles em vigília solitária. Sim, foi uma extraordinária realização tecnológica e um triunfo para os Estados Unidos. Sim, os astronautas demonstraram ter a coragem de quem desafia a morte.Sim, como Armstrong falou ao pousar sobre a Lua, era um passo histórico para a espécie humana. Mas se você tirasse o som dos comentários secundários entre o Controle da Missão e o Mar da Tranquilidade, com suas conversas deliberadamente mundanas e rotineiras, e fixasse o olhar no aparelho de televisão preto e branco, vislumbraria que nós humanos tínhamos entrado no reino do mito e da lenda.

Conhecemos a Lua desde os tempos primitivos. Ela já existia no céu quando nossos antepassados desceram das árvores para povoar as savanas, quando aprendemos a caminhar eretos, quando projetamos ferramentas de pedra, quando domesticamos o fogo, quando inventamos a agricultura, construímos cidades e começamos a dominar a Terra. Canções folclóricas e populares celebram uma misteriosa conexão entre a Lua e o amor. Na língua inglesa, a palavra "mês" e o nome do segundo dia da semana fazem alusão à Lua. As suas fases crescente e minguante — do quarto crescente à lua cheia e do quarto minguante à lua nova — foram compreendidas entre muitos povos como uma metáfora celeste da morte e do renascimento. Foram ligadas ao ciclo menstrual das mulheres, que tem quase o mesmo período, como nos lembra a palavra "menstruação" (do latim *mensis* = mês, que deriva da palavra "medir"). Aqueles que dormem ao luar enlouquecem; a conexão é preservada na palavra "lunático". Na antiga história persa, perguntam a um vizir, renomado pela sua sabedoria, o que é mais útil, o Sol ou a Lua. "A Lua", responde ele, "porque o Sol brilha durante o dia, quando já existe luz." Especialmente quando vivíamos ao ar livre, ela era uma presença importante — ainda que estranhamente intangível — em nossas vidas.

A Lua era uma metáfora para o inatingível: "É mais fácil você querer ir à Lua", costumavam dizer. Ou: "Isto é tão impossível quanto voar para a Lua". Durante a maior parte de nossa história, não fazíamos ideia do que ela era. Um espírito? Um deus? Não parecia algo grande e distante, mas antes algo pequeno e próximo — do tamanho de um prato, talvez, dependurado no céu acima de nossas cabeças. Os filósofos gregos antigos discutiam a proposição "de que a Lua tem exatamente o tamanho que aparenta ter" (traindo uma confusão irremediável entre o tamanho linear e o angular). *Caminhar* sobre a Lua teria parecido ideia de maluco; fazia mais sentido imaginar uma forma de subir ao céu por uma escada ou no dorso de um pássaro gigantesco, agarrar a Lua e trazê-la para a Terra. Ninguém jamais conseguiu, embora houvesse milhares de mitos sobre heróis que tentaram.

Foi só há alguns séculos que a ideia da Lua como um *lugar*, a uma distância de 384 mil quilômetros, entrou em voga. E, nesse breve bruxuleio de tempo, fomos dos primeiros passos para compreender a natureza da Lua até caminhar e dar um passeio sobre a sua superfície. Calculamos como os objetos se movem no espaço; liquefizemos o oxigênio do ar; inventamos grandes foguetes, a telemetria, uma eletrônica confiável, o sistema automático de navegação giroscópica e muito mais. Então navegamos para o céu.

Eu tive bastante sorte de participar do programa *Apollo*, mas não censuro as pessoas que acham que tudo foi simulado num estúdio de Hollywood. No final do Império Romano, os filósofos pagãos tinham atacado a doutrina cristã sobre a ascensão do corpo de Cristo aos céus e sobre a prometida ressurreição dos mortos — porque a força da gravidade puxa todos os "corpos terrenos" para baixo. Santo Agostinho respondia: "Se o talento humano consegue, por meio de algum expediente, fabricar vasos que flutuam, usando metais que afundam [...] não é muito mais verossímil que Deus, por alguma operação oculta, consiga ainda mais indiscutivelmente fazer com que estas massas terrenas sejam emancipadas" das correntes que as atam à Terra? Que os seres *humanos* descobrissem um dia essa "operação" estava fora de cogitação. Mil e quinhentos anos mais tarde, nós nos emancipamos.

O feito provocou um amálgama de admiração e temor. Alguns lembravam a história da Torre de Babel. Outros, os muçulmanos ortodoxos entre eles, achavam que pisar sobre a superfície da Lua era impudência e sacrilégio. Muitos saudaram o feito como um ponto decisivo na história.

A Lua já não é inatingível. Uma dúzia de seres humanos, todos norte-americanos, realizou esses estranhos movimentos saltitantes que chamavam de "passeios lunares" sobre a antiga lava cinzenta, cheia de crateras, ruidosa ao ser esmigalhada — a partir daquele dia de julho em 1969. Mas, de 1972 em diante, nenhuma pessoa de qualquer nacionalidade se aventurou a voltar. Na realidade, nenhum de nós foi *a lugar algum* depois dos dias gloriosos de *Apollo*, exceto a órbitas inferiores da Terra — como uma criança aprendendo a andar que ensaia alguns passos mais longe e depois, sem fôlego, recua para a segurança das saias da mãe.

Em tempos passados, ascendemos ao Sistema Solar. Por alguns anos. Depois voltamos correndo para casa. Por quê? O que aconteceu? Qual foi o significado real de *Apollo*?

O alcance e a audácia da mensagem de John Kennedy sobre "Necessidades Nacionais Urgentes" a uma sessão conjunta do Congresso em 25 de maio de 1961 — o discurso que lançou o programa *Apollo* — me deslumbraram. Usaríamos foguetes ainda não projetados e ligas de metais ainda não concebidas, sistemas de navegação e de atracação ainda não planejados, para mandar o homem a um mundo desconhecido — um mundo ainda não explorado, nem de modo preliminar, nem por robôs — e o traríamos de volta são e salvo, e tudo isso seria feito antes do fim da década. Esse pronunciamento confiante foi feito antes que qualquer norte-americano tivesse descrito uma órbita ao redor da Terra.

Como ph.D. recém-diplomado, pensei realmente que tudo isso tivesse uma conexão essencial com a ciência. Mas o presidente não falou em descobrir a origem da Lua, nem em trazer amostras para estudo. Só parecia estar interessado em mandar alguém para a Lua e trazê-lo de volta para casa. Era uma espécie de gesto. O conselheiro científico de Kennedy, Jerome Wiesner, me contou mais tarde que fizera um trato com o presidente: se Kennedy não afirmasse que *Apollo* tinha pretensões científicas, ele, Wiesner, apoiaria o programa. Então, se não era ciência, era o quê?

O programa *Apollo* é realmente uma questão de política, outros me disseram. Isso parecia mais promissor. As nações não alinhadas seriam tentadas a se aproximar da União Soviética se ela estivesse à frente do programa espacial, se os Estados Unidos não demonstrassem suficiente "vigor nacional". Não entendi. Ali estavam os Estados Unidos, à frente da União Soviética em virtualmente todas as áreas da tecnologia — o líder econômico, militar e, de vez em quando, até moral do mundo —, e a Indonésia se tornaria comunista porque Yuri Gagarin descreveu órbitas ao redor da Terra antes de John Glenn? O que há de tão especial na tecnologia espacial? De repente, compreendi.

Enviar pessoas para descrever órbitas ao redor da Terra ou robôs para girar ao redor do Sol requer foguetes — grandes, confiáveis, potentes. Esses mesmos foguetes podem ser usados para a guerra nuclear. A mesma tecnologia que transporta o homem para a Lua pode carregar ogivas nucleares de uma metade à outra da Terra. A mesma tecnologia que coloca um astrônomo e um telescópio em órbita ao redor da Terra também pode construir uma "estação de guerra" a laser. Mesmo naquela época, havia conversas extravagantes em círculos militares, no Oriente e no Ocidente, sobre o espaço ser o novo "campo de batalha", sobre a nação que "controlasse" o espaço poder "controlar" a Terra. É claro que foguetes estratégicos já estavam sendo testados na Terra. Mas lançar um míssil balístico com um simulacro de ogiva numa zona-alvo no meio do oceano Pacífico não gera muita glória. Enviar pessoas ao espaço cativa a atenção e a imaginação do mundo.

Não se iria gastar dinheiro para lançar astronautas apenas por essa razão, mas dentre todas as maneiras de demonstrar a potência dos foguetes, é essa a que funciona melhor. Era um rito de virilidade nacional; a forma dos propulsores tornava esse ponto facilmente compreensível, sem que ninguém realmente tivesse de explicá-lo. A comunicação parecia ser transmitida de inconsciente para inconsciente, sem que as faculdades mentais mais elevadas captassem sequer uma sombra do que estava acontecendo.

Meus colegas atuais — lutando para conseguir cada dólar destinado à ciência espacial — podem ter se esquecido de como era fácil conseguir dinheiro para o "espaço" nos dias de glória da *Apollo* e pouco antes dessa época. Dentre os muitos exemplos, considere-se a conversação que segue, perante a Subcomissão das Verbas para a Defesa na Câmara de Deputados em 1958, somente alguns meses depois da *Sputnik 1*. O secretário adjunto da Força Aérea, Richard E. Horner, está prestando depoimento; seu interlocutor é o deputado Daniel J. Flood (democrata da Pensilvânia):

HORNER: Por que é desejável, do ponto de vista militar, mandar um homem à Lua? Em parte, do ponto de vista clássico, porque ela ali está. Em parte, porque temos medo de que a União Soviética coloque um homem na Lua em primeiro lugar e ali descubra vantagens de que nem desconfiávamos...

FLOOD: Se nós lhes déssemos todo o dinheiro que você afirma ser necessário, independentemente da quantia, vocês da Força Aérea poderiam levar alguma coisa, qualquer coisa, à Lua antes do Natal?

HORNER: Sem dúvida alguma. Há sempre um certo risco nesse tipo de empreendimento, mas achamos que é possível. Sim, senhor.

FLOOD: Você já pediu a alguém da Força Aérea ou do Departamento de Defesa para lhe dar bastante dinheiro, hardware e pessoal, a partir da meia-noite de hoje, para trazer uma lasca daquela bola de ricota como presente de Natal para o Tio Sam? Já pediu?

HORNER: Submetemos um programa desse tipo ao gabinete do secretário de Defesa. Está sendo examinado.

FLOOD: Sou a favor de lhes conceder o dinheiro neste instante, senhor presidente, com o nosso suplemento, sem esperar que alguém lá na cidade decida fazer o pedido. Se este homem fala a sério e sabe do que está falando — e acho que ele sabe —, esta comissão não deveria esperar nem cinco minutos mais. Sem dúvida alguma, devemos lhe dar todo o dinheiro, todo o hardware e todo o pessoal que ele deseja, independentemente do que outros possam dizer ou querer, para que ele suba no topo de algum morro e mande alguém para a Lua.

Quando o presidente Kennedy formulou o programa *Apollo*, o Departamento de Defesa tinha uma grande quantidade de projetos espaciais em desenvolvimento: formas de levar militares para o espaço, meios de transportá-los ao redor da Terra, armas robóticas em plataformas orbitantes projetadas para abater satélites e mísseis balísticos de outras nações. *Apollo* suplantou esses programas. Nunca chegaram a atingir o estágio operacional. Pode-se argumentar, portanto, que *Apollo* serviu a outro objetivo: deslocar a competição espacial entre os Estados Unidos e a União Soviética da arena militar para a civil. Algumas pessoas acreditam que Kennedy desejava fazer de *Apollo* um substituto para a corrida armamentista no espaço. Pode ser.

Para mim, o símbolo mais irônico desse momento histórico é uma placa assinada pelo presidente Richard M. Nixon que a *Apollo 11* levou à Lua. Nela se lê: "Viemos em paz em nome de toda a humanidade". Enquanto os Estados Unidos despejavam 7½ megatons de explosivos convencionais sobre pequenas nações no Sudeste Asiático, nós nos congratulávamos de nossa humanidade: não faríamos mal a ninguém numa rocha sem vida. Essa placa ainda está lá, afixada na base do módulo lunar da *Apollo 11*, na desolação sem ar do Mar da Tranquilidade. Se ninguém a perturbar, ainda será legível daqui a 1 milhão de anos.

Outras seis missões se seguiram à *Apollo 11* e, delas, apenas uma não conseguiu pousar na superfície lunar. A *Apollo 17* foi a primeira a levar um cientista. Assim que ele chegou lá, o programa foi cancelado. O primeiro cientista e o último ser humano a pousar sobre a Lua eram a mesma pessoa. O programa já tinha cumprido seus objetivos naquela noite de julho de 1969. A meia dúzia de missões subsequentes foi apenas momentum.

O principal objetivo do *Apollo* não era a ciência. Nem era o espaço. *Apollo* lidava com o confronto ideológico e a guerra nuclear — quase sempre descritos por eufemismos como "liderança" mundial e "prestígio" nacional. Ainda assim, fez-se boa ciência espacial. Temos agora muito mais informações sobre a composição, a idade e a história da Lua e a origem das formas de relevo lunares. Fizemos progressos na compreensão da origem da Lua. Alguns de nós têm usado as estatísticas das crateras lunares para compreender melhor a Terra na época da origem da vida. Mais importante do que tudo isso, porém, *Apollo* forneceu um escudo, uma proteção para as espaçonaves robóticas brilhantemente projetadas que foram despachadas por todo o Sistema Solar, fazendo o reconhecimento preliminar de dúzias de mundos. A prole de *Apollo* chegou agora às fronteiras planetárias.

Se não fosse por *Apollo* — e, portanto, se não fosse pelo objetivo político a que servia —, duvido que as históricas expedições norte-americanas de exploração e descoberta por todo o Sistema Solar tivessem ocorrido. As *Mariner, Viking, Voyager* e *Galileo* estão entre as dádivas de *Apollo*. *Magellan* e *Cassini* são descendentes mais distantes. Pode-se dizer algo parecido dos esforços soviéticos pioneiros na exploração do Sistema Solar, inclusive dos primeiros pousos suaves de espaçonaves robóticas — *Luna 9, Mars 3, Venera 8* — em outros mundos.

Apollo transmitiu uma confiança, uma energia e uma largueza de visão que conquistaram a imaginação do mundo. Isso também fazia parte de seu objetivo. Despertou um otimismo acerca da tecnologia, um entusiasmo pelo futuro. Se podíamos voar para a Lua, era o que tantos perguntavam, do que mais não seríamos capazes? Mesmo aqueles que se opunham às políticas e ações dos Estados Unidos — mesmo aqueles que tinham de nós o pior dos conceitos — reconheceram o talento e o heroísmo do programa *Apollo*. Com *Apollo*, os Estados Unidos sentiram o gosto da grandeza.

Quando você faz as malas para uma grande viagem, nunca sabe o que o aguarda. Os astronautas da *Apollo* em sua viagem de ida e volta à Lua fotografaram o seu planeta natal. Foi um gesto natural, mas teve consequências que poucos previram. Pela primeira vez, os habitantes da Terra puderam ver o seu mundo de cima — a Terra inteira, a Terra em cores, a Terra como uma encantadora bola giratória azul e branca na vasta escuridão do espaço. Essas imagens ajudaram a despertar nossa adormecida consciência planetária. Elas fornecem uma prova incontestável de que todos partilhamos o mesmo planeta vulnerável. Elas nos lembram aquilo que é importante e aquilo que não é. Foram as precursoras do pálido ponto azul fotografado pela *Voyager*.

É possível que tenhamos descoberto essa nova perspectiva bem a tempo, exatamente quando nossa tecnologia ameaça a habitabilidade de nosso mundo. Qualquer que tenha sido o motivo que suscitou o programa *Apollo*, por mais enleado que estivesse no nacionalismo e nos instrumentos mortíferos da Guerra Fria, o reconhecimento inevitável da unidade e da fragilidade da Terra é o seu lucro claro e luminoso, a última dádiva inesperada de *Apollo*. O que começou em mortal competição tem nos ajudado a ver que a cooperação global é a precondição essencial para a nossa sobrevivência.

Viajar é ampliar os horizontes.

É hora de pôr o pé na estrada mais uma vez.

14. Explorando outros mundos e protegendo o nosso

Em seus vários estágios de desenvolvimento, os planetas estão sujeitos às mesmas forças formativas que operam em nossa terra, tendo, portanto, a mesma formação e provavelmente a mesma vida geológica de nosso passado e, talvez, de nosso futuro; mas, além disso, essas forças estão atuando, em alguns casos, em condições totalmente diferentes daquelas em que operam sobre a Terra, e por isso devem desenvolver formas diferentes das conhecidas pelo homem. O valor do material desse tipo para as ciências comparadas é tão óbvio que dispensa qualquer comentário.

Robert H. Goddard, *Caderno de notas* (1907)

Pela primeira vez na minha vida, vi o horizonte como uma linha curva. Era acentuado por uma fina camada de luz azul-escura — a nossa atmosfera. Sem dúvida, não era o "oceano" de ar de que me haviam falado tantas vezes na minha vida. Fiquei aterrorizado com a sua aparência frágil.

Ulf Merbold, astronauta alemão do ônibus espacial (1988)

Quando se olha para a Terra de alto de uma órbita, vê-se um mundo encantador e frágil incrustado no vácuo preto. Mas espiar um pedaço da Terra pela vigia de uma espaçonave não se compara à alegria de vê-la inteira contra o fundo preto ou, melhor, passando rapidamente pelo campo de visão de quem flutua no espaço sem o estorvo de uma nave espacial. O primeiro ser humano a ter essa experiência foi Alexei Leonov, que saiu da *Voskhod 2* para o primeiro "passeio" espacial em 18 de março de 1965: "Olhei para a Terra", recorda ele, "e o primeiro pensamento que me passou pela cabeça foi: 'O mundo é redondo, afinal de contas'. Num relance, eu podia ver de Gibraltar ao mar Cáspio [...]. Eu me sentia como um pássaro — com asas e capaz de voar".

Quando se vê a Terra de um ponto ainda mais distante, como fizeram os astronautas da *Apollo*, o seu tamanho visível encolhe, até restar apenas um pouco da geografia. Fica-se impressionado com a sua autossuficiência. Um átomo de hidrogênio vai embora de vez em quando; um rufo de poeira cometária aparece. Gerada na imensa e silenciosa usina termonuclear nas profundezas do interior solar, a luz do Sol se derrama em todas as direções, e a Terra intercepta o suficiente para criar um pouco de iluminação e o calor necessário aos nossos objetivos modestos. Afora isso, este pequeno mundo é autossuficiente.

Da superfície da Lua pode-se vê-la, talvez como crescente, e até seus continentes ficam então indistintos. E de um ponto de observação além do planeta mais afastado, é um mero ponto de luz pálida.

Da órbita da Terra, o que impressiona é o arco azul suave do horizonte — a atmosfera fina da Terra vista tangencialmente. Compreende-se então por que já não existe um problema ambiental local. As moléculas são estúpidas. Devido à sua ignorância insondável, os venenos industriais, os gases de estufa e as substâncias que atacam a camada protetora de ozônio não respeitam fronteiras. Eles se esquecem da noção de soberania nacional. E assim, graças aos poderes quase míticos de nossa tecnologia (e à predominância do pensamento de curto prazo), estamos começando — em escalas continentais e planetária — a criar um perigo para nós mesmos. Simplificando: para que esses problemas sejam resolvidos, muitas nações terão de agir de comum acordo durante muitos anos.

Mais uma vez me impressiona a ironia de que os voos espaciais —

concebidos no caldeirão das rivalidades e ódios nacionalistas — tragam consigo uma espantosa visão transnacional. Quando, mesmo por pouco tempo, se contempla a Terra do alto de uma órbita, até os nacionalismos mais profundamente arraigados começam a ser corroídos. Parecem brigas de insetos numa ameixa.

Se estamos presos a um mundo, estamos limitados a um único caso; não sabemos que alternativas são possíveis. Então — como um conhecedor de arte familiarizado apenas com pinturas da tumba de Fayoum, como um dentista que só sabe tratar de molares, como um filósofo que estudou apenas o neoplatonismo, como um linguista que somente conhece o chinês ou como um físico cujo conhecimento da gravitação se limitasse à queda dos corpos sobre a Terra — nossa perspectiva se encurta, nossas intuições ficam limitadas, nossas capacidades de previsão restritas. Ao contrário, quando exploramos outros mundos, o que antes parecia ser a única forma possível de um planeta revela-se na faixa média de um vasto espectro de possibilidades. Ao olhar para esses outros mundos, começamos a compreender o que acontece quando temos excesso de uma coisa ou carência de outra. Aprendemos como um planeta pode dar errado. Adquirimos uma nova compreensão, prevista pelo pioneiro do voo espacial Robert Goddard, chamada planetologia comparada.

A exploração de outros mundos abriu nossos olhos para o estudo dos vulcões, dos terremotos e do clima. Pode vir a ter profundas implicações para a biologia, porque toda a vida na Terra é construída sobre um plano mestre bioquímico comum. A descoberta de um único organismo extraterrestre — até mesmo ele algo tão humilde quanto uma bactéria — revolucionaria a nossa compreensão dos seres vivos. A conexão entre explorar outros mundos e proteger o nosso fica, porém, mais evidente no estudo do clima da Terra e na ameaça crescente que a nossa tecnologia representa para esse clima. Os outros mundos propiciam intuições vitais sobre as tolices que não devem ser feitas na Terra.

Três catástrofes ambientais potenciais — todas operando em escala global — foram recentemente descobertas: a diminuição da camada de ozônio, o aquecimento do efeito estufa e o inverno nuclear. Todas as três descobertas, como se veio a saber, têm fortes vínculos com a exploração dos planetas:

(1) Foi perturbador descobrir que um material inerte com todo tipo de aplicações práticas — serve como fluido operante em geladeiras e aparelhos de ar condicionado, como propelente em ampolas de aerossóis para desodorantes e outros produtos, como embalagem leve de isopor para comidas de preparo rápido e como agente de limpeza na microeletrônica, para mencionar apenas algumas — pode pôr em risco a vida sobre a Terra. Quem teria imaginado tal coisa?

As moléculas em questão são chamadas clorofluorcarbonos (CFCS). Quimicamente, são extremamente inertes, isto é, invulneráveis — até se encontrarem na camada de ozônio, onde são divididas pela luz ultravioleta do Sol. Os átomos do cloro, assim liberados, atacam e destroem o ozônio protetor, permitindo que uma quantidade maior de luz ultravioleta chegue até o solo. A intensificação da luz ultravioleta provoca uma sequência horrível de possíveis consequências que não só compreendem câncer de pele e catarata, mas também o enfraquecimento do sistema imunológico dos seres humanos e, o mais grave de todos os perigos, possíveis danos à agricultura e aos organismos fotossintéticos que estão na base da cadeia alimentar de que depende a maior parte da vida sobre a Terra.

Quem descobriu que os CFCS representavam uma ameaça à camada de ozônio? Foi o seu principal fabricante, a DuPont Corporation, assumindo a sua responsabilidade de corporação? Foi o órgão de Proteção Ambiental na sua função de nos proteger? Foi o Departamento de Defesa cumprindo o seu papel de nos defender? Não, foram dois cientistas universitários pesquisando outra coisa na torre de marfim de seus laboratórios — Sherwood Rowland e Mario Molina, da Universidade da Califórnia, Irvine. Uma universidade que nem sequer pertence à Ivy League. Ninguém mandou que estudassem os perigos para o meio ambiente. Dedicavam-se à pesquisa básica. Eram cientistas que seguiam seus próprios interesses. Seus nomes deveriam ser conhecidos por todos os colegiais.

Em seus cálculos originais, Rowland e Molina usaram constantes das taxas de reações químicas envolvendo cloro e outros halógenos, que tinham sido medidas em parte com o apoio da Nasa. Por que da Nasa? Porque Vênus tem moléculas de cloro e flúor em sua atmosfera, e os estudiosos da aeronomia queriam compreender o que acontecia por lá.

O trabalho teórico sobre o papel dos CFCS na diminuição da camada de ozônio foi logo confirmado por um grupo chefiado por Michael McElroy, em Harvard. Como é que eles tinham todas essas redes ramificadas de cinética química halógena em seus computadores, prontas para serem testadas? Porque estavam trabalhando sobre a química do cloro e do flúor na atmosfera de Vênus. Vênus ajudou a proporcionar e a confirmar a descoberta de que a camada de ozônio da Terra está em perigo. Uma conexão inteiramente inesperada foi encontrada entre as fotoquímicas atmosféricas dos dois planetas. Um resultado importante para todos os habitantes da Terra proveio do que poderia parecer a pesquisa menos realista, mais abstrata e menos prática: compreender a química de elementos secundários na atmosfera superior de um outro mundo.

Há também uma conexão com Marte. Com o auxílio da *Viking*, descobrimos que a superfície de Marte aparentemente não tem vida, sendo muito deficiente até em moléculas orgânicas simples. Mas as moléculas orgânicas simples *deveriam* estar presentes, por causa do impacto de meteoritos ricos em matéria orgânica do vizinho cinturão de asteroides. Essa deficiência é amplamente atribuída à falta de ozônio em Marte. As experiências de microbiologia realizadas pela *Viking* mostraram que a matéria orgânica transportada da Terra para Marte e borrifada sobre a poeira da superfície marciana é rapidamente oxidada e destruída. Os materiais na poeira que provocam essa destruição são moléculas parecidas com peróxido de hidrogênio, que usamos como antisséptico porque mata os micróbios, oxidando-os. A luz ultravioleta do Sol atinge a superfície de Marte sem encontrar o obstáculo de uma camada de ozônio; se ali *houvesse* alguma matéria orgânica, seria rapidamente destruída pela própria luz ultravioleta e por seus produtos oxidantes. Assim, parte da razão para as camadas superiores do solo marciano serem antissépticas é que Marte tem um buraco na camada de ozônio de dimensões planetárias — o que já é uma advertência útil para nós, que estamos diligentemente afinando e perfurando a nossa camada de ozônio.

(2) O aquecimento global é previsto como uma consequência do crescente efeito estufa causado, em grande parte, pelo dióxido de carbono gerado pela queima de combustíveis fósseis — mas também pela formação de outros gases que absorvem os raios infravermelhos (óxidos de nitrogê-

nio, metano, os próprios CFCS e outras moléculas). Vamos supor que possuímos um modelo computacional tridimensional de circulação geral para o clima da Terra. Seus programadores afirmam que ele é capaz de prever como será a Terra no caso de haver mais abundância de um elemento atmosférico ou menos de outro. O modelo funciona muito bem quando "prediz" o clima atual. Mas há uma preocupação que incomoda: o modelo foi "afinado" para dar certo, isto é, determinados parâmetros ajustáveis não são escolhidos segundo princípios fundamentais da física, mas para se conseguir a resposta correta. Não se trata, exatamente, de trapacear, mas se aplicarmos o mesmo modelo computacional a regimes climáticos bastante diferentes — a um profundo aquecimento global, por exemplo —, os ajustes talvez se mostrem inapropriados. O modelo poderia ser válido para o clima de hoje, mas não seria extrapolável para outros.

Um modo de testar esse programa é aplicá-lo aos climas muito diferentes dos outros planetas. É capaz de prever a estrutura da atmosfera de Marte e o clima do planeta? O tempo? E o que diz sobre Vênus? Se esses testes fracassassem, teríamos razão em desconfiar das previsões feitas para o nosso planeta. Na verdade, os modelos climáticos atualmente empregados funcionam muito bem quando preveem os climas em Vênus e Marte, com base nos princípios fundamentais da física.

Na Terra, enormes irrupções de lava fundida são conhecidas e atribuídas a superplumas em convecção a partir do manto profundo e geram vastos platôs de basalto solidificado. Um exemplo espetacular ocorreu há cerca de 100 milhões de anos. É possível que tenha acrescentado à atmosfera um volume de dióxido de carbono dez vezes maior que o atual, induzindo substancial aquecimento global. A opinião corrente é que essas plumas ocorrem episodicamente em toda a história da Terra. Irrupções semelhantes do manto profundo parecem ter ocorrido em Marte e Vênus. Há boas razões práticas para querermos compreender como uma mudança significativa na superfície e no clima da Terra poderia acontecer de repente, sem aviso prévio, vindo de centenas de quilômetros abaixo de nossos pés.

Parte dos trabalhos recentes mais importantes sobre aquecimento global foi realizada por James Hansen e seus colegas no Instituto Goddard para Ciências Espaciais, um departamento da Nasa na cidade de Nova York. Hansen desenvolveu um dos principais modelos computacionais climáticos e empregou-o para prever o que acontecerá com o nosso clima à medida que os gases de efeito estufa continuem a aumentar. Ele tem estado à frente dos testes desses modelos em antigos climas da Terra. (É interessante notar que, durante as últimas eras glaciais, uma quantidade maior de dióxido de carbono e metano está nitidamente relacionada com temperaturas mais elevadas.) Hansen reuniu uma ampla série de dados sobre o clima dos séculos XIX e XX, para ver o que realmente aconteceu com a temperatura global, e depois comparou-os com as previsões do que *deveria* ter acontecido segundo o modelo computacional. Houve concordância dos dados dentro da margem de erros de medição e cálculo, respectivamente. Corajosamente, ele depôs perante o Congresso, apesar de uma ordem política do Departamento de Administração e Orçamento da Casa Branca (isso se passou nos anos Reagan), no sentido de exagerar as incertezas e minimizar os perigos. Seu cálculo sobre a explosão do vulcão filipino monte Pinatubo e sua previsão do resultante declínio temporário da temperatura da Terra (cerca de meio grau centígrado) foram exatos. Ele tem exercido forte influência sobre governos de todo o mundo, procurando convencê-los de que o aquecimento global deve ser levado a sério.

Como foi que Hansen se interessou pelo efeito estufa em primeiro lugar? Sua tese de doutorado (na Universidade de Iowa, em 1967) versava sobre Vênus. Ele concordava que as altas radiações do brilho de Vênus se devem a uma superfície muito quente e que os gases de efeito estufa conservam o calor do planeta, mas propunha que a principal fonte de energia não era a luz solar e, sim, o calor do interior. Em 1978, a missão *Pioneer 12* deixou cair sondas de entrada na atmosfera de Vênus; elas demonstraram diretamente que a causa atuante era o efeito estufa comum — a superfície aquecida pelo Sol e o calor retido pelo cobertor de ar. Foi Vênus, portanto, que fez Hansen pensar sobre o efeito estufa.

O ponto de partida foi a observação dos radioastrônomos de que Vênus é uma fonte intensa de ondas de rádio. As outras explicações da emissão dessas cordas não se sustentam. A conclusão é de que a superfície deve ser extremamente quente. "Conta-se compreender a origem das altas temperaturas e acaba-se inexoravelmente com algum tipo de efeito estufa." Décadas mais tarde, descobre-se que esses estudos prepararam o caminho para compreender e ajudaram a prever uma ameaça inesperada à nossa civilização global. Sei de muitos outros exemplos de cientistas que estão fazendo descobertas importantes e muito práticas sobre o nosso planeta, depois de tentarem decifrar as atmosferas de outros mundos. Os outros planetas são um campo de aprendizado extraordinário para os estudiosos da Terra. Eles exigem largueza e profundidade de conhecimento, e desafiam a imaginação.

Aqueles que não acreditam no aquecimento do efeito estufa do dióxido de carbono fariam bem em observar o intenso efeito estufa em Vênus. Ninguém está propondo que o efeito estufa de Vênus provenha de venusianos imprudentes que queimavam carvão em demasia, dirigiam carros com baixo rendimento e derrubavam as suas florestas. Meu ponto é diferente. A história climatológica do planeta vizinho, um mundo sob outros aspectos semelhante à Terra, em que a superfície se tornou quente a ponto de fundir o estanho ou o chumbo, vale a pena ser considerada. Especialmente por aqueles que afirmam que o crescente efeito estufa sobre a Terra se corrigirá por si mesmo, que não temos, de fato, com que nos preocupar ou (pode-se encontrar esta afirmação nas publicações de alguns grupos que se denominam conservadores) que o próprio efeito estufa é uma "mistificação".

(3) O inverno nuclear é o escurecimento e esfriamento da Terra — devidos, principalmente, às finas partículas de fumaça injetadas na atmosfera pela queima de cidades e instalações de petróleo — que, segundo os vaticínios, deverá ser a consequência de uma guerra termonuclear global. Houve um vigoroso debate científico sobre qual seria exatamente a gravidade de um inverno nuclear. Chegou-se agora a um consenso. Os modelos computacionais tridimensionais da circulação geral preveem que as temperaturas globais resultantes de uma guerra termonuclear em todo o mundo seriam mais baixas que as das eras glaciais plistocenas. As implicações para a nossa civilização planetária, especialmente devido ao colapso da agricultura, são calamitosas. É uma consequência da guerra nuclear que foi, de certo modo, negligenciada pelas autoridades civis e militares dos Estados Unidos, da União Soviética, da Grã-Bretanha, da França e da China, quando decidiram acumular bem mais de 60 mil armas nucleares. Embora seja difícil ter certezas sobre o assunto, pode-se argumentar que a hipótese do inverno nuclear desempenhou um papel construtivo (houve outras razões, certamente) na tarefa de convencer as nações detentoras de armas nucleares, especialmente a União Soviética, da futilidade da guerra nuclear.

O inverno nuclear foi calculado e nomeado pela primeira vez em 1982-3 por um grupo de cinco cientistas, ao qual tenho a honra de pertencer. A equipe recebeu a sigla TTAPS (correspondente aos nomes de Richard P. Turco, Owen B. Toon, Thomas Ackerman, James Pollack e o meu). Dos cinco cientistas TTAPS, dois eram cientistas planetários e os outros três tinham publicado muitos artigos sobre ciência planetária. O primeiro indício de inverno nuclear surgiu durante a missão *Mariner 9* para Marte, quando houve uma tempestade de poeira global que nos impediu de ver a superfície do planeta; o espectrômetro infravermelho da nave espacial constatou que a atmosfera superior estava mais quente e a superfície mais fria do que deveriam. Jim Pollack e eu nos sentamos para calcular como isso poderia ser. Nos doze anos seguintes, essa linha de investigação nos levou das tempestades sobre Marte aos aerossóis vulcânicos da Terra, à possível extinção dos dinossauros pela poeira do impacto e ao inverno nuclear. Nunca sabemos até onde a ciência nos levará.

A ciência planetária fomenta um amplo ponto de vista interdisciplinar, extremamente útil para descobrir e tentar reduzir o perigo dessas ameaçadoras catástrofes ambientais. Quando se começa a conhecer os outros mundos, ganha-se uma perspectiva sobre a fragilidade dos meios ambientes planetários e sobre que outros meios ambientes, bem diversos, são possíveis. É plausível que haja catástrofes globais potenciais ainda por descobrir. Se se confirmarem, aposto que os cientistas planetários desempenharão um papel central na sua compreensão.

De todas as áreas da matemática, da tecnologia e da ciência, a que tem a maior cooperação internacional (o que fica evidente pela frequência com que os coautores de artigos de pesquisa são de duas ou mais nacionalidades) é a área chamada "a Terra e as ciências espaciais". O estudo deste mundo e de outros, pela sua própria natureza, tende a não ser local, nacionalista e chauvinista. É muito raro que as pessoas entrem nessa área *por serem* internacionalistas. Quase sempre o fazem por outras razões, e então descobrem que trabalhos maravilhosos, que complementam o seu, estão sendo realizados por pesquisadores de outras nações; ou que, para resolver um problema, precisam de dados ou de uma perspectiva (acesso ao céu do Sul, por exemplo) não disponíveis em seus países. E quando se vivencia essa cooperação — seres humanos, de diferentes partes do planeta, trabalhando, como parceiros, em questões de interesse comum, por meio de uma linguagem científica mutuamente inteligível —, é difícil não imaginar o mesmo acontecendo com outras questões não científicas. Considero esse aspecto da Terra e das ciências espaciais uma força unificadora e saneadora na política mundial; mas, benéfica ou não, ela é inevitável.

Quando avalio os fatos, a utilidade da exploração planetária parece-me superlativamente prática e urgente para nós, habitantes da Terra. Mesmo que a perspectiva de explorar outros mundos não nos despertasse o menor interesse, mesmo que não tivéssemos nem um nanograma de espírito aventureiro, mesmo que só nos preocupássemos conosco mesmos e da maneira mais limitada possível, ainda assim a exploração planetária constituiria um magnífico investimento.

15. Os portões do mundo maravilhoso se abrem

As grandes comportas do mundo maravilhoso se abriram.
Herman Melville, *Moby Dick,* capítulo 1 (1851)

Daqui a algum tempo, talvez em um futuro bem próximo, uma nação — mais provavelmente um consórcio de nações — dará o próximo passo importante da aventura humana no espaço. Conseguirá levá-lo a efeito contornando as burocracias e fazendo uso eficiente das tecnologias atuais. Precisará, talvez, de novas tecnologias que transcendam os grandes e pesadões foguetes químicos. As tripulações de suas naves pisarão em novos mundos. Em algum lugar do espaço, nascerá o primeiro bebê. Serão dados os primeiros passos para a vida fora da Terra. Seguiremos nosso caminho. E o futuro lembrará.

Excitante e majestoso, Marte é o mundo vizinho, o planeta mais próximo em que um astronauta ou cosmonauta poderia pousar com segurança. Embora tenha, às vezes, a temperatura de outubro na Nova Inglaterra, Marte é um lugar frio, tão frio que parte de sua fina atmosfera de dióxido de carbono se converte em gelo-seco no polo em que é inverno.

É o planeta mais próximo cuja superfície podemos ver com um pequeno telescópio. Em todo o Sistema Solar, é o mundo mais parecido com a Terra. Além de voos que passaram perto dele, houve apenas duas missões plenamente bem-sucedidas a Marte: *Mariner 9* em 1971 e *Viking 1* e *2* em 1976. Elas revelaram as fendas de um vale profundo que se estenderia de Nova York a San Francisco; imensas montanhas vulcânicas, a mais elevada a 24 mil metros acima da altitude média da superfície marciana, quase três vezes a altura do monte Everest; intricada estrutura de camadas, tanto nos gelos polares como entre eles, que lembra um monte de fichas de pôquer descartadas e constitui provável registro da mudança climática do passado; faixas brilhantes e escuras pintadas sobre a superfície com a poeira soprada pelo vento, fornecendo mapas dos ventos de alta velocidade de Marte durante as últimas décadas e séculos; vastas tempestades de poeira cingindo todo o globo; e enigmáticas configurações na superfície.

É possível encontrar centenas de canais sinuosos e redes de vales que datam de vários bilhões de anos, principalmente nos planaltos do Sul cheios de crateras. Eles sugerem uma época anterior de condições mais benignas e semelhantes às da Terra — muito diferentes das que descobrimos abaixo da tênue e frígida atmosfera de nosso tempo. Alguns canais antigos parecem ter sido escavados pela ação da chuva, outros por solapamento e colapso do subsolo, e ainda outros por grandes inundações que jorraram do solo. Os rios se derramavam nas grandes bacias de impacto de mil quilômetros de diâmetro, preenchendo de água um terreno que hoje é completamente seco. Cascatas que eclipsam qualquer uma das existentes na Terra caíam nos lagos de Marte antigo. Imensos oceanos, com profundidade de centenas de metros, talvez até de um quilômetro, podem ter banhado suavemente costas litorâneas que, hoje, são mal e mal discerníveis. *Esse* é que teria sido um mundo a ser explorado. Estamos 4 bilhões de anos atrasados.*

Na Terra, exatamente no mesmo período, surgiram e evoluíram os primeiros microrganismos. A vida na Terra tem uma conexão íntima, pe-

---

* Em alguns lugares, não obstante, como nos declives da elevação chamada Caldeira Alba, existem redes de vales com múltiplas ramificações que, por comparação, são muito jovens. De alguma forma, mesmo nos bilhões de anos mais recentes, a água líquida parece ter fluído aqui e ali, de tempos em tempos, pelos desertos de Marte.

las razões químicas mais básicas, com a água líquida. Nós, humanos, somos *feitos* de uns três quartos de água. Os mesmos tipos de moléculas orgânicas que caíram do céu e foram geradas no ar e nos mares da Terra antiga também deveriam ter se acumulado em Marte antigo. É plausível que a vida aparecesse rapidamente nas águas da Terra primitiva, mas ficasse de alguma forma restrita ou inibida nas águas do Marte primitivo? Ou será que os mares marcianos estariam cheios de vida — que flutuava, gerava, evoluía? Que animais estranhos nadavam outrora naqueles mares?

Qualquer que tenha sido o drama daqueles tempos remotos, tudo começou a dar errado há cerca de 3,8 bilhões de anos. Podemos ver que a erosão das crateras antigas começou a se tornar dramaticamente mais lenta por essa época. Quando a atmosfera se reduziu, quando os rios pararam de fluir, quando os oceanos começaram a secar, quando as temperaturas caíram abruptamente, a vida teria se retirado para os poucos hábitats apropriados que restavam, amontoando-se, talvez, no fundo de lagos cobertos de gelo, até que ela também desapareceu e os corpos mortos e os restos fósseis de organismos exóticos — formados, talvez, segundo princípios muito diferentes da vida na Terra — ficaram congelados, aguardando os exploradores que poderiam aportar em Marte em um futuro distante.

Meteoritos são fragmentos de outros mundos encontrados na Terra. A maioria decorre de colisões entre os inúmeros asteroides que giram ao redor do Sol entre as órbitas de Marte e Júpiter. Alguns, porém, são gerados quando um grande meteorito colide com um planeta ou asteroide em alta velocidade, abre uma cratera e impele o material escavado da superfície para o espaço. Uma fração muito pequena das rochas ejetadas pode bater em outro mundo milhões de anos mais tarde.

Nas terras desertas da Antártida, o gelo é manchado aqui e ali por meteoritos, preservados pelas baixas temperaturas e até recentemente intocados pelos seres humanos. Alguns deles, chamados meteoritos SNC (pronuncia-se "snick"),* têm um aspecto em princípio quase inacreditável:

---

* Abreviatura de Shergotty-Nakhla-Chassigny. É bastante compreensível que se use a sigla.

bem dentro de suas estruturas minerais e transparentes, isolado da influência contaminadora da atmosfera da Terra, um pouco de gás se acha preso. Quando o gás é analisado, descobre-se que tem exatamente a mesma composição química e as mesmas proporções isotópicas do ar em Marte. Temos informações sobre o ar marciano não apenas por inferência espectroscópica, mas por medição direta na superfície marciana, realizada pelas *Viking* que ali pousaram. Para surpresa de quase todo mundo, os meteoritos SNC vêm de Marte.

Originalmente, eram rochas que haviam se fundido e voltado a se solidificar. A datação radioativa de todos os meteoritos SNC mostra que suas rochas de origem eram lava condensada entre 180 milhões e 1,3 bilhão de anos atrás. Depois foram expelidas do planeta por colisões de corpos vindos do espaço. Pelo tempo em que estiveram expostas aos raios cósmicos em suas viagens interplanetárias entre Marte e a Terra, podemos saber a sua idade — há quanto tempo foram ejetadas de Marte. Nesse sentido, elas têm entre 10 milhões e 700 mil anos. São uma amostra de 0,1% dos tempos mais recentes da história marciana.

Alguns dos minerais que contêm evidenciam claramente terem estado outrora na água, água líquida quente. Esses minerais hidrotérmicos revelam que, de alguma forma, havia recentemente água líquida, talvez sobre todo o planeta Marte. É possível que tenha surgido quando o calor interior derreteu o gelo subterrâneo. Seja como for que tenha aparecido, é natural perguntar se a vida está inteiramente extinta, se de algum modo não conseguiu conservar-se até os nossos tempos em lagos subterrâneos transitórios ou até em finas películas de água que umedecem os grãos do subsolo.

Os geoquímicos Everett Gibson e Hal Karlsson, do Centro de Voos Espaciais Johnson da Nasa, extraíram uma gota de água de um dos meteoritos SNC. As proporções isotópicas dos átomos de oxigênio e hidrogênio que ela contém são, literalmente, sobrenaturais. Considero essa água de um outro mundo um estímulo para os futuros exploradores e colonizadores.

Imaginem o que não encontraríamos se um grande número de amostras, inclusive solo e rochas nunca fundidos, fosse trazido para a Terra de locais marcianos selecionados pelo seu interesse científico. Estamos prestes a realizar essa proeza com pequenos veículos robóticos.

O transporte de material subterrâneo de mundo para mundo levanta uma questão excitante: há 4 bilhões de anos, havia dois planetas vizinhos, ambos quentes, ambos úmidos. Nos estágios finais da formação desses planetas, impactos vindos do espaço ocorriam com uma frequência muito mais elevada do que hoje em dia. Amostras de cada um desses mundos eram arremessadas ao espaço. Temos certeza de que havia vida em pelo menos um deles nesse período. Sabemos que uma fração dos detritos ejetados se mantém inalterada durante os processos de impacto, ejeção e intercepção por um outro mundo. Assim, não poderiam alguns dos organismos primitivos da Terra ter sido transplantados em segurança para Marte há 4 bilhões de anos, dando origem à vida naquele planeta? Ou, o que é ainda mais hipotético, não poderia a vida ter surgido na Terra por uma transferência semelhante originária de Marte? Os dois planetas não poderiam ter trocado regularmente formas de vida durante centenas de milhões de anos? A ideia seria testável. Se descobríssemos vida em Marte e verificássemos que é muito semelhante à vida na Terra — e se também tivéssemos certeza de não se tratar de contaminação microbiana introduzida por nós mesmos no curso de nossas explorações —, a proposição de que a vida foi transferida há muito tempo pelo espaço interplanetário teria de ser levada a sério.

Já se pensou, em outras épocas, que a vida seria abundante em Marte. Até o severo e cético astrônomo Simon Newcomb (em seu *Astronomy for Everybody*, que teve muitas edições nas primeiras décadas do século XX e foi o texto de astronomia da minha infância) concluía: "Parece haver vida no planeta Marte. Há alguns anos, essa afirmação era tida como fantástica. Agora é comumente aceita". Não se trata de "vida humana inteligente", apressava-se ele a acrescentar, mas de plantas verdes. Entretanto, estivemos agora em Marte e procuramos as plantas, bem como os animais, os micróbios e os seres inteligentes. Mesmo que as outras formas estivessem ausentes, poderíamos ter esperado, como nos desertos da Terra hoje em dia, e como na Terra em quase toda a sua história, uma abundante vida microbiana.

As experiências de "detecção de vida" da *Viking* eram destinadas a perceber apenas certo subconjunto de biologias concebíveis: tendiam a encontrar o tipo de vida que conhecemos. Teria sido tolice mandar instrumentos que nem sequer podiam detectar a vida sobre a Terra. Eram refinadamente sensíveis, capazes de descobrir micróbios nos terrenos incultos e nos desertos mais áridos e menos promissores da Terra.

Uma experiência mediu os gases que foram trocados entre o solo marciano e a atmosfera marciana na presença de matéria orgânica da Terra. Outra levou ampla variedade de alimentos marcados por um elemento detector radioativo para ver se havia, no solo marciano, micróbios que comiam os alimentos, convertendo-os, por oxidação, em dióxido de carbono radioativo. Uma terceira experiência introduziu dióxido de carbono radioativo (e monóxido de carbono) no solo marciano para ver se parte dele era absorvida por micróbios marcianos. Para espanto inicial, acredito, de todos os cientistas envolvidos, as três experiências deram resultados que, em princípio, pareciam positivos. Gases foram trocados; a matéria orgânica foi oxidada; o dióxido de carbono foi incorporado ao solo.

Há, porém, motivos para cautela. De modo geral, não se considera que esses resultados provocadores sejam uma boa evidência de vida em Marte: os supostos processos metabólicos dos micróbios marcianos ocorreram em um leque muito amplo de condições dentro das naves *Viking* — ambiente úmido (com água líquida trazida da Terra) e seco, claro e escuro, frio (apenas um pouco acima do ponto de congelamento) a quente (quase o ponto normal de ebulição da água). Muitos microbiólogos julgam improvável que os micróbios marcianos fossem tão capazes em condições tão variadas. Outro forte motivo de ceticismo é que uma quarta experiência, para procurar substâncias químicas orgânicas no solo marciano, deu, uniformemente, resultados negativos, apesar do seu grau de sensibilidade. Esperamos que a vida em Marte, como na Terra, seja organizada em torno de moléculas baseadas em carbono. Não encontrar nenhuma dessas moléculas foi desanimador para os otimistas entre os exobiólogos.

No momento, os resultados aparentemente positivos das experiências de detecção da vida são, em geral, atribuídos a substâncias químicas que oxidam o solo, basicamente originárias da luz solar ultravioleta (conforme se discutiu no capítulo anterior). Alguns cientistas da *Viking* ainda se perguntam se não poderia haver organismos, extremamente vigorosos e competentes, disseminados de forma muito tênue sobre o solo marciano, de modo que sua química orgânica não pudesse ser descoberta, mas seus processos metabólicos fossem detectados. Esses cientistas não negam que oxidantes gerados pela luz ultravioleta estejam presentes no solo marciano, mas enfatizam que apenas os oxidantes não explicam perfeitamente os resultados das experiências de detecção da vida feitas pela *Viking*. Tentou-se alegar que haveria matéria orgânica nos meteoritos SNC, mas esses elementos parecem ser contaminadores que entraram no meteorito depois de sua chegada ao nosso mundo. Até o presente, não há afirmações de que existam micróbios marcianos nessas rochas vindas do céu.

Por parecer, talvez, uma concessão ao interesse público, os cientistas da Nasa e da maioria das *Viking* têm se mostrado muito reticentes em examinar a hipótese biológica. Mesmo atualmente, poderíamos fazer muito mais: revisar os dados antigos; examinar a Antártida e outros solos, que contêm poucos micróbios, com instrumentos semelhantes aos da *Viking*; simular, no laboratório, o papel dos oxidantes no solo marciano; e planejar experiências para elucidar essas questões — sem excluir a possibilidade de novas buscas de vida — com futuras naves que pousarão sobre Marte.

Na verdade, se várias experiências sensíveis, em dois lugares que estão a 5 mil quilômetros um do outro, num planeta marcado pelo fato de o vento transportar partículas finas por toda a superfície, não determinaram sinais inequívocos de vida, ao menos sugerem que Marte pode ser, hoje em dia, um planeta sem vida. Mas se Marte não contém vida, temos dois planetas com, virtualmente, a mesma idade e as mesmas condições primitivas, evoluindo lado a lado no mesmo Sistema Solar: a vida evolui e prolifera num deles, mas não no outro. Por quê?

Os restos químicos ou fósseis da vida marciana primitiva talvez ainda possam ser encontrados no subsolo, bem protegidos da radiação ultravioleta e de seus produtos oxidantes que, hoje, fritam a superfície. É possível que, na face de uma rocha exposta por desmoronamento, nas margens de um antigo vale fluvial ou de um leito seco de lago, ou no terreno polar laminado, esteja à nossa espera a evidência-chave de vida em outro planeta.

Apesar de sua ausência na superfície de Marte, as duas luas do planeta, Fobos e Deimos, parecem ser ricas em matéria orgânica complexa que remonta à história primitiva do Sistema Solar. A nave espacial soviética *Phobos 2* encontrou evidências de que vapor de água é expelido de Fobos, como se essa lua tivesse um interior glacial aquecido pela radioatividade.

As luas de Marte podem ter sido capturadas há muito tempo, tendo vindo de algum lugar do Sistema Solar exterior; é possível imaginar que estejam entre os exemplos mais próximos de material inalterado dos primeiros tempos do Sistema Solar. Fobos e Deimos são muito pequenas, cada uma tem um diâmetro de aproximadamente dez quilômetros; a gravidade que exercem é quase desprezível. Assim, é relativamente fácil marcar um encontro com elas, pousar sobre elas, examiná-las, usá-las como base de operações para estudar Marte e, depois, voltar para casa.

Marte nos chama, é um depósito de informações científicas. Importante em si mesmo, mas também pela luz que lança sobre o meio ambiente de nosso planeta. Há mistérios a serem resolvidos sobre o interior de Marte e seu modo de origem: a natureza dos vulcões num mundo sem tectônica de placas, as formas de relevo esculpidas num planeta com tempestades de areia jamais sonhadas na Terra, as geleiras e as formas de relevo polares, o escape de atmosferas planetárias e a captura de luas, para citar uma amostragem mais ou menos aleatória dos enigmas científicos. Se Marte teve outrora água líquida em abundância e um clima ameno, o que aconteceu de errado? Como foi que um mundo, semelhante à Terra, se tornou tão crestado, frígido e relativamente sem ar? Não existe algo nele que devemos saber sobre nosso próprio planeta?

Nós, seres humanos, já estivemos nessa estrada antes. Os antigos exploradores teriam compreendido o chamado de Marte. Mas a simples exploração científica não requer a presença humana. Podemos enviar robôs inteligentes. São muito mais baratos, não contestam, é possível enviá-los a locais muito mais perigosos e, com o risco sempre presente de um fracasso da missão, não se arriscam vidas humanas.

"Alguém me viu?", dizia a parte de trás da caixinha de leite. "*Mars Observer*, 6 × 4,5 × 3', 2500 kg. Último contato em 21/8/1993, a 627 mil km de Marte."

"*M. O.* telefone para casa" era a mensagem queixosa numa bandeira dependurada no lado de fora das Instalações da Operação da Missão no Laboratório de Propulsão a Jato, no final de agosto ele 1993. O fracasso da espaçonave norte-americana *Mars Observer*, pouco antes de ser colocada em órbita ao redor de Marte, foi um grande desapontamento. Em 26 anos, foi a primeira missão fracassada de uma espaçonave norte-americana lunar ou planetária após o seu lançamento. Muitos cientistas e engenheiros tinham dedicado uma década de suas vidas profissionais a *M. O.* Era a primeira missão norte-americana a Marte em dezessete anos, desde que duas naves *Viking* entraram em órbita ao redor do planeta e outras duas nele pousaram em 1976. Era também a primeira espaçonave após a Guerra Fria: cientistas russos fizeram parte de várias equipes investigadoras. *Mars Observer* deveria atuar como elo essencial de retransmissão de ondas de rádio para as naves que pousariam em Marte no que seria a missão russa *Mars'94*, bem como para uma ousada missão de balão e veículo de exploração marcada para *Mars'96*.

Os instrumentos científicos a bordo da *Mars Observer* teriam mapeado a geoquímica do planeta e preparado o caminho para futuras missões, orientando a escolha de locais de pouso. A nave poderia ter lançado nova luz sobre a grande mudança climática que parece ter ocorrido na história marciana primitiva. Teria fotografado parte da superfície de Marte com detalhes mais precisos que dois metros de diâmetro. É claro que não fazemos ideia das maravilhas que *Mars Observer* teria revelado. Mas toda vez que examinamos um mundo com novos instrumentos e de forma muito minuciosa, surge uma série deslumbrante de descobertas — exatamente como aconteceu quando Galileu virou o primeiro telescópio para os céus e inaugurou a era da astronomia moderna.

Segundo a Comissão de Inquérito, a provável causa do fracasso foi uma ruptura no tanque de combustível durante a pressurização, gases e líquidos espirrando para fora e a espaçonave avariada girando loucamente fora de controle. Talvez fosse evitável. É possível que tenha sido um acidente infeliz. Para examinar a questão dentro de uma óptica apropriada, vamos considerar toda a série de missões à Lua e aos planetas empreendidas pelos Estados Unidos e pela antiga União Soviética.

No começo, nosso desempenho deixava a desejar. Os veículos espaciais explodiam no lançamento, não acertavam o alvo ou paravam de funcionar quando lá chegavam. Com o tempo, melhoramos o nosso desempenho em voos interplanetários. Houve uma curva de aprendizado. Os números (baseados em dados da Nasa com as definições de missões bem-sucedidas fornecidas pela Nasa) mostram essas curvas. Aprendemos muito bem. Nossa atual capacidade de consertar espaçonaves em pleno voo é muito bem ilustrada pelas missões da *Voyager* já descritas.

Somente perto do 35º lançamento à Lua ou aos planetas, a taxa cumulativa de missões norte-americanas bem-sucedidas conseguiu chegar a 50%. Os russos levaram cerca de cinquenta lançamentos para atingir essa marca. Tirando a média do início vacilante e do melhor desempenho recente, descobrimos que tanto os Estados Unidos como a Rússia têm uma taxa cumulativa de *lançamentos* bem-sucedidos de, aproximadamente, 80%. A taxa cumulativa de *missões* bem-sucedidas, todavia, ainda está abaixo de 70% para os Estados Unidos e abaixo de 60% para a União Soviética/Rússia. De modo equivalente, as missões lunares e planetárias fracassaram, em média, 30% ou 40% das vezes.

Desde o início, as missões para os outros mundos sempre estiveram na vanguarda da tecnologia. Continuam na vanguarda hoje em dia. São projetadas com subsistemas redundantes e operadas por engenheiros dedicados e experientes, mas não são perfeitas. O espantoso não é que nosso desempenho tenha sido tão fraco e, sim, que tenha sido tão bom.

Não sabemos se *Mars Observer* fracassou devido à incompetência ou, apenas, à estatística. Mas é de esperar uma história frequente de missões fracassadas ao explorar outros mundos. As vidas humanas não correm risco quando se perde uma espaçonave robótica. Mesmo que pudéssemos melhorar significativamente a taxa de missões bem-sucedidas, o custo seria demasiado alto. É muito melhor assumir mais riscos e enviar mais naves espaciais.

Sabendo dos riscos irredutíveis, por que enviamos atualmente apenas uma nave espacial em cada missão? Em 1962, a *Mariner 1*, com destino a Vênus, caiu no Atlântico; a espaçonave *Mariner 2*, quase idêntica, tornou-se a primeira missão planetária bem-sucedida da espécie humana. A *Mariner 3* fracassou e a *Mariner 4*, sua gêmea, veio a ser a primeira astronave a fotografar Marte, em close-up, em 1964. Considere-se o duplo lançamento de *Mariner 8*/*Mariner 9* na missão para Marte de 1971. O objetivo da *Mariner 9* era estudar as enigmáticas mudanças sazonais e seculares das marcas da superfície. Em todos os outros aspectos, as naves espaciais eram idênticas. A *Mariner 8* caiu no oceano. A *Mariner 9* seguiu para Marte e tornou-se a primeira espaçonave na história humana a entrar em órbita ao redor de outro planeta. Descobriu os vulcões, o terreno laminado das calotas polares, os antigos vales de rio e a natureza eólica das mudanças da superfície. Refutou os "canais". Mapeou o planeta de polo a polo e revelou todas as principais configurações geológicas de Marte que conhecemos atualmente. Proporcionou as primeiras observações detalhadas de toda uma classe de pequenos mundos (focalizando as luas marcianas, Fobos e Deimos). Se tivéssemos lançado apenas a *Mariner 8*, o empreendimento teria sido um fracasso absoluto. Com o lançamento duplo, tornou-se um brilhante sucesso histórico.

Havia também duas *Viking*, duas *Voyager*, duas *Vega,* muitos pares de *Venera.* Por que enviamos apenas uma *Mars Observer*? A resposta-padrão é: custo. Parte da razão de seu custo ser tão alto é que foi planejado para ser lançado por um ônibus espacial, que é um propulsor auxiliar quase absurdamente caro para missões planetárias — neste caso, caro demais para dois lançamentos *M.O.* Depois de muitas demoras e aumentos de custo ligados ao ônibus espacial, a Nasa mudou de ideia e decidiu lançar *Mars Observer* num propulsor auxiliar *Titan.* Isso exigiu mais dois anos e um adaptador para que a nave espacial se ajustasse ao novo veículo de lançamento. Se a Nasa não tivesse insistido tanto em arrumar negócios para o ônibus espacial, cada vez menos econômico, poderíamos ter feito o lançamento alguns anos mais cedo e, talvez, com duas naves espaciais em vez de apenas uma.

Com lançamentos únicos ou em pares, no entanto, as nações que empreendem viagens espaciais decidiram claramente que já está na hora de voltar a enviar exploradores robóticos para Marte. Os planos das missões mudam; novas nações entram em campo; antigas nações acham que já não dispõem de recursos. Nem sempre se pode contar sequer com programas já financiados. Os planos atuais dão uma ideia da intensidade dos esforços e da profundidade da dedicação.

Enquanto escrevo este livro, os Estados Unidos, a Rússia, a França, a Alemanha, o Japão, a Áustria, a Finlândia, a Itália, o Canadá, a Agência Espacial Europeia e outras entidades ensaiam planos para uma exploração robótica coordenada de Marte. Nos sete anos entre 1996 e 2003, uma flotilha de umas 27 espaçonaves — a maioria relativamente pequena e barata

— deve ser enviada da Terra para Marte. Não realizarão voos rápidos pelo planeta; são todas missões de longa duração que entrarão em órbita ao redor do planeta ou nele pousarão. Os Estados Unidos vão reenviar todos os instrumentos científicos que se perderam com a *Mars Observer*. A nave espacial russa conterá experiências particularmente ambiciosas, que envolverão umas vinte nações. Satélites de comunicação permitirão estações experimentais em qualquer lugar de Marte, retransmitindo os seus dados para a Terra. Perfuradores caindo estridentemente da nave em órbita irão penetrar no solo marciano, transmitindo dados do subsolo. Balões instrumentados e laboratórios ambulantes vagarão pelas areias de Marte. Alguns microrrobôs não pesarão mais do que alguns quilos. Os locais de pouso estão sendo planejados e coordenados. Os instrumentos serão objeto de calibração cruzada. Os dados serão livremente trocados. Temos todas as razões para pensar que, nos próximos anos, Marte e seus mistérios se tornarão cada vez mais familiares para os habitantes do planeta Terra.

No centro de comando na Terra, numa sala especial, você está de capacete e luvas. Vira a cabeça para a esquerda e as câmeras, no veículo robótico em Marte, viram para a esquerda. Você vê, em alta resolução e em cores, o que as câmeras veem. Você dá um passo para a frente e o veículo avança. Você estende o braço para pegar algo brilhante no solo e o braço do robô imita o seu gesto. As areias de Marte escorrem pelos seus dedos. A única dificuldade com essa tecnologia de realidade remota é que tudo isso deve se passar em tediosa câmara lenta: a viagem de ida e volta dos comandos da Terra para Marte e dos dados transmitidos de Marte para a Terra pode levar meia hora ou mais. Mas isso é algo que podemos aprender a tolerar. Podemos aprender a conter a nossa impaciência exploratória, se esse é o preço de explorar Marte. Pode-se construir o veículo robótico com a inteligência necessária para lidar com eventualidades rotineiras. Se acontecer qualquer coisa mais desafiadora, ele para subitamente, coloca-se em salvaguarda e transmite o pedido para que um controlador humano muito paciente assuma o comando.

Vamos imaginar robôs inteligentes e locomotivos, cada um deles um pequeno laboratório científico, pousando nos lugares seguros, mas sem atrativos, e perambulando para ver, de perto, parte dessa profusão de maravilhas marcianas. Todo dia, o robô vaguearia talvez até seu próprio horizonte; a cada manhã, veríamos, de perto, o que ontem havia sido apenas uma elevação distante. A marcha prolongada de uma travessia pela paisagem marciana apareceria nos programas de notícias e nas salas de aula. As pessoas especulariam sobre o que seria encontrado. Os noticiários noturnos sobre um outro planeta, com suas revelações de novos terrenos e novas descobertas científicas, fariam todo mundo na Terra participar da aventura.

Depois temos a realidade virtual marciana: os dados enviados de Marte, armazenados num computador moderno, são introduzidos em seu capacete, luvas e botas. Você está caminhando numa sala vazia da Terra, mas tem a impressão de estar em Marte: céus cor-de-rosa, campos cheios de penedos, dunas de areia estendendo-se até o horizonte, onde se eleva um imenso vulcão; você escuta a areia sendo esmigalhada sob suas botas, revira as pedras, cava um buraco, prova o ar fino, vira para o lado e se vê frente a frente com... as novas descobertas que faremos em Marte, cópias exatas do que existe em Marte, e tudo experimentado na segurança de um salão de realidade virtual de sua cidade natal. Não é *por essa razão* que exploramos Marte, mas é claro que vamos precisar de exploradores robóticos para transmitir os dados da realidade real, antes de ela poder ser reconfigurada em realidade virtual.

Especialmente com o investimento constante em robótica e inteligência artificial, o envio de seres humanos a Marte não pode ser justificado apenas pela ciência. Em comparação com o número de pessoas que poderiam ser enviadas para o planeta real, é muito maior o das que podem vivenciar Marte virtual. Podemos realizar muitas coisas com os robôs. Para enviar pessoas, precisamos de razões melhores que a ciência e a exploração.

Nos anos 1980, julguei perceber uma justificativa coerente para as missões humanas em Marte. Imaginei os Estados Unidos e a União Soviética, os dois rivais da Guerra Fria que haviam colocado nossa civilização global em perigo, cooperando num empreendimento previdente de alta tecnologia que propiciaria esperança às pessoas de todo o mundo. Figurei uma espécie de programa *Apollo* às avessas, no qual a força impulsionadora seria a cooperação em vez da competição, no qual as duas nações, líderes na exploração do espaço, construiriam juntas os alicerces para um passo importante na história humana — a colonização definitiva de um outro planeta.

O simbolismo parecia funcionar muito bem. A mesma tecnologia que pode lançar armas apocalípticas de continente para continente nos tornaria capazes de empreender a primeira viagem humana para um outro planeta. Era uma opção de apropriada força mítica: abraçar o planeta que tem o nome do deus da guerra, em vez da loucura a ele atribuída.

Conseguimos despertar o interesse dos cientistas e engenheiros soviéticos para esse empreendimento conjunto. Roald Sagdeev, então diretor do Instituto para Pesquisa Espacial da Academia Soviética de Ciências em Moscou, já estava profundamente envolvido com a cooperação internacional nas missões robóticas soviéticas para Vênus, Marte e o Cometa de Halley, muito antes de a ideia entrar em voga. O projetado emprego em conjunto da estação espacial soviética *Mir* e do veículo de lançamento *Energyia,* da categoria de *Saturn V*, tornou a cooperação atraente para as organizações soviéticas que fabricavam essas peças de hardware; sem isso, elas teriam dificuldade em justificar suas mercadorias. Por meio de uma sequência de argumentos (sendo o principal deles uma forma de pôr fim à Guerra Fria), o então líder soviético Mikhail Gorbatchóv foi persuadido a aceitar a ideia. Durante a reunião de cúpula de dezembro de 1987 em Washington, o sr. Gorbatchóv — ao ser perguntado sobre qual seria a atividade conjunta mais importante capaz de simbolizar a mudança no relacionamento entre os dois países — respondeu sem hesitar: "Vamos juntos a Marte".

Mas o governo Reagan não estava interessado. Cooperar com os soviéticos, reconhecer que certas tecnologias soviéticas eram mais avançadas que as norte-americanas equivalentes, tornar parte da tecnologia norte-americana acessível aos soviéticos, dividir os créditos, fornecer uma alternativa para os fabricantes de armas — nada disso agradava ao governo. A oferta foi recusada. Marte teria de esperar.

Em apenas alguns anos, os tempos mudaram. A Guerra Fria acabou. A União Soviética já não existe. Os benefícios provenientes da cooperação das duas nações perderam parte de sua força. Outras nações — especialmente o Japão e os membros integrantes da Agência Espacial Europeia — tornaram-se viajantes interplanetários. Muitas demandas justas e urgentes são impostas aos orçamentos discricionários das nações.

Mas o propulsor de decolagem *Energyia*, de grande potência de empuxo, ainda aguarda uma missão. O foguete *Proton* é um "burro de carga" à disposição. A estação espacial *Mir* — com uma tripulação a bordo quase ininterruptamente — ainda gira ao redor da Terra a cada hora e meia. Apesar do turbilhão interno, o programa espacial russo continua com todo o vigor. A cooperação entre a Rússia e os Estados Unidos no espaço está se acelerando. Um cosmonauta russo, Sergei Krikalev, embarcou no ônibus espacial *Discovery* em 1994 (onde permaneceu uma semana, o tempo habitual das missões do ônibus espacial; Krikalev já havia passado 464 dias a bordo da estação espacial *Mir*). Astronautas norte-americanos vão visitar a *Mir*. Instrumentos norte-americanos — inclusive o que examina os oxidantes tidos como a causa da destruição das moléculas orgânicas no solo marciano — devem ser levados para Marte em veículos espaciais russos. O *Mars Observer* foi projetado para servir de estação retransmissora para as naves de missões russas que pousariam em Marte. Os russos ofereceram incluir um veículo orbital norte-americano numa futura missão de carga útil múltipla para Marte, a ser lançada pelo *Proton*.

Os conhecimentos norte-americanos e russos em ciência espacial e tecnologia se entrosam; eles se entrelaçam como dedos. Cada um é forte onde o outro é fraco. É um casamento feito nos céus — mas que tem sido surpreendentemente difícil de consumar.

Em 2 de setembro de 1993, o vice-presidente Al Gore e o primeiro-ministro Viktor Chernomyrdin firmaram, em Washington, um acordo de ampla e minuciosa cooperação. O governo Clinton deu ordens para que a Nasa faça um novo projeto da estação espacial norte-americana (chamada *Freedom* nos anos Reagan), de modo que ela entre na mesma órbita da *Mir* e possa ser acoplada à estação russa: módulos japoneses e europeus serão ligados à estação, bem como um braço robótico canadense. Os projetos agora se transformaram no que se chama Estação Espacial *Alpha*, envolvendo quase todas as nações que participam das viagens espaciais. (A China é a exceção mais marcante.)

Em troca da cooperação espacial norte-americana e de uma infusão de moeda forte, a Rússia concordou em suspender a venda de componentes de mísseis balísticos para as outras nações e em exercer, de modo geral, controles rigorosos na exportação de sua tecnologia de armas estratégicas.

Dessa forma, o espaço se torna mais uma vez, como no auge da Guerra Fria, um instrumento de política estratégica nacional.

No entanto, essa nova tendência tem inquietado profundamente parte da indústria aeroespacial norte-americana e alguns membros importantes do Congresso. Sem a competição internacional, é possível motivar empreendimentos tão ambiciosos? Todo emprego cooperativo de veículos de lançamento russos significa menos apoio para a indústria aeroespacial norte-americana? Os norte-americanos podem contar com apoio estável e perseverança nos projetos em conjunto com os russos? (É claro que os russos fazem perguntas semelhantes sobre os norte-americanos.) Programas cooperativos de longo prazo, no entanto, economizam dinheiro, empregam o extraordinário talento científico e técnico distribuído por todo o planeta e inspiram um futuro global. Pode haver flutuações nos compromissos nacionais. É provável tanto retroceder quanto avançar. Mas a tendência global é clara.

Apesar de dificuldades crescentes, os programas espaciais dos dois antigos adversários estão começando a se conjugar. É possível, agora, prever uma estação espacial mundial — não de qualquer uma das nações, mas do planeta Terra — a ser montada na inclinação 51° em relação ao equador e a algumas centenas de quilômetros de altura. Uma dramática missão conjunta, chamada "Fogo e Gelo", está em discussão: o envio de uma nave espacial veloz que passe perto de Plutão, o último planeta ainda não explorado, com o emprego do impulso gravitacional do Sol, durante o qual pequenas sondas entrariam realmente na atmosfera solar. E parecemos estar no limiar de um consórcio mundial para a exploração científica de Marte. A impressão geral é de que esses projetos serão realizados cooperativamente ou jamais se concretizarão.

Se existem razões válidas, econômicas em termos de custo/benefício, defensáveis de modo geral para que as pessoas se arrisquem até Marte, é uma questão em aberto. Não há certamente consenso. O problema é tratado no próximo capítulo.

Eu diria que, se não vamos enviar pessoas a mundos tão distantes quanto Marte, perdemos a principal razão de uma estação espacial — um posto humano em órbita ao redor da Terra, permanentemente (ou intermitentemente) ocupado. Uma estação espacial está longe de ser uma plataforma excelente para fazer ciência, quer para examinar a Terra, quer para investigar o espaço, quer para utilizar a microgravidade (a própria presença dos astronautas interfere negativamente). Para reconhecimento militar, ela é muito inferior às sondas espaciais robóticas. Não há aplicações econômicas ou industriais convincentes. É dispendiosa em comparação com as sondas robóticas. E, sem dúvida, corre-se o risco de perder vidas humanas. Todo lançamento de ônibus espacial para construir ou suprir uma estação espacial tem uma probabilidade de fracasso catastrófico estimada em 1% ou 2%. Atividades espaciais civis e militares anteriores espalharam pela órbita inferior da Terra entulhos velozes que, mais cedo ou mais tarde, vão colidir com uma estação espacial (até o momento, entretanto, a *Mir* não teve problemas dessa ordem). A estação espacial também não é necessária para a exploração humana da Lua. A *Apollo* conseguiu chegar até lá muito bem sem nenhuma estação espacial. Com dispositivos de lançamento da categoria de *Saturn V* e *Energyia*, talvez seja igualmente possível chegar a asteroides próximos da Terra ou até a Marte, sem ter de montar o veículo interplanetário numa estação espacial em órbita.

Uma estação espacial pode servir para fins inspiradores ou educacionais e, com certeza, pode ajudar a solidificar as relações entre as nações que exploram o espaço — especialmente os Estados Unidos e a Rússia. Mas a única função substantiva de uma estação espacial, que eu saiba, é a preparação para o voo espacial de longa duração. Como os seres humanos se comportam em microgravidade? Que medidas podemos tomar contra as mudanças progressivas na química do sangue e contra uma perda óssea estimada em 6% ao ano em gravidade zero? (Numa missão de três ou quatro anos a Marte, isso se tornará significativo se os viajantes tiverem de enfrentar gravidade zero.)

Essas não são questões de biologia básica como o DNA ou o processo evolutivo; trata-se de problemas de biologia humana aplicada. É importante saber as respostas, mas apenas se pretendemos ir a algum lugar muito distante no espaço e a viagem for muito longa. O único objetivo tangível e coerente de uma estação espacial são as futuras missões humanas a asteroides próximos da Terra, a Marte e mais além. Historicamente, a Nasa tem sido cautelosa em afirmar claramente essa verdade, talvez por medo de que os membros do Congresso desistam, desgostosos, de qualquer empreendimento, denunciem a estação espacial como o primeiro passo de realizações extremamente dispendiosas e declarem que o país ainda não está preparado para o compromisso de enviar pessoas a Marte. Na realidade, portanto, a Nasa tem silenciado sobre os verdadeiros objetivos da estação espacial. No entanto, se tivéssemos essa estação espacial, nada nos obrigaria a ir direto a Marte. Poderíamos usá-la para acumular e aperfeiçoar o conhecimento relevante e, nessa atividade, poderíamos levar o tempo que quiséssemos. O objetivo é ter os conhecimentos e a experiência necessários para realizar a viagem com segurança, quando soar a hora, quando estivermos prontos para voar rumo aos planetas.

O fracasso do *Mars Observer* e a perda catastrófica do ônibus espacial *Challenger*, em 1986, nos lembram que há certo risco irredutível de desastre nos futuros voos humanos a Marte e a outros lugares. A missão *Apollo 13*, que não conseguiu pousar na Lua e encontrou dificuldades para retornar a salvo para a Terra, sublinha a sorte que tivemos até agora. Não conseguimos até hoje fabricar carros e trens perfeitamente seguros, apesar de produzi-los há mais de um século. Centenas de milhares de anos depois de termos domesticado o fogo, toda cidade no mundo tem um corpo de bombeiros à espera de um incêndio que precisa ser apagado. Nas quatro viagens de Colombo ao Novo Mundo, ele perdeu naus à direita e à esquerda, inclusive um terço da pequena frota que partiu em 1492.

Enviar pessoas ao espaço exige uma razão muito boa, e a compreensão realista de que, é quase certo, vamos perder vidas. Os astronautas e os cosmonautas sempre compreenderam essa realidade. Ainda assim, nunca houve, nem vai haver falta de voluntários.

Mas por que Marte? Por que não voltar à Lua? Está próxima, e já provamos que sabemos enviar pessoas ao nosso satélite. Minha preocupação é de que a Lua, apesar de tão próxima, seja um longo desvio, se não um beco sem saída. Já estivemos lá. Até trouxemos amostras desse mundo. As pessoas viram as rochas lunares e, por razões que acredito serem basicamente sensatas, acharam a Lua muito aborrecida. É um mundo morto, estático, sem ar, sem água, coberto por um céu preto. Seu aspecto mais interessante talvez seja a superfície cheia de crateras, um registro de antigos impactos catastróficos, tanto na Terra como na Lua.

Ao contrário, Marte tem clima, tempestades de poeira, suas próprias luas, vulcões, calotas polares, formas de relevo peculiares, antigos vales de rio e evidências de uma grande mudança climática num mundo outrora semelhante à Terra. Contém alguma probabilidade de vida passada ou até quem sabe presente, e é o planeta mais adequado para a vida futura — seres humanos transplantados da Terra, vivendo em outro mundo. Nada disso vale para a Lua. Marte também possui sua própria história legível nas crateras. Se, em vez da Lua, Marte tivesse estado ao nosso alcance, não teríamos recuado no programa do voo espacial com tripulação humana.

A Lua também não é um canteiro de testes especialmente desejável, nem uma estação intermediária no caminho para Marte. Os meios ambientes lunar e marciano são muito diferentes, e a Lua está tão distante de Marte quanto da Terra. As máquinas para a exploração de Marte podem ser testadas, pelo menos com igual eficiência, em órbita ao redor da Terra, em asteroides próximos da Terra ou na própria Terra — na Antártida, por exemplo.

O Japão tende a ser cético quanto ao compromisso dos Estados Unidos e de outras nações com o planejamento e a execução de importantes projetos cooperativos no espaço. Esta é, pelo menos, uma das razões por que o Japão, mais que qualquer outra nação envolvida em viagens espaciais, tende a assumir sozinho seus empreendimentos. A Sociedade Lunar e Planetária do Japão é uma organização que representa entusiastas do espaço no governo, nas universidades e nas principais indústrias. Enquanto escrevo, a Sociedade está propondo construir e suprir uma base lunar só com mão de obra robótica. Diz-se que o projeto vai levar trinta anos e custar 1 bilhão de dólares por ano (o que representaria 7% do atual orçamento espacial civil norte-americano). Os seres humanos só apareceriam na base quando ela estivesse totalmente pronta. Afirma-se que o emprego de equipes de construção robóticas, atuando sob comandos de rádio da Terra, deverá tornar o custo dez vezes mais barato. O único problema com esse plano, segundo os comunicados, é que outros cientistas no Japão continuam a perguntar: "Para que serve tudo isso?". Essa é uma boa pergunta em todas as nações.

No presente, é provável que a primeira missão humana a Marte seja dispendiosa demais para que uma nação a realize sozinha. Nem seria apropriado que um passo histórico desse seja dado por representantes de apenas uma pequena fração da espécie humana. Uma aventura cooperativa entre os Estados Unidos, a Rússia, o Japão, a Agência Espacial Europeia — e, talvez, outras nações, como a China — pode ser, no entanto, realizável em um futuro não muito distante. A estação espacial internacional terá testado nossa capacidade de trabalhar juntos em grandes projetos de engenharia no espaço.

O custo de enviar um quilograma de qualquer coisa a uma distância não maior que uma órbita inferior da Terra é hoje quase o mesmo de um quilograma de ouro. Esta é, sem dúvida, uma razão importante de ainda não termos percorrido as antigas costas litorâneas de Marte. Os foguetes químicos de múltiplos estágios nos levaram pela primeira vez ao espaço, e os temos usado desde então. Tentamos aperfeiçoá-los, torná-los mais seguros, mais confiáveis, mais simples, mais baratos. Não o temos conseguido, porém; ou, pelo menos, não tão rapidamente quanto muitos esperavam.

Assim, talvez haja um meio melhor: foguetes de único estágio, capazes de colocar suas cargas diretamente em órbita; quem sabe muitas cargas pequenas disparadas por canhões ou lançadas por foguetes de aviões; ou, ainda, jatos-êmbolos supersônicos. É possível que haja algum meio muito melhor em que ainda não pensamos. Se pudéssemos fabricar propulsores para o retorno, com o ar e o solo de nosso mundo de destino, a dificuldade da viagem diminuiria bastante.

Uma vez no espaço, aventurando-nos rumo aos planetas, a balística de foguetes não é necessariamente o melhor meio de fazer circular grandes cargas úteis, mesmo com impulsos gravitacionais. Hoje, depois da ignição inicial dos foguetes, fazemos correções no meio da trajetória, mas prosseguimos já sem força propulsora pelo resto do caminho. Há, porém, sistemas de propulsão nuclear/elétrica e iônica promissores, com os quais se pode exercer uma pequena e constante aceleração. Ou, como o pioneiro russo do espaço Konstantin Tsiolkovsky prefigurou, poderíamos empregar velas solares — películas imensas, mas muito finas, que captam a luz e o vento solares, uma caravela com quilômetros de largura navegando o espaço vazio entre os mundos. Especialmente para viagens a Marte e mais além, esses métodos sãos melhores que foguetes.

Como acontece com a maioria das tecnologias, quando alguma coisa

A Terra: um pálido ponto azul num raio de sol. Fotografada pela *Voyager 1* de uma posição além da órbita de Netuno.

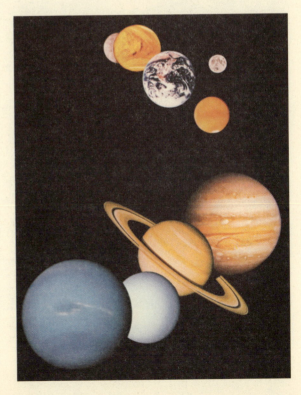

Nesta montagem de imagens coletadas por diversas espaçonaves, vemos os planetas, de cima a baixo, em ordem crescente de distância em relação ao Sol: Mercúrio, Vênus, Terra, Marte, Júpiter, Saturno, Urano e Netuno. Ao fundo, no canto superior direito, a Lua.

A posição da Terra e do Sol (e de muitas das estrelas em nosso céu noturno), assim como são vistos de um ponto de observação fora da Via Láctea.

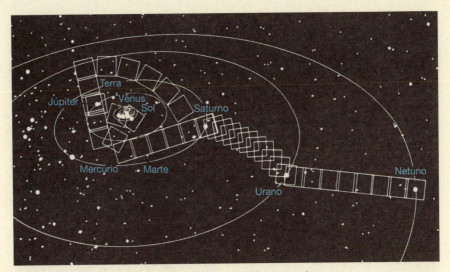

Posição dos planetas contra o fundo das estrelas mais distantes no momento em que a *Voyager 1* tirou o retrato de família do Sistema Solar. O Sol e os planetas interiores até Marte estão compactamente agrupados à esquerda do centro. As quatro órbitas exteriores são de Júpiter, Urano e Netuno. Os quadrados mostram as posições dos quadros de imagem da nave espacial dispostos sobre o céu. Esta visão só foi possível porque a *Voyager 1* estava muito acima do plano da eclíptica onde os planetas giram ao redor do Sol. A Terra é vista como um elemento da fotografia, mas Júpiter (e Saturno com seus anéis) é maior do que um simples ponto.

A Terra inteira fotografada durante a missão *Apollo 17*.

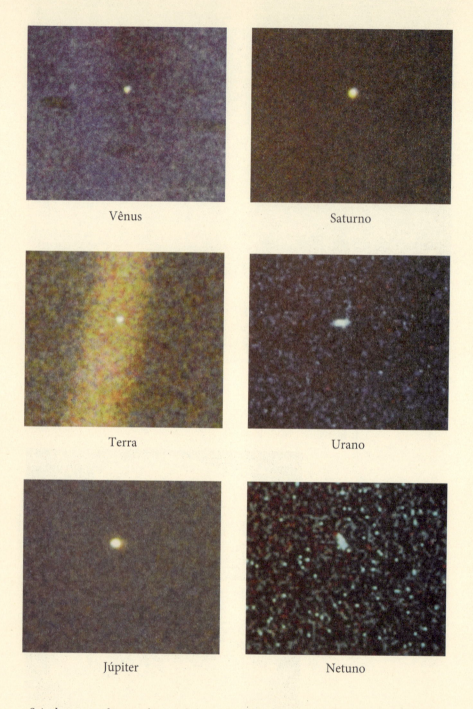

Seis dos nove planetas fotografados pela *Voyager 1*, em 14 de fevereiro de 1990, de um ponto além das órbitas de Netuno e Plutão.

As estrelas nascem e se põem ao nosso redor, estimulando a convicção de que a Terra está no centro do Universo. Nesta foto, vê-se o centro da Via Láctea na constelação de Sagitário. Toda estrela é um sol. Existem cerca de 400 bilhões de estrelas na Via Láctea.

Um close de Eta Carinae antes que a civilização surgisse na Terra — vista pelo Telescópio Espacial Hubble. Duas imensas nuvens de poeira de estrelas foram expelidas, uma (à esq.) movendo-se aproximadamente em nossa direção e a outra (acima, à dir.) afastando-se. Cenas de violência cósmica são um elemento básico da astronomia moderna.

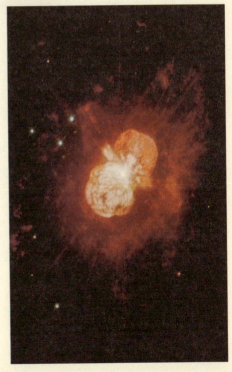

Um sinal da riqueza assombrosa da Via Láctea. Na imagem original talvez existam 10 mil estrelas nesta foto, um número considerável, mas que constitui apenas 1/10000000 do número de estrelas na galáxia. A nebulosa ardendo em gás de hidrogênio acima, à esq., é a M17.

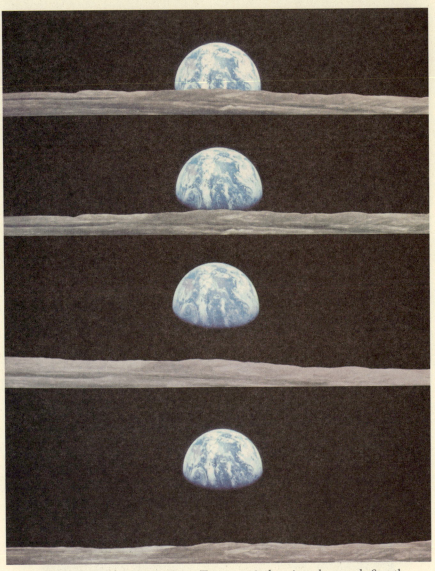

Uma mudança de perspectiva: a Terra surgindo acima do mar de Smyth, antiga depressão causada por uma colisão sobre a Lua, em fotos da *Apollo 11*. Se vivêssemos na Lua, será que a consideraríamos o centro do Universo — com a Terra nos rendendo homenagens ao se levantar e se pôr?

Ordem na natureza. A regularidade requintada dos sistemas de anéis planetários (acima) ou as galáxias em espiral (abaixo) indicam intervenção direta de uma divindade que considera a ordem uma virtude? (Saturno, iluminado por trás, visto pela *Voyager 2* depois que a nave o ultrapassou em sua trajetória para Urano.)

Messier 100, no aglomerado de Virgem de galáxias, a cerca de 62 milhões de anos-luz.

A Terra vista pela *Galileo*, fotografada em comprimentos de onda especialmente selecionados nas gradações extremas do vermelho e infravermelho, e composta em imagens coloridas artificialmente. O oxigênio no ar é indicado em azul. Parece haver mais oxigênio perto dos polos, porque nossos olhos percorrem uma trajetória mais oblíqua pela atmosfera, quando olhamos para os polos. O vapor de água é indicado em magenta e está associado com as nuvens. Os minerais silicatos comuns são indicados em cinza. Mas os continentes desse planeta estão tingidos por um pigmento que nesta composição colorida artificialmente é indicado em laranja. Nenhum outro planeta no Sistema Solar apresenta esse pigmento. Na realidade, trata-se da clorofila, uma clara indicação de que existe vida sobre a Terra. A partir do alto, à esq., as imagens se concentram na América do Sul; no Pacífico Central; na Austrália e na Indonésia; e na África. Em seu voo de passagem pela Terra em dezembro de 1990, o ponto mais próximo que a *Galileo* cruzou (apenas novecentos quilômetros) foi sobre a Austrália e a Antártida.

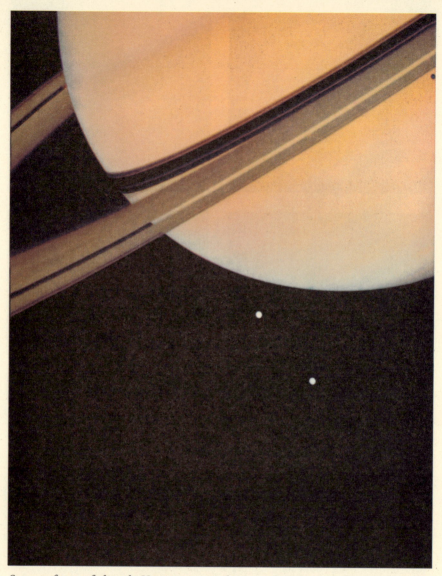

Saturno fotografado pela *Voyager 1* em 3 de novembro de 1980, de uma distância de 13 milhões de quilômetros (8 milhões de milhas). A principal lacuna nos anéis é chamada Divisão Cassini, em homenagem a J. D. Cassini, astrônomo ítalo-francês do século XVII. As duas luas de Saturno da imagem são Tétis (acima) e Dione (abaixo). Sombras dos anéis de Saturno e da lua Tétis são lançadas sobre as nuvens de Saturno.

Desenhos requintados de nuvem sobre Júpiter vistos pela *Voyager*.

Nesta imagem da *Voyager*, vemos os muitos anéis de Saturno em cor artificial bastante exagerada, com a Terra inserida como escala para fins de comparação.

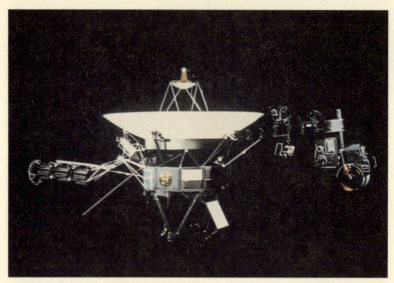

A nave espacial *Voyager*. A plataforma de varredura que contém as câmeras e os espectrômetros está à extrema esquerda. Os detectores de campos e partículas se encontram nas outras várias saliências. A antena para radiotransmitir os dados para a Terra e receber os nossos comandos aparece no alto, branca e em forma de disco. Os computadores, gravadores, mecanismos de controle térmico e outros instrumentos estão na estrutura octogonal no meio da nave, e numa de suas faces está o Registro Interestelar da *Voyager*.

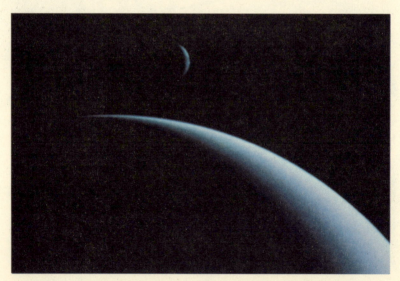

A foto do último encontro. A *Voyager 2*, a caminho das estrelas, fotografa Netuno e sua extraordinária lua Tritão, ambos como crescentes finas.

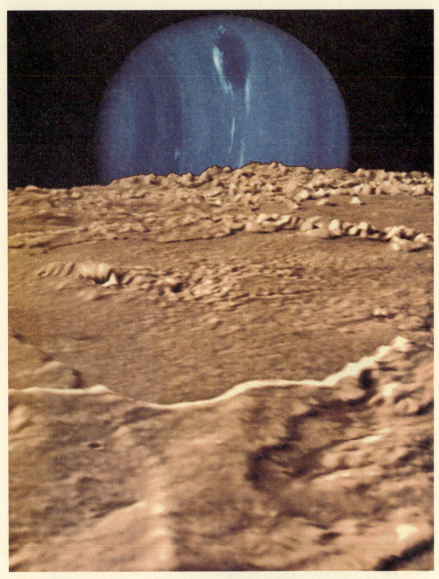
Netuno visto de um ponto logo acima da superfície de sua lua Tritão. As configurações das nuvens na atmosfera de Netuno estão se movendo, nesta fotomontagem da *Voyager*, de cima para baixo.

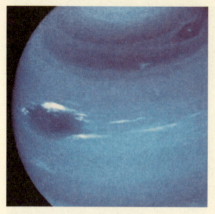 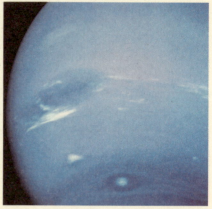

Close de Netuno. As três principais configurações das nuvens, à dir., de cima para baixo, foram apelidadas "a Grande Mancha Escura", "o Patinete" e (a com um núcleo brilhante) "Mancha Escura 2". Elas giram em velocidades diferentes, o que explica por que o Patinete está presente na imagem à dir., mas não se encontra na da esq. Estão todas se movendo de oeste para leste. Estamos vendo as nuvens que ficam no cimo de uma atmosfera profunda. Muito abaixo existe em um núcleo rochoso.

Tritão revelada pela *Voyager*. Este fotomosaico merece um exame cuidadoso. Nos lugares em que as crateras são raras, a superfície, como a da Terra, deve ser jovem — isto é, as crateras foram preenchidas ou cobertas por algum processo. Nesse mundo, imagina-se que o processo sejam oceanos de metano ou nitrogênio que recongelaram, além da cobertura sazonal das neves de nitrogênio e metano. No alto, note-se a profusão de faixas escuras, todas sopradas pelos ventos de oeste para leste. Há muita coisa nesta imagem que ainda não se compreende muito bem.

Diagrama esquemático do Cinturão de Cometas de Kuiper: julga-se que milhões de pequenos mundos glaciais giram em torno do Sol pouco além de Netuno e Plutão. As órbitas de Júpiter, Saturno, Urano e Netuno são indicadas em violeta, a órbita de Plutão, em verde. A órbita de Plutão é enviesada em relação às órbitas de outros planetas (e você entende por que Plutão às vezes não é o planeta mais afastado do Sol). Muito além dos planetas e muito além do Cinturão de Kuiper está um enorme conjunto esférico de mundos glaciais que giram ao redor do Sol, a Nuvem de Cometas de Oort.

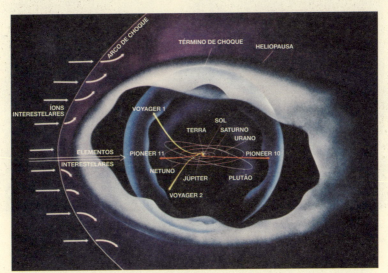

Diagrama do Sistema Solar incrustado no vento solar: a atmosfera prolongada do Sol que sopra até o espaço interestelar. Quatro naves espaciais operacionais estão saindo velozmente do Sistema Solar e têm chances de detectar a fronteira entre o vento do Sol e o vento das estrelas antes que acabe sua energia: *Pioneers 10* e *11*, indicadas por setas amarelas. As *Voyager* estão se deslocando com maior velocidade e conservarão por mais tempo a potência do transmissor.

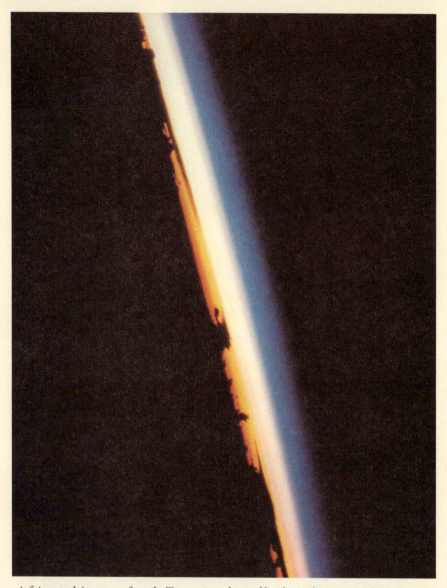
A faixa azul é a atmosfera da Terra vista de perfil pelo ônibus espacial *Discovery*, na Missão 41-D, perto da costa do Rio de Janeiro, Brasil. É a hora do pôr do sol. Cúmulos de trovoada podem ser vistos entrando na estratosfera. Mais além da faixa azul está a escuridão do espaço.

A primeira foto colorida tirada da superfície de Marte mostrava erroneamente um céu azul terrestre. Depois de se calibrar corretamente a cor das câmeras da nave espacial, revelou-se um céu muito mais vermelho.

Os céus de quatro planetas terreais — Mercúrio, Vênus, Terra e Marte — retratados pelo artista Don Davis.

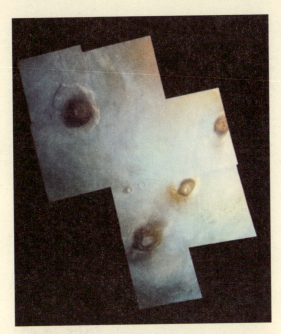

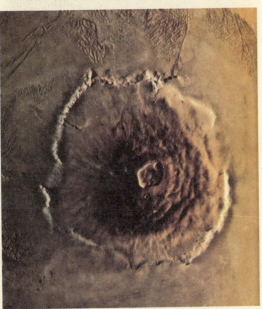

Acima, os vulcões do planalto Tharsis de Marte. Abaixo, Olympus Mons, a maior estrutura vulcânica no Sistema Solar. Fotomosaico a partir de dados da *Viking*. Os cumes desses quatro vulcões com suas caldeiras eram a única parte da superfície de Marte que a nave espacial *Mariner 9* conseguia divisar no auge da tempestade de poeira de 1971.

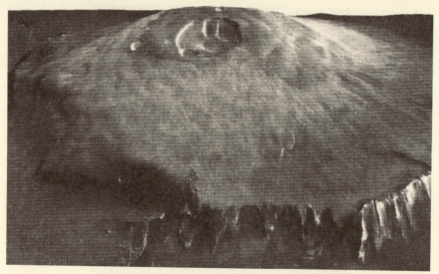

Visão oblíqua de Olympus Mons, reconstruído a partir de dados da *Viking*. A escassez de crateras de impacto dessa grande montanha indica a sua relativa juventude.

Os dados da *Magellon* reconstituem as cordilheiras que foram subsequentemente inundadas por lava do planalto Ovda Regio de Vênus. O relevo vertical foi exagerado 22,5 vezes para fins de clareza.

O astronauta Charles Duke, da *Apollo 16*, posa na superfície da Lua. O fotógrafo aparece refletido em seu visor. O Rover está estacionado na orla da cratera de impacto, à esq. Entre as muitas crateras pequenas em primeiro plano está a pegada de um astronauta.

Uma paisagem lunar.

Um ser humano em órbita ao redor da Terra divisa o planeta doméstico com a sua "fina camada de luz azul-escura". O astronauta Bruce McCandless em sua Unidade de Manobra Tripulada (MMU), em fevereiro de 1984, em fotografia tirada do ônibus espacial *Challenger*.

Neste fotomosaico da *Viking*, destaca-se o grande *rift valley* de 5 mil quilômetros de comprimento, chamado vale Marineris, em homenagem à nave espacial *Mariner 9*, que revelou, pela primeira vez, o planeta Marte moderno. A oeste do vale, vê-se um dos vulcões de plataforma (tipo Havaí) no planalto Elysium.

Uma gota de água marciana, extraída de um meteorito SNC.

O módulo lunar da *Apollo 11* elevando-se da superfície lunar.

Uma pegada sobre a Lua. Se não for perturbado por visitantes, esse sinal das expedições *Apollo* durará 1 milhão de anos ou mais.

A *Viking 1* em Marte. A estrutura alta, à dir., é a haste que sustenta a antena de longo alcance que transmitiu os dados para a Terra e recebeu os comandos de nosso planeta.

Os anéis de Saturno são mais finos, em relação à sua largura, que a folha de papel em que estas palavras estão impressas. Se víssemos os anéis exatamente de perfil, eles quase desapareceriam. Imagem da *Voyager* com as cores intensificadas.

Detalhe intrincado entre as centenas de anéis ao redor de Saturno, em imagem da *Voyager*. Uma história de catástrofes passadas está neles inscrita.

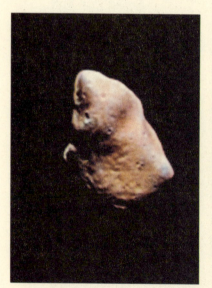 

Imagem obtida pela *Galileo* do asteroide Gaspra 951 do Cinturão, visitado durante a longa e arqueada trajetória da *Galileo* a Júpiter. Gaspra comparado com o sistema de autoestradas de Los Angeles.

Duas visões do núcleo do Cometa de Halley. O núcleo é muito escuro e coberto de matéria orgânica. Jatos de vapor de água e partículas finas jorram de sua superfície, onde serão convertidos, pela pressão da luz solar, numa cauda magnífica. O Cometa de Halley também possui cerca de dez quilômetros de diâmetro, o tamanho do corpo impactante do período cretáceo na era terciária. Imagens da Câmera Multicolorida de Halley, a bordo da espaçonave *Giotto* da Agência Espacial Europeia.

O que parece um olho contundido é a descoloração nas nuvens de Júpiter, produzida pelo fragmento G do Cometa Shoemaker-Levy 9 em 18 de julho de 1994. A oval maior e muito escura tem quase o tamanho da Terra. É rodeada por uma onda sonora que está espalhando, por fora da qual se vê uma descoloração mais desmaiada. A mancha escura enorme é a cicatriz do impacto do fragmento D. Esta imagem, feita pelo Telescópio Hubble, é útil por nos lembrar que um cometa ou asteroide de alguns quilômetros pode gerar escombros sobre uma área do tamanho da Terra.

A área de estrelas no Cruzeiro do Sul.

O melhor retrato da galáxia da Via Láctea, segundo o estágio de conhecimento atual. Esta é a visão que temos a partir de um ponto a quase 60 mil anos-luz do centro galáctico e cerca de 10 mil anos-luz acima do plano da galáxia. Estamos tão longe que apenas as estrelas e as nebulosas mais brilhantes podem ser percebidas. O Sol está na periferia do braço da espiral de Sagitário — no centro do quadro e a meio caminho entre o centro galáctico e a parte inferior da figura.

No céu noturno de um planeta GNM, a Via Láctea se levanta.

Uma anã marrom, uma estrela hipotética muito fria que alguns astrônomos acham que pode ser abundante no espaço interestelar. Temperaturas semelhantes às da Terra prevaleceriam na superfície de algumas delas.

M31, a grande galáxia na constelação de Andrômeda (com uma de suas galáxias satélites), vista através das estrelas da Via Láctea em primeiro plano. M31 está a uns 2,2 milhões de anos-luz.

A peculiar galáxia elíptica Centauro A, a 14 milhões de anos-luz. Cortesia do Observatório Anglo-Australiano.

NCG 3628, uma galáxia em espiral vista de perfil.

funciona precariamente, quando é a primeira de sua espécie, há uma tendência natural de aperfeiçoá-la, desenvolvê-la, explorá-la. Logo o investimento institucional na tecnologia original, por mais falha que seja, é tão grande que se torna muito difícil passar para algo melhor. A Nasa quase não tem recursos para desenvolver tecnologias alternativas de propulsão. Esse dinheiro teria de sair de missões de curto prazo, missões que poderiam dar resultados concretos e melhorar a crônica de sucessos da Nasa. Gastar dinheiro com tecnologias alternativas é algo que compensa em uma ou duas décadas no futuro. Nossa tendência é ter muito pouco interesse pelo que vai acontecer daqui a uma ou duas décadas. Por essas e por outras, o sucesso inicial pode plantar as sementes do fracasso definitivo; é algo muito semelhante ao que, às vezes, acontece na evolução biológica. Mais cedo ou mais tarde, porém, uma das nações — talvez alguma que não invista de forma maciça em tecnologias marginalmente eficientes — desenvolve alternativas eficazes.

Mesmo antes disso, se tomarmos uma trilha cooperativa, vai chegar a hora — quem sabe na primeira década do novo século e do novo milênio — de uma espaçonave interplanetária ser montada em órbita ao redor da Terra, todo o processo sendo apresentado no noticiário noturno. Flutuando como insetos, os astronautas e cosmonautas vão orientar e casar as peças pré-fabricadas. Por fim, a nave, testada e pronta, será ocupada por sua tripulação internacional e impulsionada até atingir a velocidade de escape. Durante toda a viagem de ida e volta a Marte, os membros da tripulação vão depender uns dos outros para sobreviver, um microcosmo de nossas circunstâncias reais aqui na Terra. A primeira missão interplanetária conjunta e com tripulação humana talvez apenas passe por Marte ou entre em órbita ao redor do planeta. Antes disso, veículos robóticos, com aerofrenagem, paraquedas e retrofoguetes, terão pousado suavemente sobre a superfície marciana para coletar amostras e levá-las para a Terra, bem como para instalar suprimentos para os futuros exploradores. Tenhamos ou não razões coerentes e imperiosas, no entanto, tenho certeza — a menos que nos destruamos antes — de que chegará o momento em que os seres humanos pisarão em Marte. É apenas uma questão de tempo.

Segundo o tratado solene firmado entre Washington e Moscou em 27 de janeiro de 1967, nenhuma nação pode reivindicar parte ou toda a extensão de um outro planeta. Ainda assim — por razões históricas que Colombo teria compreendido muito bem —, algumas pessoas se perguntam, preocupadas, quem pisará primeiro em Marte. Se isso realmente nos preocupa, podemos cuidar para que os tornozelos dos membros da tripulação estejam atados, quando eles pousarem na suave gravidade marciana.

As tripulações colheriam novas amostras, previamente separadas, em parte à procura de vida, em parte tentando compreender o passado e o futuro de Marte e da Terra. Pensando nas futuras expedições, experimentariam extrair água, oxigênio e hidrogênio das rochas, do ar e da camada subterrânea de gelo permanente para terem o que beber, o que respirar, com que mover suas máquinas e o que empregar, como oxidante e combustível de foguete, para propelir na nave da viagem de volta. Testariam os materiais marcianos para a fabricação subsequente de bases e instalações em Marte.

E iriam explorar. Quando imagino as primeiras explorações humanas de Marte, vejo sempre um veículo, meio parecido com um jipe, descendo por uma das redes de vales, a tripulação com martelos geológicos, câmeras e instrumentos analíticos à mão, procurando rochas de eras passadas, sinais de antigos cataclismos, indícios de mudança climática, químicas estranhas, fósseis ou — o mais emocionante e o mais improvável — algo vivo. Suas descobertas são televisionadas para a Terra à velocidade da luz. Aconchegado na cama com as crianças, você explora os antigos leitos dos rios em Marte.

16. Escalando o céu

Quem, meu amigo, pode escalar o céu?
A épica de Gilgamesh
(Suméria, terceiro milênio a.C.)

O quê? — às vezes, me pergunto com espanto. Nossos antepassados caminharam da África Oriental até Novaya Zemlya, Ayers Rock e a Patagônia, caçaram elefantes com pontas de lanças feitas de pedra, atravessaram os mares polares em barcos abertos há 7 mil anos, circum-navegaram a Terra propelidos apenas pelo vento, pisaram na Lua uma década depois de entrarem no espaço — e nós ficamos intimidados com uma viagem a Marte? Lembro-me, então, do sofrimento evitável sobre a Terra, de como alguns dólares podem salvar a vida de uma criança que está morrendo de desidratação, de quantas crianças poderíamos salvar com o dinheiro necessário para uma viagem a Marte e, por enquanto, mudo de ideia. É desonroso ficar em casa ou é desonroso partir? Ou estou propondo uma falsa dicotomia? Não será possível propiciar uma vida melhor para todos sobre a Terra e partir rumo aos planetas e às estrelas?

Tivemos um período expansivo nos anos 1960 e 1970. Era possível pensar, como pensei naquela época, que a nossa espécie estaria em Marte antes do fim do século. Mas, ao contrário, nos recolhemos. Robôs à parte, recuamos no programa de viagens aos planetas e às estrelas. Continuo a me perguntar: falta de coragem ou sinal de maturidade?

É possível que fosse o máximo que poderíamos, razoavelmente, ter esperado alcançar. De certo modo, é espantoso que tenha sido possível: enviamos uma dúzia de seres humanos em excursões de uma semana para a Lua. E nos foram concedidos os recursos para fazer um primeiro reconhecimento de todo o Sistema Solar, ao menos até Netuno — missões que transmitiram toda uma riqueza de dados, mas nada de valor prático, de curto prazo, cotidiano, o pão de cada dia. Animaram o espírito humano, porém. Esclareceram-nos sobre o nosso lugar no Universo. É fácil imaginar tramas de causalidade histórica em que não houvesse corrida para a Lua, nem programa planetário.

É também possível, entretanto, imaginar um empenho de exploração muito mais sério, que nos levaria a ter, hoje, veículos robóticos investigando as atmosferas de todos os planetas jovianianos e de uma porção de luas, cometas e asteroides; uma rede de estações científicas automáticas instalada em Marte, informando diariamente suas descobertas; e amostras de muitos mundos examinadas nos laboratórios da Terra, revelando sua geologia, sua química e talvez, até, sua biologia. Já poderia haver postos humanos nos asteroides próximos da Terra, na Lua e em Marte.

Havia muitos caminhos históricos possíveis. Nossa trama de causalidades nos levou a uma série de explorações modestas e rudimentares, ainda que heroicas sob muitos aspectos. Mas é muito inferior ao que poderia ter sido e ao que um dia, talvez, venha a ser.

"Levar a vigorosa centelha prometeica da Vida para o vazio estéril e ali acender uma imensa fogueira de matéria animada é o verdadeiro destino de nossa raça", lê-se no panfleto de uma organização chamada Fundação do Primeiro Milênio. Promete, por 120 dólares por ano, "cidadania" em "colônias do espaço — quando chegar a hora". "Os benfeitores" que contribuem com uma soma maior também recebem "a gratidão eterna de uma civilização rumo às estrelas, e a gravação de seu nome no monólito a ser erigido na Lua". Isso representa um extremo no continuum de entusiasmo a favor da presença humana no espaço. O outro extremo, mais bem representado no Congresso americano, questiona por que razão deveríamos ir ao espaço, especialmente levando seres humanos em vez de robôs. O programa *Apollo* foi um "jogo de bola de gude lunar", como o crítico social Amitai Etzioni certa vez o chamou; com o fim da Guerra Fria, não há justificativas para um programa espacial com tripulações humanas, sustentam os partidários dessa orientação. Em que lugar nesse espectro de opções políticas deveríamos nos colocar?

Desde que os Estados Unidos venceram a União Soviética na corrida à Lua, parece ter desaparecido uma justificativa coerente, amplamente reconhecida, para levar seres humanos ao espaço. Os presidentes e as comissões do Congresso não sabem o que fazer com o programa espacial que emprega tripulações humanas. Para que serve? Por que precisamos disso? Mas as façanhas dos astronautas e o pouso na Lua haviam provocado — e por boas razões — a admiração do mundo. Desistir do voo espacial tripulado seria uma rejeição dessa extraordinária realização norte-americana, argumentam os líderes políticos com seus botões. Que presidente, que Congresso deseja ser responsável pelo fim do programa espacial? E, na antiga União Soviética, escuta-se um argumento semelhante: devemos abandonar a única alta tecnologia em que ainda somos líderes mundiais? Devemos trair a herança de Konstantin Tsiolkovsky, Sergei Korolev e Yuri Gagarin?

A primeira lei da burocracia é garantir a sua própria existência. Entregue a seus próprios mecanismos, sem instruções claras das instâncias superiores, a Nasa evoluiu gradativamente para um programa que mantivesse lucros, empregos e gratificações. A demagogia política, exercida principalmente pelo Congresso, tornou-se uma influência cada vez mais poderosa no projeto e na execução de missões e objetivos de longo prazo. A burocracia se petrificou, a Nasa perdeu o seu rumo.

Em 20 de julho de 1989, o vigésimo aniversário do pouso da *Apollo 11* sobre a Lua, o presidente George Bush anunciou uma orientação de longo prazo para o programa espacial norte-americano. Com o nome de Iniciativa de Exploração Espacial (SEI), propunha uma série de objetivos, inclusive uma estação espacial norte-americana, o retorno dos homens à Lua e o primeiro pouso de seres humanos em Marte. Num discurso subsequente, o sr. Bush citou 2019 como a data prevista para o primeiro pouso naquele planeta.

No entanto, apesar de instruções claras das mais altas instâncias, a Iniciativa de Exploração Espacial foi a pique. Quatro anos depois de autorizada, nem sequer possui um departamento na Nasa que dela se ocupe. Por culpa associada à SEI, o Congresso cancelou algumas missões robóticas, pequenas e pouco dispendiosas, à Lua, que, do contrário, teriam sido aprovadas. O que houve de errado?

Um problema foi a escala de tempo. A SEI estendia-se por uns cinco futuros mandatos presidenciais (tomando a presidência média como um mandato e meio). Não é difícil, para um presidente, tentar conseguir que seus sucessores se comprometam com o programa, mas a confiabilidade desse compromisso deixa muito a desejar. A SEI contrastava dramaticamente com o programa *Apollo*, que, segundo conjecturas da época em que teve início, poderia ter triunfado quando o presidente Kennedy ou seu herdeiro político imediato ainda estivesse no poder.

Em segundo lugar, havia a preocupação de saber se a Nasa, que recentemente tivera grande dificuldade em lançar alguns astronautas a quatrocentos quilômetros acima da Terra, conseguiria enviá-los, numa trajetória em arco com um ano de duração, para um destino a 200 milhões de quilômetros de distância e trazê-los de volta sãos e salvos. Em terceiro lugar, o programa era concebido exclusivamente em termos nacionalistas. A cooperação com outras nações não era fundamental nem para o seu projeto, nem para a sua execução. O vice-presidente Dan Quayle, que tinha a responsabilidade nominal pelo espaço, justificava a estação espacial como uma demonstração de que os Estados Unidos eram "a única superpotência mundial". Como, porém, a União Soviética tinha uma estação operacional que estava uma década à frente dos Estados Unidos, ficava difícil compreender o argumento do sr. Quayle.

Finalmente, outro problema era saber de onde, em termos de política prática, deveria vir o dinheiro. Os custos de levar os primeiros seres humanos a Marte haviam sido estimados de várias formas, chegando à cifra de 500 bilhões de dólares.

Sem dúvida, é impossível prever os custos antes de se ter um projeto de missão. E o projeto de missão depende de variáveis como: tamanho da tripulação; até que ponto serão tomadas medidas contra os perigos da radiação cósmica e solar ou da gravidade zero; que outros riscos se estará disposto a correr com as vidas dos homens e mulheres a bordo. Se todo membro da tripulação tem uma especialidade essencial, o que acontece se um deles adoece? Quanto maior a tripulação, mais confiável o potencial de reserva. É quase certo que não se enviaria um cirurgião-dentista de tempo integral, mas o que aconteceria se alguém precisasse de tratamento de canal a 170 milhões de quilômetros do dentista mais próximo? Ou o tratamento poderia ser feito por um endodentista na Terra, usando telepresença?

Wernher von Braun foi o engenheiro nazista norte-americano que, mais que qualquer outra pessoa, realmente nos levou para o espaço. Seu livro *Das Marsprojekt*, de 1952, prefigurava uma primeira missão com dez naves espaciais interplanetárias, setenta tripulantes e três "barcos de pouso". A redundância era uma preocupação predominante em sua mente. Os requisitos logísticos, escreveu, "não são maiores do que aqueles necessários para uma operação militar de pequeno porte que se espalharia por um limitado teatro de guerra". Ele pretendia "explodir de uma vez por todas a teoria do foguete espacial solitário e seu pequeno grupo de aventureiros interplanetários audaciosos", e invocava em seu auxílio as três naus de Colombo, sem as quais "a história tende a provar que ele nunca teria retornado às praias espanholas". Os projetos modernos de uma missão a Marte têm ignorado esse conselho. São muito menos ambiciosos que os de Von Braun, requerendo, tipicamente, uma ou duas naves espaciais, com uma tripulação de três a oito astronautas, e mais uma ou duas espaçonaves robóticas de carga. O foguete solitário e o pequeno grupo de aventureiros ainda estão entre nós.

Outras incertezas que afetam o projeto e o custo da missão incluem saber: se vamos pré-instalar suprimentos da Terra e lançar os seres humanos a Marte somente depois que as provisões pousarem em segurança no planeta distante; se vamos poder usar materiais marcianos que gerem oxigênio para respirar, água para beber e propulsores de foguete para a viagem de volta; se pousaremos empregando a fina atmosfera marciana para a aerofrenação; que grau de redundância no equipamento será considerado prudente; até que ponto usaremos sistemas ecológicos fechados ou dependeremos apenas da comida, água e dispositivos de coleta de lixo que levarmos da Terra; qual será o projeto dos veículos usados pela tripulação para explorar a paisagem marciana; e quanto equipamento estaremos dispostos a carregar para testar nossa capacidade de viver fora da Terra em viagens futuras.

Até que essas questões sejam resolvidas, é absurdo aceitar qualquer cifra para o custo do programa. Por outro lado, era igualmente claro que a SEI seria muito dispendiosa. Por todas essas razões, o programa nem chegou a começar. Nasceu morto. Não houve nenhuma tentativa efetiva, por parte do governo Bush, de investir capital político para pôr a SEI em funcionamento.

A lição me parece clara: talvez não haja meios de enviar seres humanos a Marte em um futuro relativamente próximo, apesar de esse empreendimento estar ao alcance de nossa capacidade tecnológica. Os governos não gastam imensas somas de dinheiro apenas para a ciência ou simplesmente para explorar. Precisam de outro objetivo, e este deve ter um sentido político real.

Impossível, pois, partir imediatamente; no entanto, quando a viagem se tornar possível, acho que a missão deve ser internacional desde o início. Dividindo-se solidariamente os custos e as responsabilidades e aproveitando-se a proficiência de muitas nações. O preço deve ser razoável e o período entre a aprovação do projeto e o lançamento deve ajustar-se a escalas de tempo políticas práticas. As agências espaciais envolvidas devem demonstrar sua capacidade de desenvolver missões exploratórias pioneiras e seguras com tripulações humanas, dentro do prazo e do orçamento. Se fosse possível imaginar uma dessas missões por menos de 100 bilhões de dólares e com um período entre a aprovação do projeto e o lançamento inferior a quinze anos, talvez a viagem fosse exequível. (Em termos de custo, isso representaria, por ano, apenas uma fração dos orçamentos espaciais civis das nações que atualmente exploram o espaço.) Com a aerofrenação e a utilização do ar marciano na fabricação de combustível e oxigênio para a viagem de volta, esse orçamento e essa escala de tempo estão começando a parecer plausíveis.

Quanto mais econômica e rápida a missão, necessariamente maior será o risco a correr com as vidas dos astronautas e cosmonautas a bordo. Como, porém, entre inúmeros exemplos, ilustram os samurais do Japão medieval, há sempre voluntários competentes para missões altamente perigosas em um projeto percebido como uma grande causa. Nenhum orçamento, nenhum cronograma pode ser realmente confiável quando tentamos fazer alguma coisa em escala tão grandiosa, algo que nunca foi feito antes. Quanto maior a margem de segurança requerida, maior o custo e mais tempo para conseguir o objetivo. Encontrar a solução de compromisso entre a exequibilidade política e o sucesso da missão pode ser complicado.

Não basta querer ir a Marte só porque alguns sonharam com isso desde a infância, ou porque parece, a longo prazo, a meta exploratória óbvia para a espécie humana. Se estamos falando em gastar todo esse dinheiro, devemos justificar as despesas.

Existem atualmente outras questões — necessidades nacionais gritantes, claras — que não podem ser enfrentadas sem grandes gastos; ao mesmo tempo, o orçamento federal discricionário tornou-se lamentavelmente restrito. A remoção de venenos químicos e radioativos, a eficiência energética, as alternativas para os combustíveis fósseis, as taxas em declínio da inovação tecnológica, o colapso da infraestrutura urbana, a epidemia de aids, todo um caldeirão de cânceres, falta de habitação, desnutrição, mortalidade infantil, educação, empregos, sistema de saúde — a lista é angustiosamente longa. Ignorar esses problemas porá em risco o bem-estar da nação. Todas as nações que exploram o espaço se defrontam com dilema semelhante.

O tratamento, em separado, de quase todas essas questões custaria centenas de bilhões de dólares ou mais. Arrumar a infraestrutura custará vários trilhões de dólares. As alternativas para a economia de combustíveis fósseis representam inequívoco investimento de muitos trilhões de dólares em todo o mundo, se formos capazes de descobri-las. Esses projetos, é o que às vezes nos dizem, estão além de nossa capacidade de pagamento. Como podemos nos dar ao luxo de ir a Marte?

Se houvesse mais 20% de fundos discricionários no orçamento federal dos Estados Unidos (ou nos orçamentos das outras nações que exploram o espaço), é provável que não me sentisse tão dividido em defender o envio de seres humanos a Marte. Se houvesse menos 20%, acho que nem o mais ferrenho entusiasta do espaço insistiria nessa missão. Existe, é certo, um ponto em que a economia nacional se vê em dificuldades tão terríveis que se torna despropositado enviar pessoas a Marte. A questão é saber onde traçar a linha. É óbvio que essa linha existe, e todo aquele que participa desses debates precisa estipular onde ela deve ser traçada, que fração do produto nacional bruto seria excessiva para o espaço. Gostaria que se adotasse o mesmo procedimento para a "defesa".

As pesquisas de opinião pública mostram que muitos norte-americanos pensam que o orçamento da Nasa é mais ou menos igual ao orçamento da defesa. Na realidade, todo o orçamento da Nasa, inclusive as missões humanas e robóticas e a aeronáutica, equivale a cerca de 5% do orçamento de defesa dos Estados Unidos. Em quanto os gastos com a defesa atualmente enfraquecem o país? E mesmo que a Nasa fosse totalmente desativada, o dinheiro liberado seria capaz de resolver nossos problemas nacionais?

O voo espacial humano em geral, para não falar de expedições a Marte, seria muito mais facilmente tolerável se, como nos argumentos de Colombo e de Henrique, o Navegador, no século xv, houvesse o atrativo do lucro.* Algumas razões têm sido apresentadas. Alguns afirmam que o ambiente de intensa radiação, baixa gravidade ou alto vácuo do espaço próximo da Terra poderia ser utilizado para fins comerciais. Todas essas propostas devem passar pela seguinte pergunta: produtos melhores ou equivalentes poderiam ser fabricados aqui na Terra se o dinheiro fornecido para seu desenvolvimento fosse comparável ao que está sendo despejado no programa espacial? A julgar pelo pouco dinheiro que as corporações têm se mostrado dispostas a investir nessa tecnologia — à exceção das entidades que constroem os foguetes e as naves espaciais —, as perspectivas, pelo menos no presente, não são muito boas.

A noção de que materiais raros poderiam ser encontrados em outros

---

* Mesmo então, não foi fácil. O cronista português Gomes Eanes de Zurara registrou esta avaliação feita pelo príncipe Henrique, o Navegador: "Parecia ao Príncipe Infante que, se ele, ou algum outro nobre, não se empenhasse em adquirir esse conhecimento, nem os marinheiros, nem os mercadores ousariam tentar tal empreendimento, pois é claro que nenhum deles jamais se daria ao trabalho de navegar para um lugar onde não houvesse uma esperança de lucro certo e seguro".

lugares é moderada pelo fato de o transporte ser caro. Pelo que sabemos, é possível haver oceanos de petróleo em Titã, mas transportá-lo até a Terra será dispendioso. Metais do grupo da platina talvez sejam abundantes em certos asteroides. Se estes pudessem ser deslocados para uma órbita ao redor da Terra, talvez fosse possível explorá-los adequadamente. Mas, ao menos no futuro previsível, isso parece perigosamente imprudente, como descrevo mais adiante.

Em seu clássico romance de ficção científica, *The Man Who Sold the Moon*, Robert Heinlein imaginou o motivo do lucro como a chave para a viagem espacial. Ele não previra que a Guerra Fria venderia a Lua. Reconheceu, no entanto, que seria difícil encontrar um enredo honesto de lucro. Por isso, Heinlein imaginou um negócio fraudulento em que se espalharam diamantes sobre a superfície lunar, para que futuros exploradores ansiosamente os descobrissem e iniciassem uma corrida aos diamantes. Desde então, temos trazido amostras da Lua, sem que indício algum de diamantes comercialmente interessantes tenha aparecido por lá.

Kiyoshi Kuramoto e Takafumi Matsui, no entanto, da Universidade de Tóquio, estudaram a formação dos núcleos de ferro da Terra, Vênus e Marte, tendo descoberto que o manto marciano (entre a crosta e o núcleo) deve ser rico em carbono — mais rico do que o da Lua, de Vênus ou da Terra. A uma profundidade superior a trezentos quilômetros, as pressões devem transformar o carbono em diamante. Sabemos que Marte tem sido geologicamente ativo durante toda a sua história. Os materiais das grandes profundidades serão ocasionalmente expelidos para a superfície, e não apenas pelos grandes vulcões. Assim, parece possível haver diamantes em outros mundos — só que não na Lua, mas em Marte. Quanto a sua quantidade, qualidade, tamanho e localização, ainda nada sabemos.

A volta para a Terra de uma espaçonave recheada de magníficos diamantes de múltiplos quilates desvalorizaria, sem dúvida, os preços (bem como empobreceria os acionistas das corporações De Beers e General Electric). Devido às aplicações ornamentais e industriais dos diamantes, todavia, talvez houvesse um piso mínimo que os preços não ultrapassassem. É possível imaginar que as indústrias afetadas encontrariam razões para promover as primeiras explorações de Marte.

A ideia de que os diamantes marcianos pagarão o preço de explorar o planeta é, na melhor das hipóteses, uma aposta no acaso, mas serve como exemplo de que substâncias raras e valiosas podem ser descobertas em outros mundos. Seria tolice, porém, contar com essas eventualidades. Se queremos justificar missões a outros mundos, temos de encontrar outras razões.

Além das discussões sobre lucros e custos, até mesmo sobre redução de custos, devemos também descrever os benefícios, se é que eles existem. Os defensores de missões humanas a Marte devem procurar determinar se as missões ao planeta têm possibilidades de mitigar a longo prazo qualquer um dos problemas aqui da Terra. Consideremos, então, o conjunto-padrão das justificativas, e vamos ver se elas nos parecem válidas, inválidas ou indeterminadas.

As missões humanas a Marte aprofundariam espetacularmente o nosso conhecimento do planeta, inclusive a procura de vida passada e presente. É provável que o programa clarifique a nossa compreensão do meio ambiente da Terra, como as missões robóticas já começaram a fazer. A história de nossa civilização mostra que é pelo estudo de conhecimentos básicos que os progressos práticos mais significativos se efetuam. As pesquisas de opinião sugerem que a razão mais popular para "explorar o espaço" é "o aumento de conhecimentos". Mas seres humanos no espaço são essenciais para alcançar essa meta? As missões robóticas, quando detentoras de alta prioridade nacional e equipadas com inteligência artificial aperfeiçoada, parecem-me inteiramente capazes de responder, assim como fariam os astronautas, a todas as perguntas que devem ser propostas — e, talvez, com 10% do custo.

Alega-se que "produtos secundários" vão aparecer — imensos benefícios tecnológicos que do contrário deixariam de ser criados —, melhorando, com isso, nossa competitividade internacional e a economia doméstica. Mas esse é um argumento antigo: gastem-se 80 bilhões de dólares (em valores atuais) para enviar os astronautas da *Apollo* à Lua, e nós lançaremos no mercado uma frigideira patenteada que não gruda. É óbvio que, se estamos atrás de frigideiras, podemos investir o dinheiro diretamente e poupar quase toda a soma proposta.

O argumento é também enganador por outras razões, uma delas o fato de a tecnologia Teflon da DuPont ter precedido em muito as missões *Apollo*. O mesmo se pode dizer dos marca-passos cardíacos, das canetas esferográficas, de Velcro e de outros produtos secundários que se dizem ligados ao programa *Apollo*. (Certa vez, tive a oportunidade de conversar com o inventor do marca-passo cardíaco, que por pouco não teve um acidente coronariano ao descrever a injustiça de a Nasa estar se apropriando, segundo ele, dos créditos de seu mecanismo.) Se há tecnologias de que precisamos com urgência, então vamos gastar o dinheiro e desenvolvê-las. Por que ir a Marte para isso?

Com certeza, seria impossível desenvolver toda essa tecnologia nova exigida pela Nasa sem que houvesse um transbordamento para a economia geral, algumas invenções úteis aqui na Terra. Por exemplo, o suco de laranja em pó Tang foi um produto do programa espacial tripulado, e outros produtos secundários apareceram sob a forma de ferramentas sem fio, desfibriladores cardíacos implantados, vestimentas resfriadas por líquido e imagens digitais, para citar apenas alguns. Mas eles não justificam viagens a Marte, nem a existência da Nasa.

Podíamos ver a antiga máquina de gerar produtos secundários chiando e bufando nos derradeiros dias do departamento da Guerra nas Estrelas na era Reagan. Os lasers de raios X impulsionados por bombas de hidrogênio nas estações guerreiras em órbita contribuirão para a cirurgia a laser perfeita, diziam-nos. Mas se precisamos de cirurgia a laser, se é uma alta prioridade nacional, pelo amor de Deus, vamos alocar os fundos para desenvolvê-la. E deixar a Guerra nas Estrelas fora disso. As justificativas que apelam para os produtos secundários constituem uma admissão de que o programa não se sustenta sobre seus próprios pés, de que não pode ser justificado pelo objetivo para o qual foi originalmente delineado.

Houve época em que se pensou, com base em modelos econométricos, que, para cada dólar investido na Nasa, muitos dólares eram bombeados na economia dos Estados Unidos. Se esse efeito multiplicador se aplicasse mais à Nasa do que à maioria dos órgãos governamentais, ele forneceria uma forte justificativa social e fiscal para o programa espacial. Os defensores da Nasa não hesitavam em apelar para esse argumento. Em 1994, porém, um estudo do Departamento de Orçamento do Congresso constatou que isso não passava de ilusão. Embora os gastos com a Nasa beneficiem alguns segmentos produtivos da economia dos Estados

Unidos — especialmente a indústria aeroespacial —, não existe nenhum efeito multiplicador preferencial. Da mesma forma, embora os gastos com a Nasa, sem dúvida, criem ou mantenham empregos e lucros, ela não gera esse efeito de forma mais eficiente que muitos outros órgãos governamentais.

Depois há a educação, um argumento que, de tempos em tempos, tem se revelado muito atraente na Casa Branca. Os doutorados em ciência atingiram o auge perto da época da *Apollo 11*, talvez até com a defasagem apropriada depois do início do programa *Apollo*. A relação de causa e efeito talvez não seja demonstrável, mas não é implausível. Mas e daí? Se temos interesse em melhorar a educação, a viagem a Marte será o melhor caminho? É só pensar no que poderíamos fazer com 100 bilhões de dólares para aperfeiçoar o treinamento e os salários dos professores, os laboratórios e as bibliotecas das escolas, as bolsas de estudo para estudantes carentes, os recursos para pesquisa e as bolsas de estudo para pós-graduação. Será verdade, de fato, que a melhor maneira de promover a educação científica é ir a Marte?

Outro argumento é que as missões humanas a Marte vão dar ocupação ao complexo militar-industrial, diminuindo a tentação de ele usar sua considerável influência política para exagerar ameaças externas e arrancar fundos para a defesa. O outro lado dessa moeda é que, indo a Marte, manteremos uma capacidade tecnológica de reserva que talvez seja importante em futuras conjunturas militares. É claro que poderíamos simplesmente pedir que os rapazes fizessem algo de utilidade imediata para a economia civil. Todavia, como vimos, nos anos 1970, com os ônibus Grumman e os trens de subúrbio Boeing/Vertol, a indústria aeroespacial encontra dificuldades reais para produzir competitivamente para a economia civil. É certo que um tanque pode percorrer mil quilômetros por ano e um ônibus, mil quilômetros por semana, por isso seus projetos básicos devem ser diferentes. Mas, ao menos em matéria de confiabilidade, o Departamento de Defesa parece ser muito menos exigente.

A cooperação no espaço, como já mencionei, está se tornando um instrumento de cooperação internacional; por exemplo, diminuindo a proliferação de armas estratégicas em novas nações. Os foguetes, sem função por causa do fim da Guerra Fria, podem vir a ser empregados com proveito em missões a uma órbita da Terra, à Lua, aos planetas, aos asteroides e aos cometas. Mas tudo isso pode ser realizado sem missões humanas a Marte.

Outras justificativas são oferecidas. Afirma-se que a solução definitiva para os problemas de energia na Terra é extrair todos os minérios da Lua, trazer para a Terra o hélio-3 implantado pelo vento solar e usá-lo em reatores de fusão. Que reatores de fusão? Mesmo que isso fosse possível, mesmo que compensasse o custo, é uma tecnologia para daqui a cinquenta ou cem anos. Nossos problemas de energia precisam ser solucionados num ritmo menos descansado.

Ainda mais estranho é o argumento de que temos de mandar seres humanos ao espaço para resolver a crise populacional do mundo. O número das pessoas que nascem, contudo, é 250 mil vezes maior que o das que morrem todos os dias, o que significa que teríamos de lançar 250 mil pessoas por dia ao espaço para manter a população mundial em seus níveis atuais. Isso parece estar além de nossa presente capacidade.

Examino rapidamente essa lista e tento somar os prós e os contras, sempre lembrando as outras reivindicações urgentes junto ao orçamento federal. Para mim, o argumento, até agora, se reduz à seguinte pergunta: a soma de um grande número de justificativas isoladamente inadequadas pode resultar numa justificativa adequada?

Não acho que nenhum dos itens na minha lista de supostas justificativas valha, comprovadamente, 500 bilhões de dólares, nem mesmo 100 bilhões de dólares; certamente, não vale tudo isso a curto prazo. Por outro lado, a maioria deles vale alguma coisa e, se tenho cinco itens valendo cada um 20 bilhões de dólares, talvez o conjunto chegue aos 100 bilhões. Se soubermos reduzir os custos e fazer verdadeiras parcerias internacionais, as justificativas se tornam mais convincentes.

Enquanto não ocorrer um debate nacional sobre esse tópico, enquanto não tivermos uma ideia mais clara das razões e da relação custo/benefício das missões humanas a Marte, o que deveremos fazer? Minha sugestão é realizar projetos de pesquisa e desenvolvimento que possam ser justificados por seus próprios méritos ou pela sua importância para outros objetivos, mas que também possam contribuir para as missões humanas a Marte, se mais tarde decidirmos partir. Essa agenda incluiria:

• Astronautas norte-americanos na estação espacial *Mir* para voos conjuntos de duração gradativamente mais longa, procurando chegar a um ou dois anos, o tempo da viagem a Marte.

• Configuração da estação espacial internacional de modo que sua função principal seja estudar os efeitos, a longo prazo, do meio ambiente espacial sobre os seres humanos.

• Na estação espacial internacional, a implementação de um módulo de "gravidade artificial" giratório, para animais e, depois, para seres humanos.

• Estudos intensivos do Sol, inclusive um conjunto distribuído de sondas robóticas em órbita ao redor do Sol, para monitorar a atividade solar e alertar os astronautas o mais cedo possível sobre os perigosos "clarões solares" — ejeções maciças de elétrons e prótons da coroa solar.

• Desenvolvimento norte-americano/russo e multilateral da tecnologia dos foguetes *Energyia* e *Proton* para os programas espaciais norte-americanos e internacionais. Embora não seja provável que os Estados Unidos dependam basicamente de um propulsor auxiliar soviético, o *Energyia* tem, aproximadamente, a mesma potência do *Saturn V*, que enviou os astronautas da *Apollo* à Lua. Os Estados Unidos deixaram a linha de montagem do *Saturn V* morrer, e ela não pode ser ressuscitada de imediato. *Proton* é, dos grandes propulsores auxiliares ora disponíveis, o mais confiável. A Rússia está ansiosa por vender sua tecnologia em troca de moeda forte.

• Projetos conjuntos com a NASDA (a Agência Espacial Japonesa) e a Universidade de Tóquio, a Agência Espacial Europeia e a Agência Espacial Russa, junto com o Canadá e outras nações. Na maioria dos casos, os projetos deveriam ser parcerias em pé de igualdade, sem que os Estados Unidos insistissem em ditar as regras. Para a exploração robótica de Marte, esses programas já estão sendo desenvolvidos. Para o voo tripulado, a principal dessas atividades é, claramente, a estação espacial internacional. Por fim, poderíamos realizar em conjunto missões planetárias simuladas em órbitas inferiores da Terra. Um dos principais objetivos desses programas deve ser criar uma tradição de excelência técnica cooperativa.

• Desenvolvimento tecnológico — usando a robótica e a inteligência artificial mais avançada — de veículos, balões e aviões para a exploração de Marte, e implementação da primeira missão internacional de coleta de amostras. Espaçonaves robóticas capazes de trazer amostras de Marte podem ser testadas em asteroides próximos da Terra e na Lua. As amostras coletadas em regiões cuidadosamente selecionadas da Lua podem ter suas idades determinadas e contribuir de modo fundamental para a nossa compreensão da história primitiva da Terra.

• Desenvolvimento adicional de tecnologias para fabricar combustíveis e oxidantes com materiais marcianos. Numa estimativa, com base num protótipo de Robert Zubrin e colegas na Martin Marietta Corporation, vários quilogramas do solo marciano podem ser, automaticamente, enviados à Terra por meio de um modesto e confiável veículo de lançamento Delta, tudo apenas por uma ninharia (em termos relativos).

• Simulações, na Terra, de viagens de longa duração a Marte, concentrando-se em potenciais problemas psicológicos e sociais.

• Busca vigorosa de novas tecnologias, como propulsão de aceleração constante, para nos levar a Marte rapidamente; isso poderá ser essencial, se os perigos da radiação e da microgravidade tornarem o tempo de voo de um ano (ou mais) demasiado arriscado.

• Estudo intensivo dos asteroides próximos da Terra, que podem fornecer, em escalas de tempo intermediárias, objetivos superiores aos oferecidos pela Lua no que diz respeito à exploração humana.

• Maior ênfase dada à ciência — inclusive às ciências básicas por trás da exploração espacial e à análise completa dos dados já obtidos — pela Nasa e por outras agências espaciais.

Essas recomendações importam em uma fração do custo total de uma missão humana a Marte e — se distribuídas por mais ou menos uma década e realizadas em conjunto com outras nações — em uma fração dos orçamentos espaciais atuais. Se implementadas, elas nos ajudariam a fazer estimativas de custos precisas e uma avaliação mais realista dos perigos e benefícios. Elas nos permitiriam manter um progresso robusto na direção das expedições humanas a Marte, sem compromissos prematuros com nenhum hardware específico para a missão. A maioria, talvez a totalidade, das recomendações tem outras razões de ser, mesmo que tivéssemos certeza de não poder enviar seres humanos a qualquer outro mundo nas próximas décadas. E um ritmo constante de realizações que aumentam a possibilidade de viagens humanas a Marte combateria — na mente de muitos, pelo menos — o pessimismo muito difundido sobre o futuro.

Mais uma coisa. Há uma série de argumentos menos tangíveis, muitos dos quais, admito com franqueza, atraentes e vibrantes. O voo espacial fala a alguma coisa profunda dentro de nós — de muitos de nós, se não de todos. Uma emergente perspectiva cósmica, uma compreensão aperfeiçoada de nosso lugar no Universo, um programa altamente visível que influenciasse nossa visão de nós mesmos esclareceriam a fragilidade de nosso ambiente planetário, o perigo comum e a responsabilidade de todas as nações e de todos os povos da Terra. E as missões humanas a Marte forneceriam perspectivas esperançosas, ricas em aventura, para os errantes entre nós, especialmente os jovens. Até a exploração vicária tem utilidade social.

Nas minhas palestras sobre o futuro do programa espacial — em universidades, a grupos de militares e comerciantes, a organizações profissionais —, na maioria das vezes acho que o público tem muito menos paciência que eu com os obstáculos práticos, econômicos e políticos do mundo real. Eles querem eliminar os impedimentos, reaver os dias gloriosos de *Vostok* e *Apollo*, seguir adiante e pisar mais uma vez em outros mundos. Nós já conseguimos uma vez; podemos fazer de novo, dizem eles. Mas eu me acautelo, aqueles que assistem a essas palestras são entusiastas do espaço por conta própria.

Em 1969, menos da metade do povo norte-americano achava que o programa *Apollo* valia o seu custo. No 25º aniversário do pouso na Lua, o número tinha aumentado para dois terços. Apesar de seus problemas, 63% dos norte-americanos julgaram que a Nasa estava fazendo um trabalho bom para excelente. Sem referência a custos, 55% dos norte-americanos (segundo uma pesquisa de opinião do programa de notícias da CBS) aprovavam que "os Estados Unidos enviassem astronautas para explorar Marte". Entre os adultos jovens, o número era de 68%. Acho que "explorar" é a palavra-chave.

Não é acidental que, apesar de suas falhas, e por mais moribundo que esteja o programa espacial com tripulação humana (uma tendência que a missão de reparo do Telescópio Espacial Hubble pode ter ajudado a reverter), os astronautas e os cosmonautas ainda sejam considerados em toda parte heróis de nossa espécie. Uma colega cientista me falou de sua recente viagem aos planaltos da Nova Guiné, onde ela visitou uma cultura ainda na idade da pedra e quase sem contatos com a civilização ocidental. Eles desconheciam os relógios de pulso, os refrigerantes e a comida congelada. Mas sabiam da *Apollo 11*. Sabiam que os humanos tinham caminhado sobre a Lua. Conheciam os nomes de Armstrong, Aldrin e Collins. Queriam saber quem estava visitando a Lua no momento.

Projetos orientados para o futuro, que, apesar de suas dificuldades políticas, só podem ser completados em alguma década distante, nos lembram continuamente que *haverá* um futuro. O fato de lançarmos raízes em outros mundos nos sussurra aos ouvidos que somos mais do que pictos, sérvios ou tonganeses: somos humanos.

O voo de exploração espacial divulga as ideias científicas, o pensamento científico e o vocabulário científico. Eleva o nível geral da investigação intelectual. A ideia de que agora compreendemos algo que ninguém entendeu antes — essa satisfação, especialmente intensa para os cientistas envolvidos, mas perceptível para quase todo mundo — propaga-se pela sociedade, ricocheteia nas paredes e retorna para nós. Encoraja-nos a enfrentar problemas que também nunca foram resolvidos antes em outras áreas. Aumenta o senso geral de otimismo na sociedade. Faz circular pensamentos críticos, do tipo urgentemente necessário, para resolver questões sociais até então intratáveis. Ajuda a estimular uma nova geração de cientistas. Quanto mais a ciência é divulgada pela mídia — especialmente se os métodos também são descritos, além das conclusões e implicações —, tanto mais saudável é a sociedade na minha opinião. Por toda parte, as pessoas sentem um enorme desejo de compreender.

Quando criança, meus sonhos mais exultantes eram voar — não em alguma máquina, mas sozinho. Eu começava saltando ou pulando num pé só e, lentamente, conseguia elevar a minha trajetória. Levava cada vez mais tempo para tornar a cair no chão. Em breve, estava num arco tão alto que já não caía mais. Pousava como uma gárgula em um nicho perto do pináculo de um arranha-céu, ou me acomodava tranquilamente sobre uma nuvem. No sonho — que devo ter tido, em suas muitas variações, pelo menos uma centena de vezes — alçar voo requeria uma certa disposição mental. É impossível descrevê-la com palavras, mas me lembro até hoje da sensação. Era preciso fazer alguma coisa dentro da cabeça e na boca do estômago, e então eu conseguia alçar voo apenas pela força de vontade, os membros bambos dependurados. Partia rumo às alturas.

Sei que muitas pessoas têm sonhos semelhantes. Talvez a maioria das pessoas. Talvez todo mundo. Pode ser que ele remonte a 10 milhões de anos ou mais, quando nossos antepassados ainda pulavam graciosamente de ramo em ramo na floresta primeva. O desejo de voar como os pássaros motivou muitos pioneiros do voo, inclusive Leonardo da Vinci e os irmãos Wright. É possível que também faça parte do apelo do voo espacial.

Em órbita ao redor de qualquer mundo ou num voo interplanetário, perde-se, literalmente, o peso. Os astronautas conseguem lançar-se até o teto da espaçonave apenas com um leve empurrão do chão. Podem sair dando cambalhotas no ar pelo longo eixo da nave. Os seres humanos vivenciam a ausência de gravidade com a alegria das brincadeiras; é o que dizem quase todos os astronautas e cosmonautas. Como, porém, as espaçonaves ainda são muito pequenas, e os "passeios" pelo espaço têm sido realizados com extrema cautela, nenhum ser humano já experimentou essa maravilha e glória: com um empurrão quase imperceptível, sem nenhuma máquina para transportá-lo, sem estar preso por nenhum fio, lançar-se bem alto no céu, na escuridão do espaço interplanetário. Tornar-se um satélite vivo da Terra ou um planeta humano do Sol.

A exploração planetária satisfaz nossa inclinação por grandes empreendimentos, viagens, buscas, algo que tem nos acompanhado desde os nossos dias de caçadores e coletores nas savanas da África Oriental, há 1 milhão de anos. Por acaso — afirmo que é possível imaginar muitas tramas de causalidade histórica em que isso não teria ocorrido — somos capazes de começar tudo de novo em nossa era.

A exploração de outros mundos emprega, exatamente, as mesmas qualidades de um empreendimento cooperativo, planejado, audacioso e corajoso, que caracterizam os melhores momentos da tradição militar. Nem é preciso pensar no lançamento noturno de uma espaçonave *Apollo* rumo a outro mundo. Isso torna a conclusão inevitável. Basta presenciar simples F-14s decolando de pistas adjacentes, inclinando-se à esquerda e à direita, os motores a jato flamejando, e há algo que arrebata — ou, pelo menos, é o que sinto. E nenhum conhecimento dos potenciais abusos das forças-tarefas do porta-aviões consegue afetar a profundidade desse sentimento. Ele simplesmente fala a outra parte dentro de mim. Uma parte que não quer saber de recriminações, nem de política. Quer apenas voar.

"Eu [...] não tinha só a ambição de ir mais longe do que qualquer outro já fora", escreveu o capitão James Cook, o explorador do Pacífico no século XVIII, "mas até onde o homem pudesse ir." Dois séculos mais tarde, Yuri Romanenko, ao retornar à Terra depois do que fora então o voo espacial mais longo da história, disse: "O cosmo é um ímã [...]. Depois de ter estado lá em cima, você só pensa em voltar".

Até Jean-Jacques Rousseau, que não era nenhum entusiasta da tecnologia, sentiu o apelo:

> As estrelas estão muito acima de nós; precisamos de instruções, instrumentos e máquinas preliminares, que seriam como muitas escadas imensas pelas quais pudéssemos nos aproximar delas, para trazê-las ao alcance de nossa mão.

"As futuras possibilidades da viagem espacial", escreveu o filósofo Bertrand Russell em 1959,

> que estão agora entregues principalmente a fantasias infundadas, poderiam ser tratadas com mais sobriedade sem perder o seu interesse, e poderiam mostrar até ao mais aventureiro dos jovens que um mundo sem guerra não precisa ser um mundo sem glórias temerárias e perigosas.* Para esse tipo de

---

* A expressão de Russell é digna de nota: "glórias temerárias e perigosas". Mesmo que pudéssemos eliminar todos os riscos do voo espacial humano — algo que certamente não podemos —, talvez fosse contraproducente. O risco é um componente inseparável da glória.

competição, não há limites. Toda vitória é apenas o prelúdio de outra, e não se pode traçar fronteiras para a esperança racional.

A longo prazo, podem ser essas as razões — mais que qualquer uma das justificativas "práticas" consideradas anteriormente — que nos levarão a Marte e a outros mundos. Enquanto isso, o passo mais importante que podemos dar rumo a Marte é fazer um progresso significativo aqui na Terra. Até melhorias modestas nos problemas sociais, econômicos e políticos que a nossa civilização global atualmente enfrenta poderiam liberar recursos enormes, tanto materiais como humanos, para outros objetivos.

Há muito "dever de casa" para ser feito aqui na Terra, e nosso compromisso com essa tarefa deve ser constante. Mas somos o tipo de espécie que precisa de uma fronteira — por razões biológicas fundamentais. Toda vez que dá um passo além e dobra uma nova esquina, a humanidade recebe um choque de vitalidade produtiva que pode levá-la adiante por séculos.

Há um novo mundo perto de nós. E sabemos como chegar até lá.

17. Violência interplanetária de rotina

> É uma lei da natureza que a Terra e todos os outros corpos permaneçam em seus devidos lugares e deles sejam deslocados apenas por meio de violência.
>
> Aristóteles (384-322 a.C.), *Física*

Havia algo estranho com Saturno. Quando, em 1610, Galileu usou o primeiro telescópio astronômico do mundo para ver o planeta — então o mais distante mundo conhecido —, descobriu dois apêndices, um de cada lado. Comparou-os a "alças". Outros astrônomos os chamaram de "orelhas". O cosmo contém muitas maravilhas, mas um planeta com orelhas de abano é triste. Galileu foi para o túmulo sem ter resolvido essa questão bizarra.

Com o passar dos anos, os observadores descobriram que as orelhas... bem, cresciam e diminuíam. Finalmente, ficou claro que Galileu tinha descoberto um anel, extremamente fino, que circunda Saturno na altura do equador, sem o tocar em parte alguma. Durante alguns anos, devido às mudanças nas posições orbitais da Terra e de Saturno, o anel tinha sido visto de perfil e, por ser tão fino, parecia desaparecer. Em outros anos, fora visto mais de frente, e as "orelhas" cresciam. Qual o significado de haver um anel ao redor de Saturno? Uma placa fina, chata e sólida com um buraco cortado no meio para o planeta? De onde vem *isso*?

Em pouco tempo, essa linha de investigação nos leva a colisões capazes de estilhaçar mundos, a dois perigos bem diferentes para a nossa espécie e a uma razão — além das já descritas — para estarmos lá no alto, entre os planetas, por uma questão de sobrevivência.

Sabemos, agora, que os anéis (enfaticamente no plural) de Saturno são uma vasta horda de mundos glaciais minúsculos, cada um em sua órbita separada, cada um preso a Saturno pela gravidade do planeta gigantesco. Em tamanho, esses pequenos mundos vão de partículas de poeira fina a casas. Nenhum é bastante grande para poder ser fotografado, nem mesmo por voos próximos. Distribuídos num conjunto elaborado de finos círculos concêntricos, semelhantes aos sulcos de um disco fonográfico (que, na realidade, formam uma espiral), os anéis foram revelados pela primeira vez, em toda a sua majestade, pelas duas espaçonaves *Voyager* em seus voos perto do planeta em 1980-1. No século XX, os anéis art déco de Saturno se tornaram um ícone do futuro.

Num colóquio científico, no final dos anos 1960, pediram-me para enumerar os principais problemas da ciência planetária. Sugeri que um deles era saber por que, de todos os planetas, apenas Saturno tinha anéis. A *Voyager* descobriu que essa questão não existe. Todos os quatro planetas gigantes em nosso Sistema Solar — Júpiter, Saturno, Urano e Netuno — têm, na realidade, anéis. Mas ninguém sabia disso naquela época.

Cada sistema de anéis tem características distintas. O de Júpiter é delgado e constituído, principalmente, de partículas escuras, muito pequenas. Os anéis brilhantes de Saturno são compostos, sobretudo, de água gelada; há milhares de anéis distintos nesse sistema, alguns torcidos, com marcas estranhas e escuras, como os raios de uma roda, que se formam e se dissipam. Os anéis escuros de Urano parecem compostos de carbono elementar e moléculas orgânicas, lembrando carvão vegetal ou fuligem de chaminé; Urano tem nove anéis principais e alguns deles parecem "respirar" de vez em quando, expandindo-se e contraindo-se. Os anéis de Netuno são os mais finos de todos, variando tanto de espessura que, se detectados da Terra, parecem apenas arcos e círculos incompletos. Vários anéis parecem ser mantidos pelos puxões gravitacionais de duas luas que atuam como pastoras, uma posicionada entre o planeta e o anel e a outra, mais distante, já fora do anel. Cada sistema de anéis exibe a sua própria beleza, apropriadamente celestial.

Como se formam os anéis? Uma possibilidade são as marés: se um mundo errante passa perto de um planeta, este exerce, sobre o lado próximo do intruso, uma atração gravitacional mais forte que sobre seu lado afastado; se o mundo chega bastante perto e se sua coesão interna é bastante baixa, pode ser, literalmente, despedaçado. De vez em quando, é o que vemos acontecer a cometas, quando passam demasiado perto de Júpiter ou do Sol. Outra possibilidade, sugerida pela exploração do Sistema Solar exterior feita pela *Voyager*, é a seguinte: os anéis se formam quando mundos colidem e luas são esmagadas em pedacinhos. Esses dois mecanismos podem ter desempenhado um papel na formação dos anéis.

O espaço entre os planetas é cruzado por uma estranha coleção de pequenos mundos vagabundos, cada um em órbita ao redor do Sol. Alguns são do tamanho de um condado ou até de um estado; muitos outros têm a superfície de uma vila ou cidade. Os pequenos são mais numerosos que os grandes e seu tamanho chega até a partículas de poeira. Alguns se movem em longas e estiradas trajetórias elípticas, o que os leva, periodicamente, a cruzar a órbita de um ou mais planetas.

De vez em quando, infelizmente, há um mundo no meio do caminho. A colisão pode espatifar e pulverizar tanto o intruso quanto a lua atingida (ou, pelo menos, a região ao redor do terreno atingido). Os destroços resultantes — ejetados da lua, mas sem alcançarem a velocidade necessária para escapar da gravidade do planeta — podem formar um novo anel por certo tempo. É formado do material que compunha os corpos envolvidos na colisão, mas, em geral, há mais pedaços da lua-alvo que do vagabundo causador do impacto. Se os mundos em colisão forem glaciais, o resultado final será anéis de partículas de gelo; se forem compostos de moléculas orgânicas, o resultado será anéis de partículas orgânicas (que serão, lentamente, processados pela radiação e convertidos em carbono). Toda a massa, nos anéis de Saturno, nada mais é que o resultado da completa pulverização, por impacto, de uma única lua glacial. A desintegração de pequenas luas pode, igualmente, explicar os sistemas de anéis dos outros três planetas gigantes.

A menos que esteja muito próxima de seu planeta, uma lua despedaçada se reagrega gradativamente (ou, pelo menos, é o que acontece com uma fração considerável dos fragmentos). Os pedaços, grandes e pequenos, aproximadamente na mesma órbita em que estava a lua antes do impacto, agregam-se tumultuosamente. O que costumava ser um pedaço do núcleo está agora na superfície e vice-versa. As superfícies, resultantes dessa mistura, talvez pareçam muito estranhas. Miranda, uma das luas de Urano, afigura-se perturbadoramente embaralhada e pode ter tido essa origem.

O geólogo planetário Eugene Shoemaker propõe que muitas luas, no Sistema Solar exterior, foram aniquiladas e reconstituídas não só uma, mas várias vezes, durante os 4,5 bilhões de anos desde que o Sol e os planetas se condensaram a partir de gás e poeira interestelar. O quadro que surge, da exploração do Sistema Solar exterior realizada pela *Voyager*, é o de mundos cujas vigílias plácidas e solitárias são, espasmodicamente, perturbadas por intrusos do espaço; de colisões capazes de espatifar mundos; e de luas que se reestruturam a partir de destroços, reconstituindo-se, como uma fênix, de suas próprias cinzas.

Entretanto, uma lua que vive muito perto de um planeta não pode se reestruturar no caso de ser pulverizada — as marés gravitacionais do planeta próximo impedem que isso ocorra. Os destroços resultantes, uma vez distribuídos num sistema de anéis, podem ter vida longa, pelo menos segundo o padrão de duração da vida humana. Talvez muitas das luas pequenas e indiscerníveis, que ora giram ao redor dos planetas gigantes, venham um dia a florescer, formando imensos e encantadores anéis.

Essas ideias são reforçadas pelo surgimento de vários satélites no Sistema Solar. Fobos, a lua mais próxima de Marte, tem uma grande cratera chamada Stickney; Mimas, uma lua próxima de Saturno, tem uma grande cratera chamada Herschel. Essas crateras — como as de nossa própria lua e, na realidade, de todas as que existem no Sistema Solar — são produzidas por colisões. Um intruso se choca contra um mundo maior e provoca uma imensa explosão no ponto de impacto. Uma cratera em forma de bacia é escavada e o menor objeto impactante é destruído. Se o tamanho dos intrusos que escavaram as crateras Stickney e Herschel tivesse sido um pouquinho maior, eles teriam tido energia bastante para estilhaçar Fobos e Mimas. Essas luas escaparam por um triz da bola de demolição cósmica. Muitas outras não tiveram a mesma sorte.

Toda vez que um mundo sofre colisão, há um intruso a menos — algo semelhante a um dérbi de demolições na escala do Sistema Solar, uma guerra de atrito. O próprio fato de já terem ocorrido muitas dessas colisões significa que os pequenos mundos vagabundos têm sido consideravelmente consumidos. Os que estão em trajetórias circulares ao redor do Sol, aqueles que não cortam as órbitas de outros mundos, têm pouca probabilidade de se chocar com um planeta. Os que se encontram em trajetórias altamente elípticas, aqueles que cruzam as órbitas de outros planetas, vão colidir, mais cedo ou mais tarde, ou, errando por pouco o alvo, serão gravitacionalmente expelidos do Sistema Solar.

É quase certo que os planetas são o resultado da acumulação de pequenos mundos que, por sua vez, se condensaram a partir de uma grande nuvem achatada de gás e poeira que circundava o Sol — o tipo de nuvem que pode agora ser visto ao redor de estrelas jovens próximas. Assim, na história primitiva do Sistema Solar, antes que as colisões limpassem a área, os mundos pequenos deviam ser muito mais numerosos que atualmente.

Na verdade, há evidências claras desse fato em nosso próprio quintal: se contarmos os pequenos mundos intrusos em nossa vizinhança no espaço, poderemos estimar a frequência com que se chocarão contra a Lua. Partindo do pressuposto modesto de que a população de intrusos nunca tenha sido menor que a atual, podemos calcular quantas crateras deveria haver sobre a Lua. O número calculado revela-se muito menor que o de crateras que vemos sobre os planaltos devastados da Lua. A profusão inesperada de crateras na Lua nos fala de uma época mais primitiva, quando o Sistema Solar estava num turbilhão selvagem, fervilhando com mundos em trajetórias de colisão. Isso faz sentido, porque eles se formaram da aglomeração de mundos muito menores que, por sua vez, tinham surgido da poeira interestelar. Há 4 bilhões de anos, os impactos lunares eram centenas de vezes mais frequentes do que hoje em dia, e há 4,5 bilhões de anos, quando os planetas ainda estavam incompletos, as colisões aconteciam com uma frequência talvez 1 bilhão de vezes maior que em nossa época apaziguada.

O caos deve ter sido mitigado por sistemas de anéis resplandecentes, muito mais numerosos, talvez, que os que atualmente embelezam os planetas. Se tivessem luas menores naquela época, a Terra, Marte e os outros planetas pequenos também poderiam ter recebido anéis de enfeite.

A explicação mais satisfatória para a origem de nossa Lua, com base em sua química (revelada pelas amostras trazidas pelas missões *Apollo*), é que teria sido formada há quase 4,5 bilhões de anos, quando um mundo do tamanho de Marte atingiu a Terra. Grande parte do manto rochoso de nosso planeta foi reduzido a pó e gás quente, e voou pelo espaço. Alguns dos destroços, em órbita ao redor da Terra, reagregaram-se, então, gradativamente, átomo por átomo, penedo por penedo. Se esse mundo impactante desconhecido tivesse sido um pouco maior, o resultado teria sido a eliminação da Terra. É possível que, no passado, houvesse outros mundos no Sistema Solar — talvez até mundos onde a vida estava acontecendo — que, atingidos por algum mundo demoníaco, foram totalmente demolidos, e dos quais, hoje, não fazemos nenhuma ideia.

O quadro emergente do Sistema Solar primitivo não se assemelha a uma grandiosa progressão de acontecimentos destinados a formar a Terra. Ao contrário, o nosso planeta parece ter se formado, e sobrevivido, por um simples e feliz acaso,* em meio a uma violência inacreditável. O nosso mundo não parece ter sido esculpido por um mestre artesão. Mais uma vez, não há indícios de um Universo feito para nós.

O estoque decrescente de pequenos mundos recebe, hoje, vários nomes: asteroides, cometas, pequenas luas. Essas são, porém, categorias arbitrárias — os mundos pequenos reais são capazes de romper essas divisões feitas pelo homem. Alguns asteroides (a palavra significa "semelhantes a estrelas", o que eles não são, com certeza) são rochosos, outros, metálicos, ainda outros, ricos em matéria orgânica. Nenhum tem mais que mil quilômetros de extensão. São encontrados, principalmente, num cinturão entre as órbitas de Marte e Júpiter. Os astrônomos pensavam que os asteroides do "cinturão" eram os restos de um mundo demolido, mas, como tenho descrito, outra ideia está agora em voga: o Sistema Solar era, outrora, repleto de mundos semelhantes aos asteroides, alguns dos quais contribuíram para a formação dos planetas. Foi apenas no cinturão de asteroides,

---

* Se não tivesse sido por acaso, é provável que hoje existisse um outro planeta, um pouco mais perto ou mais distante do Sol, em que outros seres muito diferentes estariam tentando reconstruir *suas* origens.

perto de Júpiter, que as marés gravitacionais desse enorme planeta impediram que os destroços próximos se unissem para formar um novo mundo. Em vez de representarem um mundo passado, os asteroides parecem ser os tijolos de um mundo destinado a não existir.

É possível que existam vários milhares de asteroides com o tamanho de um quilômetro, mas, no enorme volume do espaço interplanetário, esse número ainda é muito pequeno para causar perigos sérios às naves espaciais rumo ao Sistema Solar exterior. Dois asteroides do cinturão, Gaspra e Ida, foram fotografados pela primeira vez, em 1991 e 1993 respectivamente, pela espaçonave *Galileo* em sua viagem tortuosa para Júpiter.

Os asteroides do cinturão ficam geralmente em casa. Para investigá-los, temos de ir ao seu encontro, como fez a *Galileo*. Os cometas, por outro lado, às vezes vêm nos visitar, como fez o de Halley muito recentemente, em 1910 e 1986. Os cometas são feitos principalmente de gelo e de quantidades menores de material rochoso e orgânico. Quando aquecidos, o gelo se evapora, formando as longas e encantadoras caudas sopradas para o exterior pelo vento solar e pela pressão da luz solar. Depois de muitas passagens pelo Sol, o gelo se evapora por completo, restando, às vezes, um mundo morto rochoso e orgânico. De vez em quando, as partículas remanescentes, agora que já não existe o gelo que as unia, espalham-se pela órbita do cometa, gerando um rasto de destroços ao redor do Sol.

Toda vez que um pouco de felpa cometária, do tamanho de um grão de areia, entra na atmosfera da Terra em alta velocidade, ela se incendeia, produzindo momentânea linha de luz que os observadores chamam de meteoro esporádico ou "estrela cadente". Alguns cometas em desintegração têm órbitas que cruzam a da Terra. Assim, todo ano, em sua circum-navegação constante do Sol, a Terra também mergulha em cinturões de destroços cometários em órbita. Podemos, então, presenciar uma chuva de meteoros ou, até mesmo, uma tempestade de meteoros — o céu incendiado com as partes do corpo de um cometa. Os meteoros Perseídeos, vistos no dia 12 de agosto de cada ano ou perto dessa data, por exemplo, provêm de um cometa moribundo chamado Swift-Tuttle. A beleza de uma chuva de meteoros não deve, porém, nos enganar: há um continuum que conecta esses visitantes bruxuleantes de nosso céu noturno com a destruição de mundos.

Alguns asteroides emitem, de vez em quando, pequenos jatos de gás ou até formam uma cauda temporária, sugerindo transição entre a condição de cometa e a de asteroide. É provável que algumas luas pequenas ao redor dos planetas sejam asteroides ou cometas capturados; as luas de Marte e os satélites exteriores de Júpiter podem estar nessa categoria.

A gravidade aplaina tudo o que for demasiado saliente. Apenas os corpos grandes, no entanto, têm gravidade suficiente para fazer com que montanhas e outras projeções caiam pelo seu próprio peso, arredondando o mundo. Na verdade, quando observamos as suas formas, quase sempre descobrimos que os mundos pequenos são encaroçados, irregulares, em forma de batata.

A ideia de diversão de alguns astrônomos é ficar acordados até de madrugada, numa noite fria e sem lua, tirando fotografias do céu — o mesmo céu que eles fotografaram no ano anterior... e no ano anterior àquele. Se conseguiram boas fotos da última vez, é de se perguntar: por que estão fotografando de novo? A resposta é: o céu muda. Em qualquer ano determinado, pode haver mundos pequenos totalmente desconhecidos, nunca antes vistos, que se aproximam da Terra e são observados por esses dedicados estudiosos.

Em 25 de março de 1993, um grupo de caçadores de asteroides e cometas, examinando a colheita fotográfica de uma noite intermitentemente nublada em Monte Palomar, na Califórnia, descobriu um leve borrão alongado em seus filmes. Estava perto de um objeto muito brilhante no céu, o planeta Júpiter. Carolyn e Eugene Shoemaker e David Levy pediram a outros observadores para dar uma olhada. Descobriu-se que o borrão era algo espantoso: uns vinte objetos, pequenos e brilhantes, girando ao redor de Júpiter, um atrás do outro, como as pérolas de um colar. Coletivamente, são chamados Cometa Shoemaker-Levy 9 (esta foi a nona vez que esses colaboradores descobriram juntos um cometa periódico).

Mas chamar esses objetos de cometa gera confusão. Havia uma horda deles, provavelmente os restos fragmentados de um único cometa, até então desconhecido. Ele girou silenciosamente ao redor do Sol durante 4 bilhões de anos antes de passar demasiado perto de Júpiter e ser capturado, há algumas décadas, pela gravidade do maior planeta do Sistema

Solar. Em 7 de julho de 1992, foi despedaçado pelas marés gravitacionais de Júpiter.

É possível reconhecer que a parte interna desse cometa foi puxada em direção a Júpiter com um pouco mais de força que a parte externa, porque a primeira está mais próxima de Júpiter que a segunda. A diferença na força de atração é, sem dúvida, pequena. Nossos pés estão um pouco mais próximos do centro da Terra que nossas cabeças; nem por isso, porém, somos despedaçados pela gravidade da Terra. Para que essa ruptura de maré tenha ocorrido, a coesão do cometa original devia ser muito fraca. Achamos que, antes da fragmentação, ele era massa, frouxamente consolidada, de gelo, rocha e matéria orgânica, talvez com uns dez quilômetros de extensão.

A órbita desse planeta despedaçado foi então determinada com alta precisão. Entre 16 e 22 de julho de 1994, todos os fragmentos cometários, um depois do outro, colidiram com Júpiter. A extensão dos pedaços maiores parece ter sido de alguns quilômetros. Seus impactos com Júpiter foram espetaculares.

Ninguém sabia, de antemão, o que esses impactos múltiplos provocariam na atmosfera e nas nuvens de Júpiter. É possível que os fragmentos cometários, circundados por halos de poeira, fossem muito menores do que pareciam. Ou, talvez, nem fossem corpos coesos, mas frouxamente consolidados — algo parecido com um monte de cascalho com todas as partículas movendo-se juntas pelo espaço, em órbitas quase idênticas. Se qualquer uma dessas possibilidades fosse verdadeira, Júpiter devoraria os cometas sem deixar vestígios. Outros astrônomos achavam que haveria, pelo menos, bolas de fogo brilhantes e plumas gigantes quando os fragmentos cometários mergulhassem na atmosfera. Outros ainda sugeriam que a nuvem densa de partículas finas, ao acompanhar os fragmentos do Cometa Shoemaker-Levy 9 no impacto sobre Júpiter, romperia a magnetosfera de Júpiter ou formaria um novo anel.

Calcula-se que um cometa desse tamanho só entra em colisão com Júpiter uma vez em cada mil anos. Não é o evento astronômico de uma vida, mas de várias vidas. Nada, nessa escala, ocorreu desde a invenção do telescópio. Assim, na metade de julho de 1994, num trabalho científico internacional muito bem coordenado, os telescópios em toda a Terra e no espaço se viraram para Júpiter.

Os astrônomos tiveram mais de um ano para se preparar. As trajetórias dos fragmentos em suas órbitas foram estimadas. Descobriu-se que todos atingiriam Júpiter. As predições do momento das colisões foram aperfeiçoadas. Desapontadoramente, os cálculos revelaram que todos os impactos ocorreriam no lado noturno de Júpiter, o lado invisível para a Terra (embora acessível às naves espaciais *Galileo* e *Voyager* no Sistema Solar exterior). Felizmente, todos os impactos ocorreriam apenas alguns minutos antes da aurora joviniana, quando o lado atingido seria levado, pela rotação de Júpiter, para dentro do campo de visão da Terra.

O momento previsto para o impacto do primeiro pedaço, fragmento A, chegou e passou. Não houve informes dos telescópios terrestres. Os cientistas planetários fitavam com crescente tristeza um monitor de televisão que mostrava os dados transmitidos pelo Telescópio Espacial Hubble para o Instituto Científico do Telescópio Espacial, em Baltimore. Não havia nada de anômalo. Os astronautas do ônibus espacial abandonaram, por um tempo, a reprodução de moscas de frutas, peixes e tritões para fitar Júpiter com binóculos. Informaram não estar vendo nada. O impacto do milênio estava começando a parecer um fiasco.

Chegou, então, um informe de um telescópio óptico em La Palma, nas ilhas Canárias, seguido por comunicados de um radiotelescópio no Japão; do Observatório Europeu do Sul, no Chile; e de um instrumento da Universidade de Chicago nos desertos frígidos do polo Sul. Em Baltimore, os jovens cientistas apinhados ao redor do monitor de TV — eles próprios monitorados pelas câmeras da CNN — começaram a ver algo e exatamente no lugar determinado em Júpiter. Foi possível ver a consternação se transformar em perplexidade e, depois, em júbilo. Eles davam vivas, gritavam, pulavam. A alegria tomava conta da sala. Abriram o champanhe. Ali estava um grupo de jovens cientistas norte-americanos — quase um terço deles, inclusive a chefe da equipe, Heidi Hammel, formado por mulheres —, e podia-se imaginar os jovens de todo o mundo pensando que deve ser divertido ser cientista, que este talvez seja um bom emprego de tempo integral ou, até mesmo, um meio para a realização espiritual.

Na colisão de muitos dos fragmentos, observadores em algum ponto da Terra notaram a bola de fogo erguer-se tão rápido e tão alto a ponto de ser divisada, embora o local do impacto abaixo ainda estivesse imerso na escuridão joviniana. Plumas se elevaram e depois se achataram lembrando panquecas. Espalhando-se do ponto de impacto, podíamos ver ondas de som e gravidade, e uma mancha descolorida que, no caso dos fragmentos maiores, tornou-se do tamanho da Terra.

Ao bater em Júpiter a sessenta quilômetros por segundo, os fragmentos grandes converteram parte de sua energia cinética em ondas de choque, parte em calor. A temperatura na bola de fogo foi estimada em milhares de graus. Algumas das bolas de fogo e das plumas eram muito mais brilhantes que todo o resto de Júpiter considerado em conjunto.

Qual é a causa das manchas escuras que apareceram depois do impacto? Podem ser matéria das nuvens profundas de Júpiter — da região em geral inacessível aos observadores da Terra — que jorrou para o alto e se espalhou. Os fragmentos, entretanto, não parecem ter penetrado até essas profundezas. Ou as moléculas responsáveis pelas manchas podem ter vindo dos fragmentos cometários. Sabemos, pelas missões soviéticas *Vega 1* e *2* e pela missão *Giotto* da Agência Espacial Europeia — ambas para o Cometa de Halley —, que os cometas podem chegar a ter um quarto de sua massa composto de moléculas orgânicas complexas. Elas são a razão para o núcleo do Cometa de Halley ser preto como breu. Se parte da matéria orgânica cometária sobreviveu aos eventos do impacto, ela pode ter causado a mancha. Ou, finalmente, a mancha pode ser devida a matéria orgânica que não foi trazida pelos fragmentos cometários impactantes, mas sintetizada, pelas suas ondas de choque, na atmosfera de Júpiter.

O impacto dos fragmentos do Cometa Shoemaker-Levy 9 com Júpiter foi presenciado em sete continentes. Até astrônomos amadores, com telescópios pequenos, puderam ver as plumas e a subsequente descoloração das nuvens jovinianas. Assim como os eventos esportivos são filmados de todos os ângulos, pelas câmeras de televisão instaladas no campo e num dirigível posicionado no alto, seis espaçonaves da Nasa distribuídas pelo Sistema Solar, com especialidades de observação diferentes, registraram essa nova maravilha — o Telescópio Espacial Hubble, o *International Ultraviolt Explorer* e o *Extreme Ultraviolet Explorer*, todos em órbita ao redor da Terra; *Ulysses,* deixando um pouco de lado sua investigação de polo sul do Sol; *Galileo*, a caminho de seu encontro com Júpiter; e *Voyager 2* muito além de Netuno, em sua trajetória rumo às estrelas. Quando os dados forem acumulados e analisados, nosso conhecimento dos cometas, de Júpiter e das colisões violentas de mundos deverá ser substancialmente aperfeiçoado.

Para muitos cientistas — especialmente para Carolyn e Eugene Shoemaker e para David Levy — houve algo de pungente no fato de os fragmentos cometários, um após outro, darem seu mergulho mortal em Júpiter. Eles, por assim dizer, viveram com esse cometa durante dezesseis meses, observaram sua divisão, os pedaços, envoltos em nuvens de poeira, brincando de esconder e se espalhando em suas órbitas. De modo limitado, cada fragmento tinha a sua personalidade. Agora, jaziam desfeitos em moléculas e átomos na atmosfera superior do maior planeta do Sistema Solar. De certo modo, quase choramos a sua perda. Estamos, porém, aprendendo com suas mortes ardentes. Talvez nos dê algum alento saber que há centenas de trilhões de outros cometas no imenso tesouro de mundos ao redor do Sol.

Existem cerca de duzentos asteroides conhecidos, com trajetórias que os conduzem para perto da Terra. São chamados, com bastante propriedade, asteroides "próximos da Terra". Sua aparência cheia de detalhes (como a de seus primos do cinturão) sugere, imediatamente, que são produtos de uma história de violentas colisões. Muitos deles podem ser os cacos e os restos de mundos outrora maiores.

Com algumas exceções, os asteroides próximos da Terra têm apenas alguns quilômetros de extensão ou são menores; e levam de um a alguns anos para dar uma volta ao redor do Sol. Aproximadamente 20% deles, mais cedo ou mais tarde, devem atingir a Terra — o que terá consequências devastadoras. (Mas, em astronomia, "mais cedo ou mais tarde" pode abranger bilhões de anos.) A certeza de Cícero, quanto ao fato de, num céu absolutamente ordenado e regular, não se encontrar nenhum "sinal de sorte ou acaso", é um profundo erro de percepção. Mesmo hoje, como nos lembra o encontro do Cometa Shoemaker-Levy 9 com Júpiter, existe uma violência interplanetária de rotina, embora longe de ter as proporções da que marcou a história primitiva do Sistema Solar.

Como os asteroides do cinturão, muitos dos asteroides próximos da Terra são rochosos. Alguns são compostos, principalmente, de metal, e tem-

-se sugerido que enorme compensação poderia advir de se transferir um desses asteroides para a órbita ao redor da Terra e extrair sistematicamente os seus minérios — uma montanha de minério de primeira grandeza a algumas centenas de quilômetros acima de nossas cabeças. Só o valor dos metais do grupo da platina, em um único desses mundos, é estimado em muitos trilhões de dólares, embora o preço unitário despencasse, espetacularmente, se tais materiais se tornassem muito acessíveis. John Lewis, por exemplo, um cientista planetário da Universidade do Arizona, está estudando os métodos de extrair metais e minerais de certos asteroides adequados.

Alguns asteroides próximos da Terra são ricos em matéria orgânica, aparentemente preservada dos tempos muito primitivos do Sistema Solar. Steven Ostro, do Laboratório de Propulsão a Jato, descobriu que alguns são duplos, dois corpos em contato. Talvez um mundo maior tenha se dividido em dois ao passar pelas fortes marés gravitacionais de um planeta como Júpiter; ainda mais interessante é a possibilidade de que dois mundos, em órbitas semelhantes, tenham sofrido uma colisão suave, ficando grudados um no outro. Esse processo pode ter sido essencial para a formação dos planetas e da Terra. Pelo menos um asteroide (Ida, divisado pela *Galileo*) tem a sua própria lua pequena. Podemos conjecturar que dois asteroides em contato e dois asteroides girando um ao redor do outro tenham origens relacionadas.

Às vezes, ouvimos falar de um asteroide que "errou por pouco o alvo". (Por que dizemos "errou por pouco o alvo"? "Quase acertou o alvo" é o que realmente queremos dizer.) Lemos, então, um pouco mais atentamente e descobrimos que o seu ponto de maior aproximação, em relação à Terra, estava a várias centenas de milhares ou milhões de quilômetros. Isso não conta — isso é muito distante, ainda mais distante que a Lua. Se tivéssemos uma lista de todos os asteroides próximos da Terra, inclusive aqueles bem menores que um quilômetro de extensão, poderíamos projetar suas órbitas no futuro e predizer quais são potencialmente perigosos. Há uma estimativa de que 2 mil sejam maiores que um quilômetro, e, destes, observamos realmente apenas uma pequena porcentagem. Talvez existam 200 mil com um diâmetro maior que cem metros.

Os asteroides próximos da Terra têm nomes mitológicos evocativos: Orfeu, Hator, Ícaro, Adônis, Apolo, Cérbero, Kufu, Amor, Tântalo, Aten, Midas, Ra-Shalom, Fáeton, Tutatis, Quetzalcoatl. Alguns têm um potencial especial de exploração: Nereu, por exemplo. Em geral, é muito mais fácil visitar os asteroides próximos da Terra que a Lua. Nereu, um mundo minúsculo com aproximadamente um quilômetro de extensão, é um dos mais fáceis.* Seria a exploração real de um mundo verdadeiramente novo.

Alguns seres humanos (todos os astronautas da antiga União Soviética) já estiveram no espaço por períodos maiores que toda a viagem de ida e volta a Nereu. Já existe a tecnologia de foguetes para chegarmos até lá. É um passo muito menor que ir a Marte ou, até mesmo, sob vários aspectos, que voltar à Lua. Se algo desse errado, porém, seríamos incapazes de voltar correndo para a segurança de nossa casa em apenas alguns dias. A esse respeito, seu nível de dificuldade está entre o de uma viagem a Marte e o de uma ida à Lua.

Dentre as muitas possíveis missões futuras a Nereu, existe um projeto em que levamos dez meses para ir da Terra ao asteroide, passamos trinta dias no pequeno mundo e, depois, precisamos de apenas três semanas para retornar à Terra. Poderíamos visitar Nereu com robôs ou — se tivermos condições — com seres humanos. Poderíamos examinar a forma, a constituição, o interior, a história passada, a química orgânica, a evolução cósmica e a possível ligação com os cometas desse pequeno mundo. Poderíamos trazer de volta amostras para serem examinadas com calma nos laboratórios da Terra. Poderíamos investigar se existem, de fato, recursos de valor comercial — metais ou minerais — no asteroide. Se algum dia enviarmos seres humanos a Marte, os asteroides próximos da Terra fornecerão uma meta intermediária conveniente e apropriada: testar o equipamento e os planos de exploração, enquanto se estuda um pequeno mundo quase totalmente desconhecido. Eis um modo de adquirir experiência, quando estivermos prestes a entrar, mais uma vez, no oceano cósmico.

---

* O asteroide 1991JW tem uma órbita muito semelhante à da Terra, sendo até mais fácil alcançá-lo que Nereu 4660. Sua órbita, porém, parece demasiado semelhante à da Terra para que seja um objeto natural. É possível que se trate de algum estágio superior perdido do foguete lunar *Saturn V* da *Apollo*.

18. O pântano de Camarina

É tarde demais para qualquer melhoria. O universo está terminado; a cumeeira foi colocada, e o entulho removido há 1 milhão de anos.

Herman Melville, *Moby Dick,* capítulo 2 (1851)

Camarina era uma cidade ao sul da Sicília, fundada por colonizadores de Siracusa em 598 a.C. Uma ou duas gerações mais tarde, foi ameaçada por uma peste que fermentava, segundo alguns, no pântano adjacente. (Embora a teoria que atribui as doenças a germes não fosse, com certeza, muito aceita no mundo antigo, havia indícios dessa forma de pensar; por exemplo, no século I a.C., Marco Varro alertava, de maneira bem explícita, contra a construção de cidades perto de pântanos, "porque ali se reproduzem certas criaturas minúsculas que são invisíveis para os olhos, que flutuam no ar e entram no corpo pela boca e pelo nariz, causando graves doenças".) O perigo para Camarina era grande. Foram traçados planos para drenar o pântano. No entanto, quando consultado, o oráculo proibiu essa linha de ação, aconselhando paciência em seu lugar. As vidas, porém, corriam risco, ignorou-se o oráculo e o pântano foi drenado. A peste foi imediatamente controlada. Tarde demais, reconheceu-se que o pântano tinha protegido a cidade de seus inimigos, entre os quais tinha-se, agora, de contar os primos, os siracusanos. Como na América do Norte, 2300 anos mais tarde, os colonizadores haviam brigado com a terra natal. Em 552 a. C., uma tropa de Siracusa atravessou a terra seca, onde antes se encontrava o pântano, massacrou todos os homens, mulheres e crianças e destruiu a cidade. O pântano de Camarina tornou-se proverbial para o caso de eliminarmos um perigo e, com isso, criarmos outro ainda maior.

A colisão do período cretáceo-terciário (ou colisões — pode ter havido mais de uma) esclarece o perigo dos asteroides e cometas. Depois da colisão, uma fogueira capaz de imolar mundos torrou a vegetação sobre todo o planeta; uma nuvem estratosférica de poeira escureceu o céu de tal forma que as plantas sobreviventes encontraram dificuldades para tirar o sustento da fotossíntese; houve por toda parte temperaturas glaciais, chuvas torrenciais de ácidos cáusticos, enorme diminuição da camada de ozônio e, para completar, depois que a Terra estava curada de todas essas agressões, um prolongado aquecimento de estufa (porque o impacto principal parece ter volatizado uma camada profunda de carbonatos sedimentares, derramando imensas quantidades de dióxido de carbono no ar). Não foi uma catástrofe única, mas um desfile, uma concatenação de horrores. Os organismos, enfraquecidos por um desastre, eram exterminados pelo seguinte. Não sabemos se nossa civilização sobreviveria a uma colisão energética, mesmo consideravelmente menor.

Como o número dos asteroides pequenos é muito maior que o dos grandes, as colisões comuns com a Terra serão causadas pelos pequenos. Quanto maior for o tempo previsto para a colisão, no entanto, tanto mais devastador será o impacto que se pode esperar. Em média, uma vez, em algumas centenas de anos, a Terra é atingida por um objeto com aproximadamente setenta metros de diâmetro; a energia liberada resultante equivale à explosão das maiores armas nucleares já detonadas. A cada 10 mil anos, somos atingidos por um objeto de duzentos metros que poderia induzir graves efeitos climáticos regionais. A cada milhão de anos, ocorre o impacto de um corpo com mais de dois quilômetros de diâmetro, equivalente a quase 1 milhão de megatons de TNT — explosão que provocaria uma catástrofe global, matando (a menos que se tomassem precauções inéditas) uma fração significativa da espécie humana. Um milhão de megatons de TNT é cem vezes o produto explosivo de todas as armas nucleares do planeta, se detonadas simultaneamente. Eclipsando até mesmo esse desastre, em mais ou menos 100 milhões de anos pode-se apostar em algo semelhante ao evento do período cretáceo-terciário, o impacto de um mundo com dez quilômetros de extensão ou ainda maior. A energia destrutiva latente num grande asteroide próximo da Terra eclipsa qualquer outra coisa ao alcance da espécie humana.

Como o cientista planetário norte-americano Christopher Chyba e seus colegas mostraram pela primeira vez, os pequenos asteroides ou cometas, com uma extensão de algumas dezenas de metros, se quebram e incendeiam ao entrarem em nossa atmosfera. Eles aparecem com relativa frequência, mas não causam danos significativos.

Dados do Departamento de Defesa dos Estados Unidos, que deixaram de ser confidenciais, obtidos por meio de satélites especiais que monitoram a Terra em busca de explosões nucleares clandestinas, puderam dar uma ideia da frequência com que esses pequenos asteroides ou cometas entram na atmosfera da Terra. Centenas de pequenos mundos (e, pelo menos, um corpo celeste maior) parecem ter se chocado com a Terra nos últimos vinte anos. Não causaram danos. Mas devemos estar muito seguros de poder distinguir entre um pequeno cometa ou asteroide impactante e uma explosão nuclear atmosférica.

Os impactos que ameaçam a civilização requerem corpos com várias centenas de metros ou mais. Eles aparecem cerca de uma vez em cada 200 mil anos. Nossa civilização tem apenas uns 10 mil anos; portanto, não devemos ter, nem temos, memória institucional do último desses impactos.

O Cometa Shoemaker-Levy 9, com sua sequência de explosões incandescentes em Júpiter, em julho de 1994, nos lembra que tais impactos podem ocorrer na nossa época — e que o impacto de um corpo, com alguns quilômetros de extensão, pode espalhar destroços por uma área do tamanho da Terra. Foi uma espécie de portento.

Na mesma semana do impacto do Shoemaker-Levy 9, a Comissão de Ciência e Espaço da Câmara dos Deputados dos Estados Unidos esboçou uma legislação exigindo que a Nasa, "em coordenação com o Departamento de Defesa e as agências espaciais de outros países", identificasse e determinasse as características orbitais de todos os "cometas e asteroides com mais de um quilômetro de diâmetro" que estivessem se aproximando da Terra. O trabalho deve estar pronto no ano 2005. Esse programa de pesquisa tinha sido defendido por muitos cientistas planetários. Mas foi preciso a agonia de um cometa para que fosse implementado.

Distribuídos pelo seu tempo de espera, os perigos da colisão dos asteroides não parecem muito preocupantes. Mas se acontecesse um grande impacto, seria uma catástrofe humana sem precedentes. A possibilidade de uma colisão dessas ocorrer durante a vida de um bebê recém-nascido é mais ou menos de uma em 2 mil. Muitos não voariam num avião se a possibilidade de acidente fosse de uma em 2 mil. (Na realidade, nos voos comerciais, a probabilidade é de uma em 2 milhões. Mesmo assim, muitas pessoas a consideram uma fonte bastante grande de preocupação e chegam até a fazer um seguro.) Quando a nossa vida corre risco, mudamos frequentemente de comportamento para obter perspectivas mais favoráveis. Aqueles que não o fazem tendem a não estar mais conosco.

Talvez fosse preciso praticar, viajando até esses pequenos mundos e desviando as suas órbitas, para o caso de a hora da necessidade soar algum dia. Apesar de *Melville*, ainda resta parte do entulho da criação, e melhorias devem ser, evidentemente, realizadas. Ao longo de trilhas paralelas e apenas fracamente interativas, a comunidade da ciência planetária e os laboratórios de armas nucleares dos Estados Unidos e da Rússia, cientes dos roteiros anteriores, têm examinado estas questões: como monitorar todos os objetos interplanetários, de tamanho razoável, próximos da Terra; como caracterizar sua natureza física e química; como predizer quais os que podem estar numa futura rota de colisão com a Terra; e, finalmente, como impedir que uma colisão venha a acontecer.

Há um século, Konstantin Tsiolkovsky, o pioneiro russo do voo espacial, defendia a existência de corpos celestes de tamanho intermediário entre os grandes asteroides observados e os fragmentos de asteroides, os meteoritos, que, de vez em quando, caem na Terra. Ele escreveu sobre a possibilidade de se viver em pequenos asteroides no espaço interplanetário. Não tinha aplicações militares em mente. No início dos anos 1980, porém, alguns membros influentes da indústria de armamentos norte-americana afirmavam que os soviéticos poderiam usar asteroides próximos da Terra como armas de grande impacto; o alegado plano era chamado "O Martelo de Ivan". Fazia-se necessário contrapor medidas. Ao mesmo tempo, sugeria-se que, talvez, não fosse má ideia os Estados Unidos aprenderem a usar os pequenos mundos como armas para seus próprios fins. A Organização de Defesa contra Mísseis Balísticos, do Departamento de Defesa, sucessora do órgão da Guerra nas Estrelas dos anos 1980, lançou uma inovadora espaçonave, chamada *Clementine*, para descrever órbitas ao redor da Lua e passar pelo asteroide Geographos próximo da Terra. (Depois de completar um reconhecimento extraordinário da Lua em maio de 1994, a nave espacial parou de funcionar antes que pudesse alcançar Geographos.)

Em princípio, seria possível usar grandes motores de foguetes, impactos de projéteis ou equipar o asteroide com painéis reflexivos gigantescos para impulsioná-lo com a luz solar ou lasers potentes com base na Terra. Com a tecnologia atual, porém, há apenas duas maneiras. Primeiro, uma ou mais armas nucleares de alta potência poderiam desmembrar o asteroide ou o cometa em fragmentos que se desintegrariam e atomizariam ao entrarem na atmosfera da Terra. Se o pequeno mundo agressor tivesse uma coesão interna muito fraca, talvez fossem suficientes apenas umas centenas de megatons. Na ausência de limite superior teórico para a potência explosiva de uma arma termonuclear, há, nos laboratórios de armamentos, os que pensam em criar bombas maiores, não apenas como desafio estimulante, mas também para calar ambientalistas incômodos, assegurando um lugar para as armas nucleares no vagão vitorioso dos salvadores da Terra.

Outra abordagem, objeto de discussão mais séria, é menos dramática, embora um meio eficaz de manter o poder da indústria de armamento — um plano para alterar a órbita de qualquer pequeno mundo errante explodindo armas nucleares por perto. As explosões (geralmente no ponto mais próximo do Sol da órbita do asteroide) são projetadas de modo a desviá-lo para longe da Terra.* Uma rajada proveniente de armas nucleares de baixa

---

* O Tratado do Espaço Exterior, a que tanto os Estados Unidos como a Rússia aderiram, proíbe armas de destruição em grande escala no "espaço exterior". A tecnologia de deflexão de um asteroide constitui exatamente uma arma desse tipo — na realidade, a mais

potência, cada uma dando um pequeno empurrão na direção desejada, é o bastante para desviar um asteroide de tamanho médio com apenas algumas semanas de alerta prévio. O método também oferece, é o que se espera, um meio de lidar com um cometa de longo período, subitamente detectado em iminente rota de colisão com a Terra: o cometa seria interceptado com um asteroide pequeno. (Não é preciso dizer que esse jogo de bilhar celeste é ainda mais perigoso e incerto — e, portanto, ainda menos prático em um futuro próximo — que conduzir um asteroide para uma órbita conhecida e bem-comportada com o prazo de meses ou anos à nossa disposição.)

Desconhecemos o efeito de uma explosão nuclear, a certa distância, num asteroide. Pode variar de asteroide para asteroide. Pequenos mundos podem ter uma coesão interna muito forte ou não passar de montes de cascalho gravitando em torno de si mesmos. Se uma explosão divide um asteroide de dez quilômetros em centenas de fragmentos de um quilômetro, é provável que aumente a possibilidade de pelo menos um deles bater na Terra, e o efeito apocalíptico das consequências talvez não seja muito reduzido. Por outro lado, se a explosão fragmenta o asteroide num enxame de objetos com cem metros de diâmetro ou ainda menores, todos podem desaparecer como meteoros gigantes ao entrarem na atmosfera da Terra. Nesse caso, os impactos causariam poucos danos. Mesmo, porém, que o asteroide fosse pulverizado em partículas muito finas, a resultante camada de poeira, devido à altitude elevada, poderia ficar tão densa a ponto de bloquear a luz solar e alterar o clima. Ainda não sabemos.

Sugere-se a possibilidade de manter dúzias ou centenas de mísseis carregados de armas nucleares em permanente estado de prontidão para lidar com asteroides ou cometas ameaçadores. Por mais prematura que seja nessa aplicação específica, a visão parece muito familiar; mudou apenas o inimigo. Afigura-se, também, muito perigosa.

---

poderosa arma de destruição em grande escala já projetada. Os interessados em desenvolver a tecnologia de deflexão de asteroides vão querer que o tratado seja revisado. Mesmo sem revisão, porém, se um grande asteroide fosse descoberto em rota de colisão com a Terra, presume-se que ninguém deixaria de agir por causa das sutilezas da diplomacia internacional. Há, no entanto, o perigo de que o relaxamento da proibição dessas armas no espaço enfraqueça a vigilância contra o posicionamento de ogivas para fins agressivos.

O problema, como Steven Ostro e eu já expusemos, é que se podemos desviar, com segurança, um pequeno mundo ameaçador para que ele não colida com a Terra, também podemos, com segurança, desviar um pequeno mundo inofensivo para que ele *venha a colidir* com a Terra. Vamos supor que tivéssemos um inventário completo, com as respectivas órbitas, dos estimados 300 mil asteroides próximos da Terra com mais de cem metros — cada um deles bastante grande para que seu impacto com o nosso planeta tivesse sérias consequências. E também uma lista dos inúmeros asteroides inofensivos cujas órbitas poderiam ser alteradas com ogivas nucleares para que colidissem rapidamente com a Terra.

Suponhamos que nossa atenção se limitasse aos cerca de 2 mil asteroides próximos da Terra com um quilômetro de extensão ou ainda maiores, isto é, os que têm maior probabilidade de causar uma catástrofe global. Atualmente, apenas com cerca de cem desses objetos catalogados, seria preciso mais ou menos um século para captar um deles, quando estivesse em posição de ser facilmente desviado para a Terra, e alterar a sua órbita. Descobrimos um asteroide nessas condições; até agora sem nome,* é referido apenas como 1991OA. Em 2070, esse mundo, com aproximadamente um quilômetro de diâmetro, passará a 4,5 milhões de quilômetros da órbita da Terra — apenas quinze vezes a distância até a Lua. Para desviar 1991OA, de modo que atinja a Terra, basta explodir adequadamente uns sessenta megatons de TNT — o equivalente a um pequeno número das ogivas nucleares atualmente disponíveis.

Imagine-se, agora, uma época, daqui a algumas décadas, em que todos esses asteroides próximos da Terra estejam inventariados e suas órbitas compiladas. Nesse caso, como Alan Harris, do JPL, Greg Canavan do Laboratório Nacional de Los Alamos, Ostro e eu mostramos, em apenas um ano seria possível selecionar um objeto adequado, alterar sua órbita e impeli-lo a espatifar-se sobre a Terra com efeitos cataclísmicos.

A tecnologia requerida — grandes telescópios ópticos; detectores sen-

---

* Como deveríamos denominar esse mundo? Dar-lhe o nome grego de Parcas, Fúrias ou Nêmesis parece inadequado, porque está inteiramente em nossas mãos a possibilidade de ele chocar-se ou não com a Terra. Se nada fizermos, ele não colidirá com a Terra. Se lhe dermos um empurrão preciso e hábil, ele o fará. Talvez fosse melhor chamá-lo de "Bola Oito". (Jogo de bilhar em que não se deve tocar na bola oito (N. T.).)

síveis; sistemas de propulsão de foguetes capazes de lançar algumas toneladas de carga e realizar encontros precisos no espaço próximo; armas termonucleares — já está, hoje, disponível. Todos esses itens, à exceção talvez do último, são passíveis de aperfeiçoamento. Se não formos cuidadosos, muitas nações, nas próximas décadas, terão acesso a essa tecnologia. Que tipo de mundo teremos criado então?

Tendemos a minimizar os perigos das novas tecnologias. Um ano antes do desastre de Tchernóbil, um comissário da indústria de energia nuclear foi questionado sobre a segurança dos reatores soviéticos e escolheu Tchernóbil como um local especialmente seguro. O tempo de espera médio para um desastre, estimou com confiança, era de 100 mil anos. Menos de um ano mais tarde... a devastação. Os empreiteiros da Nasa fizeram afirmações igualmente tranquilizadoras um ano antes do desastre do *Challenger*: teríamos de esperar 10 mil anos, segundo suas estimativas, para um fracasso catastrófico do ônibus espacial. Um ano mais tarde... dor e sofrimento.

Os clorofluorcarbonos (CFCS) foram desenvolvidos, como agentes de refrigeração totalmente seguros, para substituir a amônia e outros fluidos de refrigeração que, ao vazarem, tinham causado doenças e algumas mortes. Quimicamente inertes, não tóxicos (em concentrações comuns), sem cheiro, sem gosto, não alergênicos, não inflamáveis, os CFCS representavam uma brilhante solução técnica para um problema prático bem definido. Mostraram-se úteis em muitas outras indústrias além da refrigeração e do ar-condicionado. Mas os químicos que desenvolveram os CFCS negligenciaram um fato essencial: que a própria inércia das moléculas garante que elas circulem até altitudes estratosféricas e sejam ali decompostas pela luz solar, liberando átomos de cloro que então atacam a camada protetora de ozônio. Devido ao trabalho de alguns cientistas, os perigos foram reconhecidos e prevenidos a tempo. Atualmente, nós humanos quase paramos de produzir os CFCS. Não saberemos se conseguimos evitar os danos reais por mais ou menos um século; é o tempo que todo o estrago causado pelos CFCS leva para se completar. Como os antigos habitantes de Camarina, cometemos erros.* Não só ignoramos fre-

---

* Sem dúvida, há uma longa série de outros problemas resultantes do potencial devastador da tecnologia que alcançamos nos últimos tempos. Na maioria dos casos, contudo, não são

quentemente as advertências dos oráculos; como é típico de nossa conduta, nem sequer os consultamos.

A ideia de atrair asteroides para a órbita da Terra tem mobilizado alguns cientistas espaciais e planejadores de longo prazo. Preveem extrair minerais e metais preciosos desses mundos, ou conseguir recursos para a construção da infraestrutura espacial, sem ter de lutar com a gravidade da Terra. Publicam-se artigos sobre como realizar esse objetivo e seus benefícios. Modernamente, discute-se sobre como colocar o asteroide em órbita ao redor da Terra, fazendo com que primeiro passe e seja freado pela atmosfera terrestre, manobra com muito pouca margem de erro. Em um futuro próximo, acho que se reconhecerá que todo esse empenho é extraordinariamente perigoso e temerário, sobretudo no caso de mundos pequenos com mais de dezenas de metros de extensão. É uma atividade em que erros de navegação, de propulsão ou no projeto da missão podem ter vastas e catastróficas consequências.

Os casos precedentes são exemplos de inadvertência. Há, porém, outro tipo de perigo: às vezes, escutamos que essa ou aquela invenção jamais seria mal empregada. Nenhuma pessoa, em sã consciência, seria tão temerária. É a argumentação do "só um louco...". Sempre que a ouço (e ela aparece com frequência nesses debates), lembro-me de que os loucos realmente existem. Às vezes, alcançam os níveis mais elevados de poder político nas modernas nações industriais. Este é o século de Hitler e Stálin, tiranos que criaram perigos gravíssimos não só para o resto da família humana, mas também para seus próprios povos. No inverno e na primavera de 1945, Hitler ordenou que a Alemanha fosse destruída — até mesmo "o que as pessoas precisam para a sobrevivência elementar"— porque os alemães sobreviventes o tinham "traído" e, de qualquer forma, eram "inferiores" aos que já haviam morrido. Se Hitler tivesse à disposição armas nucleares, a ameaça de um contra-ataque Aliado, com as mesmas armas (no caso de haver alguma), provavelmente não o dissuadiria. Antes, poderia tê-lo encorajado.

É possível confiar em tecnologias que ameaçam a civilização? No pró-

---

desastres semelhantes ao de Camarina — se correr o bicho pega, se ficar o bicho come. Ao contrário, são dilemas de sabedoria ou senso de oportunidade; por exemplo, o agente de refrigeração ou a física da refrigeração errôneos dentre muitas alternativas possíveis.

ximo século, a probabilidade de grande parte da população humana ser aniquilada por um impacto é de quase uma em mil. Maior é a probabilidade de a tecnologia de desviar asteroides cair em mãos erradas no decorrer de outro século — algum sociopata misantropo como Hitler ou Stálin ansioso por matar todo mundo, um megalomaníaco desejoso de "grandeza" e "glória", uma vítima da violência étnica determinada a fazer vingança, alguém acometido por um envenenamento gravíssimo de testosterona, um fanático religioso apressando o Dia do Juízo Final, ou apenas a imperícia ou negligência de técnicos incompetentes no manejo de controles e salvaguardas? Pessoas desse tipo existem. Os riscos parecem muito piores que os benefícios, a cura, pior que a doença. A nuvem de asteroides próximos da Terra, que nosso planeta atravessa com dificuldade, talvez seja um moderno pântano de Camarina.

É fácil pensar que tudo isso é muito improvável, simples fantasia de ansiosos. Sem dúvida, as cabeças sóbrias prevalecerão. É só pensar em quantas pessoas estariam envolvidas em preparar e lançar as ogivas, em cuidar da navegação espacial, em detonar as ogivas, em verificar a perturbação orbital provocada pela explosão nuclear, em colocar o asteroide numa trajetória de impacto com a Terra e assim por diante. Não é digno de nota que, embora Hitler ordenasse que as tropas nazistas em retirada queimassem Paris e devastassem a própria Alemanha, suas ordens não tenham sido cumpridas? Alguém, essencial para o sucesso da missão de deflexão, sem dúvida reconhecerá o perigo. Até afirmações de que o projeto tem a intenção de destruir alguma ignóbil nação inimiga seriam provavelmente desacreditadas, porque os efeitos da colisão atingem todo o planeta (e, de qualquer forma, é muito difícil ter a certeza de que o asteroide escavará a sua cratera monstruosa numa nação particularmente merecedora desse desastre).

Vamos, agora, imaginar um estado totalitário que, em vez de ser invadido por tropas inimigas, prosperasse confiante em si mesmo. Que tivesse uma tradição em que as ordens fossem obedecidas sem questionamento. Que se contasse aos envolvidos na operação uma história fictícia: o asteroide estaria prestes a chocar-se com a Terra, e, pois, impunha-se desviá-lo; mas, para não preocupar desnecessariamente as pessoas, a operação deveria ser mantida em segredo. Num ambiente militar, com uma hierarquia de comando firmemente estabelecida, compartimentação do conhecimento, sigilo geral e uma história que encobrisse a verdade, poderíamos ter a certeza de que até mesmo ordens apocalípticas não seriam obedecidas? Estamos realmente seguros de que, nas próximas décadas, séculos e milênios, nada semelhante poderia acontecer? Qual o grau de nossa certeza?

Não adianta dizer que todas as tecnologias podem ser usadas para o bem e para o mal. Isso é verdade, sem dúvida, mas, quando o "mal" chega a uma escala suficientemente apocalíptica, temos de impor limites ao desenvolvimento da tecnologia. (De certa forma, é o que sempre fazemos, pois não podemos nos dar ao luxo de desenvolver todas as tecnologias. Algumas são favorecidas em detrimento de outras.) Ou a comunidade de nações terá de impor restrições aos loucos, aos autocratas e aos fanáticos.

Rastrear asteroides e cometas é prudente, é boa ciência e não custa muito. Conhecendo, porém, nossas fraquezas, por que nem sequer consideraríamos desenvolver a tecnologia para defletir mundos pequenos? Por segurança, devemos imaginar essa tecnologia nas mãos de muitas nações, cada uma providenciando controles e compensações contra o mau emprego que a outra dela fizer? Isso está longe de ser o antigo equilíbrio de terror nuclear. Nenhum louco, determinado a causar uma catástrofe global, vai sentir-se inibido por saber que, se não se apressar, algum rival poderá vencê-lo na corrida. Que garantia teremos de que a comunidade das nações será capaz de detectar uma deflexão clandestina de asteroide, inteligentemente projetada, a tempo de tomar alguma medida a respeito? Se uma tecnologia desse tipo fosse desenvolvida, seria possível imaginar salvaguardas internacionais que tivessem confiabilidade proporcional ao risco?

Mesmo que nos limitemos à simples vigilância, há um risco. Imaginemos que, no espaço de uma geração, consigamos caracterizar as órbitas de 300 mil objetos com cem metros de diâmetro ou mais, e que essas informações sejam divulgadas; como, sem dúvida, devem ser. Serão publicados mapas que mostrem o espaço próximo da Terra coberto pelas órbitas de asteroides e cometas, 30 mil espadas de Dâmocles suspensas sobre nossas cabeças; um número dez vezes maior que o das estrelas visíveis a olho nu em condições de excelente claridade atmosférica. A ansiedade pública poderá ser muito mais intensa, nessa época bem informada, que em nossa presente era de ignorância. Talvez haja uma irresistível pressão pública no sentido de mitigar até ameaças inexistentes, o que alimentaria o perigo de a tecnologia da deflexão ser mal empregada. Por essa razão, a descoberta e a fiscalização dos asteroides poderão não ser uma simples ferramenta neutra de políticas futuras, mas, antes, uma espécie de armadilha para os incautos. Para mim, a única solução previsível é combinar estimativas precisas das órbitas, avaliações realistas das ameaças e uma educação pública efetiva. Assim, ao menos nas democracias, os cidadãos poderão decidir com conhecimento de causa. É uma tarefa para a Nasa.

Os asteroides próximos da Terra e os meios de alterar suas órbitas estão sendo considerados seriamente. Há sinais de que funcionários do Departamento de Defesa e dos laboratórios de armamentos começam a compreender os perigos reais de pretender mudar a direção dos asteroides no espaço. Cientistas civis e militares reúnem-se para discutir o assunto. Ao ouvirem pela primeira vez sobre o perigo dos asteroides, muitas pessoas o veem como uma espécie de fábula dos pintinhos; a gansa Lucy, recém-chegada e muito agitada, dá a notícia urgente de que o céu está caindo. A tendência de menosprezar a perspectiva de qualquer catástrofe que não presenciamos pessoalmente é, em última análise, muito tola. Nesse caso, porém, pode ser uma aliada da prudência.

Enquanto isso, ainda temos de enfrentar o dilema da deflexão. Se desenvolvermos essa tecnologia e a empregarmos, ela pode nos destruir. Se nada fizermos, algum asteroide ou cometa poderá nos impor a destruição. A resolução do problema depende, a meu ver, do fato de que as prováveis escalas de tempo dos dois perigos são muito diferentes — curta para o primeiro, longa para o último.

Gosto de pensar que, no futuro, nosso envolvimento com os asteroides próximos da Terra será mais ou menos nos seguintes moldes: a partir de observações feitas da Terra, descobriremos todos os grandes asteroides, marcaremos e monitoraremos suas órbitas, determinaremos os tempos de rotação e as composições. Os cientistas trabalharão diligentemente para explicar os perigos — sem exagerar, nem omitir perspectivas. Enviaremos espaçonaves robóticas que passem por alguns corpos selecionados, girem ao seu redor, pousem neles e tragam amostras da superfície para os laboratórios da Terra. Por fim, enviaremos seres humanos. (Devido à baixa gravidade, eles serão capazes de dar, sem grande impulso, saltos enormes, de dez quilômetros ou mais, céu adentro, e de colocar uma bola de beisebol em órbita ao redor do asteroide.) Plenamente cientes dos perigos, não tentaremos alterar as trajetórias até que seja minimizado o potencial de mau emprego das tecnologias que modificam mundos. Isso, talvez, leve algum tempo.

Se nos apressarmos em desenvolver a tecnologia para deslocar mundos, poderemos nos destruir; se retardarmos o passo, certamente nos destruiremos. As organizações políticas mundiais terão de fazer progressos significativos no sentido de sua confiabilidade, antes de lhes atribuirmos o tratamento de um problema dessa seriedade. Ao mesmo tempo, não parece haver nenhuma solução nacional aceitável. Quem se sentiria confortável com os meios de destruição de mundos nas mãos de alguma nação inimiga consagrada (ou até potencial), tivesse ou não a nação poderes semelhantes? A existência de colisões interplanetárias fortuitas, se compreendida em grande escala, contribuirá para unir a espécie. Ao nos confrontarmos com um perigo comum, temos atingido alturas que quase todos consideravam impossíveis; temos posto de lado nossas diferenças — pelo menos até que o perigo passe.

Mas esse perigo não passa nunca. Os asteroides, revolvendo-se gravitacionalmente, estão, aos poucos, alterando suas órbitas; sem aviso, novos cometas abandonam a escuridão transplutônica e vêm, adernados, em nossa direção. Sempre será necessário lidar com eles de modo que não nos ofereçam perigo. Ao propor duas classes diferentes de perigo — um natural, o outro criado pelo homem —, os pequenos mundos próximos da Terra oferecem nova e potente motivação para criar instituições transnacionais efetivas e para unificar a espécie humana. Difícil vislumbrar alternativa satisfatória.

Em nosso habitual modo nervoso, dois-passos-para-a-frente-um-para-trás, estamos, de qualquer maneira, avançando rumo à unificação. Há influências poderosas que derivam das tecnologias de transporte e comunicações, da economia mundial interdependente e da crise ambiental global. O perigo de impactos apenas apressa nosso passo.

Cuidando, por fim, escrupulosamente, de não tentar com os asteroides nada que possa, por inadvertência, causar uma catástrofe na Terra, imagino que começaremos a aprender como mudar as órbitas de pequenos mundos não metálicos, com menos de cem metros de extensão. Iniciaremos com explosões menores e, lentamente, aumentaremos a potência dessas explosões. Ganharemos experiência alterando as órbitas de vários asteroides e cometas de diferentes composições e forças. Tentaremos determinar quais os asteroides que podem e quais os que não podem ser deslocados. No século XXII, estaremos, talvez, deslocando pequenos mundos pelo Sistema Solar, empregando (ver o próximo capítulo), em vez de explosões nucleares, motores de fusão nuclear ou seus equivalentes. Colocaremos, na órbita da Terra, pequenos asteroides compostos de metais preciosos ou industriais. Desenvolveremos, gradativamente, uma tecnologia defensiva para defletir um grande asteroide ou cometa que possa, em futuro previsível, atingir a Terra, enquanto, com um cuidado meticuloso, construiremos salvaguardas contra o mau emprego da tecnologia.

Como o mau emprego da tecnologia de deflexão parece um perigo muito maior que o de um impacto iminente, podemos nos dar ao luxo de esperar, tomar precauções e, durante décadas certamente, talvez séculos, reconstruir as instituições políticas. Se jogarmos bem com as nossas cartas e não tivermos azar, poderemos sincronizar o progresso que obtemos no espaço com o que estamos conseguindo aqui na Terra. De qualquer modo, ambos estão profundamente conectados.

O perigo dos asteroides nos obriga a agir. Finalmente, devemos estabelecer uma formidável presença humana por todo o Sistema Solar interior. Numa questão dessa importância, não nos limitaremos aos meios puramente robóticos. Para cumprir esse objetivo com segurança, devemos fazer mudanças em nossos sistemas políticos e internacionais. Embora grande parte de nosso futuro esteja nublada, essa conclusão parece um pouco mais sólida, e independe dos caprichos das instituições humanas.

Em última análise, mesmo que não fôssemos os descendentes de errantes profissionais, mesmo que não nos inspirasse a paixão exploratória, alguns ainda teriam de abandonar a Terra — simplesmente para assegurar a sobrevivência de todos nós. E uma vez no espaço, precisaríamos de bases, infraestrutura. Não demoraria muito para que alguns estivessem vivendo em hábitats artificiais e em outros mundos. Esse é o primeiro de dois argu-

242

mentos não mencionados, omitidos em nossa discussão sobre missões a Marte, a favor de uma presença humana permanente no espaço.

Outros sistemas planetários devem enfrentar seus próprios riscos de impacto. Os pequenos mundos primitivos, de que os asteroides e os cometas são restos, também constituem a matéria que entra na formação dos planetas. Depois que os planetas se formam, muitos desses planetesimais se tornam sobras. O tempo de espera médio entre os impactos que ameaçam a civilização na Terra é talvez de 200 mil anos, vinte vezes a idade de nossa civilização. Se existirem, as civilizações extraterrestres podem ter tempos de espera muito diferentes, dependendo de fatores como características físicas e químicas do planeta e sua biosfera, natureza biológica e social da civilização, além da própria taxa de colisão, é claro. Os planetas com pressões atmosféricas mais elevadas serão protegidos contra corpos impactantes bem maiores, embora a pressão não possa atingir valores muito altos, porque senão o aquecimento do efeito estufa e outras consequências tornariam a vida improvável. Se a gravidade é muito menor que a da Terra, os corpos impactantes provocarão colisões menos energéticas e o perigo será reduzido — embora não possa ser muito reduzido, porque senão a atmosfera escapa para o espaço.

A taxa de impacto em outros sistemas planetários é incerta. Nosso sistema contém duas grandes populações de pequenos corpos que abastecem de impactantes potenciais as órbitas que cruzam a da Terra. Tanto a existência de populações-fonte como os mecanismos que mantêm a taxa de colisão dependem da forma como os mundos são distribuídos. Por exemplo, a nossa Nuvem de Oort parece ter sido povoada por pequenos mundos glaciais ejetados das proximidades de Urano e Netuno. Se não houver planetas que desempenhem o papel de Urano e Netuno em sistemas que são, sob outros aspectos, semelhantes ao nosso, suas Nuvens de Oort podem ter uma população muito mais escassa. As estrelas em aglomerados estelares abertos e globulares, em sistemas duplos ou múltiplos, as mais próximas do centro da galáxia, as que têm encontros mais frequentes com as Nuvens Moleculares Gigantes no espaço interestelar, todas podem vivenciar fluxos de impactos mais elevados em seus planetas terrestres. O fluxo cometário poderia ser centenas ou milhares de vezes maior na Terra se o planeta Júpiter nunca tivesse se formado, segundo cálculos de George Wetherill, da Instituição Carnegie de Washington. Em sistemas sem planetas como Júpiter, o escudo gravitacional contra cometas é pequeno, e os impactos que ameaçam a civilização, muito mais frequentes.

Em certa medida, fluxos maiores de objetos interplanetários podem aumentar a velocidade da evolução, como os mamíferos que floresceram e se diversificaram depois que a colisão do período cretáceo-terciário exterminou os dinossauros. Deve haver, porém, um ponto de rendimento decrescente: sem dúvida, algum fluxo será elevado demais para a continuação de qualquer civilização.

Uma consequência dessa linha de argumentação é que, mesmo no caso de ser comum o aparecimento de civilizações nos planetas por toda a galáxia, poucas serão, ao mesmo tempo, duradouras e não tecnológicas. Como o perigo dos asteroides e cometas deve se aplicar a todos os planetas habitados na galáxia, se é que eles existem, por toda parte os seres inteligentes terão de unificar politicamente seus mundos natais, abandonar seus planetas e deslocar os pequenos mundos próximos. Sua opção definitiva, como a nossa, é o voo espacial ou a extinção.

19. Recriando os planetas

Quem afirmaria que o homem não saberia construir o céu, se tivesse os instrumentos e o material celeste?

Marsilio Ficino, "A alma do homem" (*c.* 1474)

No meio da Segunda Guerra Mundial, Jack Williamson, um jovem escritor norte-americano, imaginou um Sistema Solar povoado. No século XXII, segundo ele, Vênus seria colonizada pela China,* Japão e Indonésia; Marte, pela Alemanha; e as luas de Júpiter, pela Rússia.

A história, publicada em *Astounding Science Fiction* em julho de 1942, foi chamada "Órbita de colisão" e escrita sob o pseudônimo de Will Stewart. O enredo girava em torno da iminente colisão de um asteroide desabitado

---

* No mundo real, os funcionários espaciais chineses estão propondo colocar em órbita uma cápsula para dois astronautas no final do século. Seria propelida por um foguete *Long March 2E* modificado e lançada do deserto de Gobi. Se a economia chinesa continuar em crescimento, mesmo moderado — muito menor que o crescimento exponencial que a caracterizou do início até a metade dos anos 1990 —, a China poderá ser uma das principais potências espaciais do mundo na metade do século XXI. Ou antes. Os povos de língua inglesa, em que Williamson escrevia, ficariam confinados nos asteroides — e na Terra, é claro.

com um colonizado e da busca de um meio para alterar as trajetórias de pequenos mundos. Embora ninguém na Terra corresse risco, essa pode ter sido a primeira vez, salvo nas histórias em quadrinhos dos jornais, em que alguém falou das colisões de asteroides como uma ameaça aos seres humanos. (A colisão de *cometas* com a Terra era um perigo reconhecido.)

Os ambientes de Marte e Vênus eram muito mal compreendidos no início dos anos 1940; imaginava-se que os seres humanos poderiam viver nesses planetas sem elaborados equipamentos de vida. Os asteroides, porém, eram outra questão. Sabia-se muito bem, mesmo naquela época, que os asteroides eram mundos pequenos, secos e sem ar. Se viessem a ser habitados, especialmente por grande número de pessoas, esses pequenos mundos teriam de ser arrumados.

Em "Órbita de colisão", Williamson retrata um grupo de "engenheiros espaciais" capazes de tornar mais amenos esses postos áridos. Cunhando o termo, Williamson chamou de "terraformação"* o processo de transformar o asteroide ou planeta num mundo semelhante à Terra. Ele sabia que a baixa gravidade de um asteroide faz com que toda a atmosfera ali, gerada ou instalada, escape rapidamente para o espaço. Assim, a tecnologia-chave de "terraformação" era a "paragravidade", uma gravidade artificial que manteria a atmosfera densa.

No estágio científico atual, pode-se afirmar que a paragravidade é uma impossibilidade física. Podemos, no entanto, imaginar hábitats transparentes, cobertos por cúpulas, nas superfícies dos asteroides, como foi sugerido por Konstantin Tsiolkovsky, ou comunidades estabelecidas no *interior* dos asteroides, como foi esboçado pelo cientista britânico J. D. Bernal nos anos 1920. Como os asteroides são pequenos e têm baixa gravidade, até mesmo construções subterrâneas de grande porte podem ser de execução relativamente fácil. Se um túnel fosse cavado em toda a extensão de um asteroide, poderíamos entrar numa das extremidades e emergir na outra uns 45 minutos mais tarde, oscilando para cima e para baixo ao longo do diâmetro desse mundo, indefinidamente. Dentro do tipo adequado de asteroide, um mundo carbonado, é possível encontrar materiais para fabricar pedra, metal e estruturas plásticas, além de muita água — tudo o de que se precisa para cons-

---

* Em inglês, "*terraforming*". (N. T.)

246

truir, no subsolo, um sistema ecológico fechado, um jardim subterrâneo. A implementação exigiria um passo significativo além de nossos conhecimentos atuais. Ao contrário, porém, da "paragravidade", nada disso parece impossível. Todos os elementos podem ser encontrados na tecnologia contemporânea. Se necessário, um bom número de humanos poderá estar vivendo sobre (ou dentro de) asteroides no século XXII.

Eles precisariam, é certo, de uma fonte de energia não só para se sustentar, mas, como sugeriu Bernal, para deslocar os seus lares asteroides. (Não parece um passo tão grande passar da alteração explosiva das órbitas dos asteroides para um meio mais suave de propulsão daqui a um ou dois séculos.) Se uma atmosfera de oxigênio fosse gerada, a partir de água ligada quimicamente, a matéria orgânica poderia ser queimada para gerar energia, assim como os combustíveis fósseis são queimados hoje na Terra. A energia solar poderia ser considerada, embora a intensidade dessa fonte de luz nos asteroides do cinturão seja apenas uns 10% do que é na Terra. Ainda assim, podemos imaginar imensos campos de painéis solares cobrindo as superfícies de asteroides habitados e convertendo a luz solar em eletricidade. A tecnologia fotovoltaica, usada rotineiramente nas espaçonaves que giram ao redor da Terra, está sendo cada vez mais empregada na superfície terrestre. Embora isso possa ser o bastante para aquecer e iluminar as casas dos habitantes de asteroides, não parece adequado para mudar as suas órbitas.

Para esse fim, Williamson propunha utilizar a antimatéria, que é, exatamente, como a matéria comum, com uma diferença significativa: um átomo de hidrogênio comum consiste num próton de carga positiva dentro e num elétron de carga negativa fora; um átomo de anti-hidrogênio consiste num próton de carga negativa dentro e num elétron de carga positiva (também chamado pósitron) fora. Os prótons, quaisquer que sejam os sinais de *suas* cargas, têm a mesma massa. Partículas com cargas opostas se atraem. Os átomos de hidrogênio e de anti-hidrogênio são ambos estáveis, porque, nos dois casos, as cargas elétricas positiva e negativa se equilibram com precisão.

A antimatéria não é uma invenção resultante das elucubrações apaixonadas de escritores de ficção científica ou físicos teóricos. A antimatéria existe. Os físicos a produzem em aceleradores nucleares; pode ser encontrada em raios cósmicos de alta energia. Então, por que não temos mais informações a seu respeito? Por que ninguém nos apresenta um pedaço de antimatéria para que a examinemos? Porque a matéria e a antimatéria, quando colocadas em contato, destroem-se mutuamente, desaparecendo numa intensa explosão de raios gama. Não se pode dizer se algo é feito de matéria ou de antimatéria apenas olhando para o objeto. As propriedades espectroscópicas do hidrogênio e do anti-hidrogênio, por exemplo, são idênticas.

A resposta de Albert Einstein, quando lhe perguntavam a razão de vermos apenas a matéria, e não a antimatéria, era: "A matéria venceu". Com isso, ele queria dizer que, pelo menos em nosso setor do Universo, depois de quase toda a matéria e antimatéria terem interagido e se aniquilado há muito tempo, restara uma quantidade do que chamamos matéria comum.* Podemos afirmar, hoje, com base na astronomia de raio gama e em outros meios, que o Universo é composto quase inteiramente de matéria. A razão para esse fato envolve questões cosmológicas muito profundas. De qualquer forma, mesmo que, no início, houvesse apenas a diferença de uma-partícula-em-1-bilhão na preponderância da matéria sobre a antimatéria, isso explicaria suficientemente o Universo que vemos.

Williamson imaginava que, no século XXII, os seres humanos saberiam deslocar asteroides pela induzida aniquilação mútua de matéria e antimatéria. Os raios gama resultantes, somados, produziriam uma potente descarga de foguete. A antimatéria poderia ser encontrada no cinturão de asteroides (entre as órbitas de Marte e Júpiter), porque essa era a explicação de Williamson para a *existência* do cinturão de asteroides. No passado remoto, segundo sua proposição, um antimundo intruso composto de antimatéria chegara ao Sistema Solar vindo das profundezas do espaço, chocara-se com o que era, então, um planeta semelhante à Terra, o quinto a partir do Sol, e o aniquilara. Os fragmentos dessa poderosa colisão eram os asteroides, alguns dos quais ainda compostos de antimatéria. Utilizando a

---

* Se tivesse acontecido o contrário, então nós e tudo o mais nesta parte do Universo seríamos compostos de antimatéria. Nós a chamaríamos, é claro, de matéria, e a ideia de mundos e vida compostos de outro tipo de material — a substância com as cargas elétricas invertidas — seria considerada especulativa.

força de um antiasteroide — Williamson reconhecia que isso poderia ser arriscado —, poderíamos deslocar os asteroides à vontade.

Na época, as ideias de Williamson eram futuristas, mas estavam longe de ser tolas. Parte de "Órbita de colisão" pode ser considerada visionária. Hoje, entretanto, temos boas razões para acreditar que não há quantidades significativas de antimatéria no Sistema Solar e que o cinturão de asteroides, longe de ser um planeta terreal fragmentado, é um enorme conjunto de pequenos corpos impedidos (pelas marés gravitacionais de Júpiter) de formar um mundo semelhante à Terra.

Conseguimos, atualmente, gerar quantidades (muito pequenas) de antimatéria em aceleradores nucleares. Provavelmente seremos capazes de gerar quantidades muito maiores no século XXII. Por serem tão eficientes — convertendo *toda* a matéria em energia, $E = mc^2$, com 100% de eficácia —, talvez os motores de antimatéria sejam, então, uma tecnologia prática, confirmando os prognósticos de Williamson. Se isso não funcionar, que fontes de energia teremos, de fato, para reconfigurar os asteroides, iluminá-los, aquecê-los e deslocá-los?

O Sol brilha por comprimir prótons e por transformá-los em núcleos de hélio. Energia é liberada no processo, embora com menos de 1% da eficiência da aniquilação da matéria e da antimatéria. Até as reações próton-próton, porém, estão muito além de qualquer coisa que possamos pensar em usar no futuro próximo. As temperaturas requeridas são muitíssimo elevadas. Em vez de comprimir prótons, todavia, poderíamos empregar tipos mais pesados de hidrogênio. É o que já fazemos em armas termonucleares. O deutério é um próton ligado, por forças nucleares, a um nêutron; o trítio é um próton ligado, por forças nucleares, a dois nêutrons. É possível que, em mais um século, tenhamos programas práticos de energia que impliquem a fusão controlada de deutério e trítio, bem como de deutério e hélio. O deutério e o trítio estão presentes (na Terra e em outros planetas) como componentes secundários da água. O tipo de hélio necessário para a fusão, 3He (dois prótons e um nêutron formam o seu núcleo), foi implantado pelo vento solar nas superfícies dos asteroides durante bilhões de anos. Esses processos são bem menos eficientes que as reações próton-próton no Sol, mas, com um veio de gelo de apenas alguns metros, poderiam gerar energia suficiente para a vida de uma pequena cidade durante um ano.

Os reatores de fusão parecem desenvolver-se muito devagar para desempenhar um papel importante na solução ou até num abrandamento significativo do aquecimento global. No século XXII, contudo, deverão ser bastante acessíveis. Com foguetes de fusão, será possível deslocar asteroides e cometas no Sistema Solar interior, tomando um asteroide do cinturão, por exemplo, e colocando-o em órbita ao redor da Terra. Um mundo, com dez quilômetros de extensão, poderia ser transportado de Saturno para Marte, por meio da combustão nuclear do hidrogênio num cometa glacial de um quilômetro de extensão. (Mais uma vez, estou pressupondo uma época de estabilidade política e segurança muito maiores.)

Vamos pôr de lado, por enquanto, quaisquer receios que possamos ter sobre a ética de rearranjar mundos ou sobre nossa capacidade de fazê-lo sem consequências catastróficas. Escavar o interior de pequenos mundos, configurá-los para habitação humana e deslocá-los de um lugar para outro no Sistema Solar são ações que parecem ao nosso alcance em mais um ou dois séculos. É possível que também tenhamos salvaguardas internacionais adequadas nessa época. E se não quiséssemos, porém, transformar apenas o meio ambiente de asteroides ou cometas, mas também o de planetas? Poderíamos viver em Marte?

Se quiséssemos estabelecer moradia em Marte, é fácil ver, pelo menos em princípio, que poderíamos: há abundante luz solar. Há muita água nas rochas e em gelo subterrâneo e polar. A atmosfera é composta, principalmente, de dióxido de carbono. Na lua vizinha, Fobos, há uma grande quantidade de matéria orgânica, que poderia ser extraída e transferida para Marte. (Na realidade, a superfície de Fobos já é sulcada, como se alguém tivesse estado por lá antes de nós; os geólogos planetários acham, no entanto, que as forças de marés ou as crateras de impacto poderiam gerar esses sulcos.) Parece provável que, em hábitats autônomos, talvez áreas cobertas por uma cúpula, poderíamos cultivar alimentos, fabricar oxigênio a partir da água, reciclar o lixo.

No início, dependeríamos do abastecimento de mercadorias vindas da Terra; com o tempo, nós as fabricaríamos. Seríamos, cada vez mais, autossuficientes. As áreas cobertas, mesmo se feitas com cúpulas de vidro comum, deixariam passar a luz solar visível e impediriam os raios ultravioleta do Sol. Com máscaras de oxigênio e vestimentas protetoras — nada, porém, tão volumoso e incômodo quanto uma roupa espacial —, poderíamos sair dessas redomas para explorar o planeta ou construir outras vilas e fazendas cobertas por cúpulas.

Tudo isso parece lembrar a experiência desbravadora norte-americana. Há, no entanto, pelo menos, uma grande diferença: nas primeiras fases, são essenciais grandes investimentos. A tecnologia requerida é demasiado dispendiosa para que uma família pobre, como meus avós há um século, por exemplo, possa comprar a sua passagem para Marte. Os pioneiros marcianos serão enviados por governos e terão habilidades altamente especializadas. No espaço de uma ou duas gerações, entretanto, isto é, quando filhos e netos nascerem em Marte, e especialmente quando a autossuficiência estiver ao alcance da mão, a situação começará a mudar. Os jovens nascidos em Marte receberão uma educação especializada e aprenderão a tecnologia essencial para sobreviver no novo meio ambiente. Os colonizadores serão menos heroicos e extraordinários. Todo o leque das forças e fraquezas humanas começará a se afirmar. Aos poucos, em parte por causa da dificuldade da viagem da Terra até Marte, começará a nascer uma cultura marciana original — aspirações e medos distintos, ligados ao meio ambiente, tecnologias distintas, problemas sociais distintos, soluções distintas — e, como ocorreu em todas as circunstâncias semelhantes na história humana, um gradual estranhamento cultural e político em relação ao mundo de origem.

Grandes naves trarão tecnologia essencial da Terra, novas famílias de colonizadores, recursos raros. É difícil saber, com base em nosso conhecimento limitado de Marte, se elas voltarão vazias ou se levarão consigo alguma coisa encontrada apenas em Marte, algo considerado muito valioso na Terra. Inicialmente, grande parte da investigação científica de amostras da superfície marciana será feita na Terra. Com o tempo, o estudo científico de Marte (e de suas luas Fobos e Deimos) será feito no próprio planeta.

Por fim, como aconteceu com todas as outras formas de transporte humano, a viagem interplanetária se tornará acessível a pessoas de recursos comuns: a cientistas que desenvolvem seus próprios projetos de pesquisa, a colonizadores cansados da Terra, até mesmo a turistas amantes de aventura. E, é claro, haverá exploradores.

Se algum dia for possível tornar o meio ambiente marciano mais semelhante ao da Terra — de modo a dispensar as vestimentas protetoras, as máscaras de oxigênio e as fazendas cobertas por cúpulas —, a atração e a acessibilidade de Marte se multiplicarão. É claro que o mesmo valeria para qualquer outro mundo que pudesse ser reformado de modo a permitir a vida humana sem complicados dispositivos para isolar o meio ambiente planetário. Nosso lar adotivo seria muito mais confortável se uma cúpula ou uma roupa espacial intacta não fosse a única barreira entre nós e a morte. (É possível que minhas preocupações sejam exageradas. As pessoas que vivem nos Países Baixos parecem tão bem adaptadas e despreocupadas quanto os outros habitantes do Norte da Europa; no entanto, os seus diques são a única barreira entre elas e o mar.)

Reconhecendo a natureza especulativa da questão e as limitações de nosso conhecimento, será, ainda assim, possível imaginar uma "terraformação" dos planetas?

Não precisamos ir muito além de nosso próprio mundo para perceber que os seres humanos são, hoje, capazes de alterar profundamente o meio ambiente planetário. A diminuição da camada de ozônio, o aquecimento global causado pelo aumento do efeito estufa e o resfriamento global provocado por uma guerra nuclear são meios com que a tecnologia atual pode alterar significativamente o ambiente de nosso mundo. E todos esses casos são consequências involuntárias de alguma outra ação. Se tivéssemos a *intenção* de alterar nosso meio ambiente planetário, seríamos plenamente capazes de gerar mudanças ainda maiores. À medida que nossa tecnologia se tornar mais avançada, poderemos provocar alterações ainda mais profundas.

Assim como, nos estacionamentos paralelos de carros, é mais fácil sair que entrar, é, entretanto, mais fácil destruir um meio ambiente planetário que fazê-lo adotar uma série rigorosamente prescrita de temperaturas, pressões, composições e assim por diante. Já temos notícia de uma multidão de mundos desertos e inabitáveis e, com limites de tolerância muito restritos, de apenas um verde e ameno. Esta é uma conclusão importante do início da era de exploração do Sistema Solar pelas naves espaciais. Ao alterar a Terra, ou qualquer outro mundo com atmosfera, devemos ter muito cuidado com as realimentações positivas, quando mexemos no meio ambiente e ele passa a agir por si próprio: um pequeno resfriamento levando a uma glaciação descontrolada, como pode ter acontecido em Marte; ou um pequeno aquecimento provocando um efeito estufa galopante, como aconteceu em Vênus. Não há claros indícios de que nosso conhecimento seja suficiente para esse fim.

Que eu saiba, a primeira sugestão, na literatura científica, sobre "terraformação" de planetas foi apresentada, em 1961, num artigo que escrevi sobre Vênus. Naquela época, eu estava bastante seguro de que Vênus tinha uma temperatura de superfície bem acima do ponto normal de ebulição da água, em consequência de um efeito estufa causado por dióxido de carbono/vapor de água. Imaginei semear suas nuvens superiores com microrganismos, geneticamente produzidos, que tirariam CO_2, N_2 e H_2O da atmosfera e os converteriam em moléculas orgânicas. Quanto mais CO_2 fosse removido, tanto menor seria o efeito estufa e mais fria a superfície. Os micróbios seriam transportados, através da atmosfera, até o solo, onde seriam fritos, de modo que o vapor d'água retornaria à atmosfera; as altas temperaturas, porém, converteriam o carbono de CO_2, irreversivelmente, em grafita ou alguma outra forma não volátil de carbono. Por fim, as temperaturas cairiam abaixo do ponto de ebulição e a superfície de Vênus se tornaria habitável, pontilhada de poços e lagos de água quente.

A ideia foi logo adotada por vários autores de ficção científica. Na dança contínua entre ciência e ficção científica, a ciência estimula a ficção e esta motiva uma nova geração de cientistas, um processo que beneficia ambas. Sabe-se, agora, porém, que semear Vênus com microrganismos fotossintéticos especiais não vai funcionar. A partir de 1961, descobrimos que as nuvens de Vênus são uma solução concentrada de ácido sulfúrico, o que torna a engenharia genética ainda mais desafiadora. Mas isso não é, em si, uma falha fatal. (Há microrganismos que vivem em soluções concentradas de ácido sulfúrico.) A falha fatal é a seguinte: em 1961, eu achava que a pressão atmosférica na superfície de Vênus fosse de alguns "bares", um pouco maior que a pressão na superfície da Terra. Hoje sabemos que ela é de noventa bares, de modo que, se o plano funcionasse, os resultados seriam uma superfície enterrada em centenas de metros de grafita fina e uma atmosfera constituída de 65 bares de oxigênio molecular quase puro. Se iríamos implodir primeiro, sob a pressão atmosférica, ou arder, espontaneamente, em chamas, em meio a todo esse oxigênio, é uma questão em aberto. Muito antes, entretanto, que uma quantidade tão grande de oxigênio pudesse se formar, a grafita voltaria a ser CO_2 por combustão espontânea, frustrando o processo. Na melhor das hipóteses, apenas parcialmente esse plano poderia executar a "terraformação" de Vênus.

Vamos supor que, no início do século XXII, tenhamos propulsores de decolagem, relativamente baratos, de grande empuxo, de modo a poder levar enormes cargas para outros mundos; reatores de fusão abundantes e potentes; e uma engenharia genética bem desenvolvida. Os três pressupostos são viáveis, dadas as tendências atuais. Poderíamos realizar a "terraformação" dos planetas?* James Pollack, do Centro de Pesquisa Ames da Nasa, e eu examinamos esse problema. Eis um resumo do que descobrimos:

VÊNUS: É óbvio que o problema de Vênus é o seu grande efeito estufa. Se conseguíssemos reduzi-lo quase a zero, o clima poderia ser suave. Mas uma atmosfera de CO_2 e noventa bares é opressivamente espessa. Sobre cada polegada quadrada de superfície, do tamanho de um selo postal, o ar pesa o mesmo que seis jogadores profissionais de futebol americano, empilhados um sobre o outro. Fazer com que tudo isso se dissipe não vai ser fácil.

Vamos imaginar que Vênus seja bombardeada por asteroides e cometas. Cada impacto eliminaria parte da atmosfera. Para dissipá-la quase inteiramente, porém, precisaríamos empregar asteroides e cometas maiores que os existentes; pelo menos, na parte planetária do Sistema Solar. Mesmo que existissem muitos corpos potenciais impactantes, mesmo que pudéssemos fazer com que todos colidissem com Vênus (esta é a abordagem exagerada para enfrentar o problema do impacto acidental), pensem no

---

* Williamson, professor emérito de inglês na Universidade do Leste do Novo México, escreveu-me, aos 85 anos, para dizer que estava "admirado por ver como a ciência tinha avançado" desde que ele, pela primeira vez, sugerira a "terraformação". Estamos acumulando a tecnologia que um dia nos permitirá a "terraformação". O que temos atualmente, todavia, são apenas sugestões que, de modo geral, são muito menos desbravadoras que as ideias originais de Williamson.

que perderíamos. Quem sabe quantas maravilhas, quanto conhecimento prático esses mundos podem conter? Como eliminar grande parte da deslumbrante geologia da superfície de Vênus, que mal começamos a compreender e que pode nos ensinar muitas coisas sobre a Terra? Esse é um exemplo de como realizar a "terraformação" pela força bruta. A minha sugestão é abandonar inteiramente esses métodos, mesmo que algum dia sejamos capazes de produzi-los. Desejamos algo mais elegante, mais sutil, algo que respeite mais o meio ambiente de outros mundos. Uma abordagem microbiana tem algumas dessas virtudes, mas não faz o passe de mágica, como acabamos de ver.

Podemos pensar em pulverizar um asteroide escuro e espalhar o pó pela atmosfera superior de Vênus, ou fazer essa poeira subir da superfície. Seria o equivalente físico do inverno nuclear ou do clima pós-impacto do período cretáceo-terciário. Se a luz solar, que atinge o solo, é suficientemente atenuada, a temperatura da superfície deve cair. Por sua própria natureza, no entanto, essa opção faz Vênus mergulhar em profunda escuridão, com luz diurna nos níveis, apenas, talvez, da claridade de uma noite de luar na Terra. A atmosfera opressiva e esmagadora de noventa bares permaneceria intocada. Como a poeira colocada na atmosfera se sedimentaria em alguns anos, a camada teria de ser realimentada no mesmo período de tempo. É possível que essa abordagem fosse aceitável para missões exploratórias curtas, mas o meio ambiente gerado parece muito inóspito para uma comunidade humana autossuficiente em Vênus.

Poderíamos colocar um gigantesco guarda-sol artificial em órbita ao redor de Vênus para esfriar a superfície; além de extraordinariamente dispendioso, teria muitas das deficiências da camada de poeira. Se as temperaturas pudessem ser bastante suavizadas, o CO_2 na atmosfera seria eliminado em forma de chuva. Haveria um período transitório de oceanos de CO_2 em Vênus. Se esses oceanos pudessem ser cobertos para evitar a reevaporação — por exemplo, com oceanos de água produzidos pela liquefação de uma grande lua glacial transportada do Sistema Solar exterior —, então o CO_2 poderia ser afastado e Vênus se converteria num planeta de água (ou de soda pouco efervescente). Meios de se converter o CO_2 em rocha carbonada também têm sido sugeridos.

Assim, todas as propostas de "terraformação" para Vênus ainda são brutais, deselegantes e absurdamente dispendiosas. A sonhada metamorfose do planeta talvez se mantenha fora de nosso alcance por muito tempo, mesmo que desejável e conduzida de maneira responsável. A colonização asiática de Vênus, imaginada por Jack Williamson, terá de ser redirecionada.

MARTE: Com Marte temos o problema exatamente oposto. Não há *bastante* efeito estufa. O planeta é um deserto congelado. Mas o fato de que Marte parece ter tido muitos rios, lagos e talvez até oceanos há 4 bilhões de anos — numa época em que o Sol era menos brilhante do que hoje — nos leva a perguntar se não existe uma instabilidade natural no clima marciano, algo suscetível ao mais ligeiro estímulo que, uma vez liberado, por si só faria o planeta voltar ao seu estado anterior. (Note-se, desde o início, que isso destruiria formas de relevo marcianas que guardam dados-chave sobre o passado, especialmente o terreno polar laminado.)

Sabemos muito bem, por causa da Terra e de Vênus, que o dióxido de carbono é um gás de efeito estufa. Foram encontrados minerais carbonados em Marte, e gelo-seco numa das calotas polares. Poderiam ser convertidos em gás carbônico, CO_2. Para criar, no entanto, um efeito estufa capaz de gerar temperaturas confortáveis em Marte, seria preciso que toda a superfície do planeta fosse revolvida e processada a uma profundidade de quilômetros. Além dos obstáculos desanimadores que representa para a engenharia prática — empregando-se a energia de fusão ou não — e da inconveniência para quaisquer sistemas ecológicos fechados e independentes já estabelecidos no planeta, significaria também a destruição irresponsável de recursos e banco de dados científicos sem paralelo: a superfície marciana.

E que dizer de outros gases de efeito estufa? Poderíamos levar clorofluorcarbonos (CFCS ou HCFCS) para Marte, depois de produzi-los na Terra. Que se saiba, essas substâncias artificiais não existem em nenhum outro lugar do Sistema Solar. Podemos, certamente, imaginar uma produção de CFCS na Terra que fosse suficiente para aquecer Marte, porque *por acaso*, com a presente tecnologia, conseguimos sintetizar, em algumas décadas, o bastante para intensificar o aquecimento global de nosso planeta. O transporte até Marte, porém, seria dispendioso: mesmo usando propulsores auxiliares da classe de *Saturn V* e *Energyia*, seria preciso, pelo menos, um lançamento por dia durante um século. É possível também que os CFCS fossem produzidos com minerais marcianos que contêm flúor.

Além disso, há uma desvantagem séria: em Marte, como na Terra, uma grande quantidade de CFCS impediria a formação de uma camada de ozônio. Os CFCS poderiam colocar as temperaturas marcianas numa faixa amena, mas também manteriam, extremamente sério, o perigo dos raios solares ultravioleta. A luz solar ultravioleta talvez pudesse ser absorvida por uma camada atmosférica de destroços pulverizados de asteroides ou da superfície, injetados acima dos CFCS em quantidades cuidadosamente determinadas por titulação. Mas, então, estaríamos na situação inquietante de ter de lidar com a propagação de efeitos colaterais, cada um exigindo uma solução tecnológica própria em grande escala.

Um terceiro gás de efeito estufa possível para aquecer Marte é a amônia (NH_3). Um pouco de amônia já seria o suficiente para elevar a temperatura na superfície de Marte acima do ponto de congelamento da água. Em princípio, isso poderia ser feito por microrganismos especialmente produzidos que converteriam o N_2 atmosférico marciano em NH_3, como alguns micróbios fazem na Terra. A mesma conversão poderia ser realizada em fábricas especiais. Ou, então, o nitrogênio requerido poderia ser transportado até Marte de alguma outra parte do Sistema Solar. (N_2 é o principal componente nas atmosferas da Terra e de Titã.) A luz ultravioleta voltaria a converter a amônia em N_2 no intervalo de, aproximadamente, trinta anos; por isso, teria de haver um reabastecimento contínuo de NH_3.

Uma combinação criteriosa de efeitos estufa, provocados por CO_2, CFC e NH_3, parece capaz de colocar as temperaturas da superfície marciana bastante perto do ponto de congelamento da água. Teria início, assim, a segunda fase da "terraformação" de Marte — as temperaturas elevando-se ainda mais, devido à quantidade substancial de vapor de água no ar; a produção difundida de O_2, por plantas geneticamente produzidas; e o ajuste apurado do meio ambiente na superfície. Os micróbios, as plantas maiores e os animais poderiam ser instalados em Marte antes que o meio ambiente global fosse adequado para os colonizadores humanos desprotegidos.

A "terraformação" de Marte é, sem dúvida, muito mais fácil que a de Vênus. Ainda muito dispendiosa, porém, pelos padrões atuais, além de agressiva ao meio ambiente. Suficientemente justificável, no entanto, a "terraformação" de Marte estará em andamento a partir do século XXII.

AS LUAS DE JÚPITER E SATURNO: A "terraformação" dos satélites dos planetas jovinianos apresenta graus variados de dificuldade. O mais fácil de ser considerado talvez seja Titã. Ele já tem uma atmosfera, composta principalmente, de N_2 como a da Terra, e está muito mais próximo das pressões atmosféricas terrestres que Vênus ou Marte. Além disso, importantes gases de efeito estufa, como NH_3 e H_2O, estão, é quase certo, congelados em sua superfície. A produção de gases de efeito estufa iniciais, que não se congelem nas temperaturas presentes de Titã, bem como o aquecimento direto da superfície, por meio de fusão nuclear, parecem ser os primeiros passos para, um dia, se realizar a "terraformação" de Titã.

Se houvesse uma razão imperiosa para terraformar outros mundos, esse grandioso projeto de engenharia poderia ser realizável na escala de tempo que temos descrito: com toda a certeza para os asteroides, possivelmente para Marte, Titã e outras luas dos planetas exteriores, provavelmente impossível para Vênus. Pollack e eu reconhecemos que atrai muitas pessoas a ideia de tornar os outros mundos do Sistema Solar adequados para habitação humana, neles estabelecendo observatórios, bases exploratórias, comunidades e colônias. Pela sua história de desbravamento, essa aspiração talvez seja especialmente natural e atraente nos Estados Unidos.

Em todo caso, uma grande alteração do meio ambiente de outros mundos só poderá ser feita, com competência e responsabilidade, quando tivermos melhor compreensão desses mundos. Os defensores da "terraformação" devem, primeiro, advogar a exploração científica de outros mundos, meticulosa e a longo prazo.

Quando compreendermos as reais dificuldades da "terraformação", talvez descubramos que os custos ou os efeitos ambientais indesejados são muito grandes, e limitaremos nossas pretensões em outros mundos a cidades subterrâneas ou cobertas por cúpulas, ou, então, a outros sistemas ecológicos fechados, versões muito aperfeiçoadas de Biosfera II. É possível que venhamos a abandonar o sonho de converter as superfícies de outros mundos em algo semelhante à da Terra. Ou, talvez, existam modos de "terraformação" muito mais elegantes, econômicos e ambientalmente responsáveis em que ainda nem pensamos.

Mas se vamos examinar seriamente a questão, certas perguntas têm de ser feitas. Como qualquer esquema de "terraformação" deve buscar o equilíbrio entre custos e benefícios, que garantia teremos de que informações científicas fundamentais não serão destruídas, antes de levarmos a ação adiante? Que grau de compreensão sobre determinado mundo é necessário antes de confiarmos à engenharia planetária a produção do desejado estado final? Podemos garantir um compromisso humano de longo prazo com a manutenção e o reabastecimento de um mundo construído, quando as instituições políticas humanas têm vida tão curta? Se um mundo for, ainda que supostamente, habitado, mesmo que apenas por microrganismos, será que nós, humanos, temos o direito de alterá-lo? Qual é a nossa responsabilidade em preservar os mundos do Sistema Solar nos seus atuais estados incultos para as gerações futuras, que, talvez, venham a pensar em usos que hoje somos demasiado ignorantes para prever? Todas essas perguntas podem ser resumidas numa só: será que nós, que fizemos uma mixórdia *deste nosso* mundo, podemos nos encarregar de outros?

É possível que algumas das técnicas efetivamente capazes de terraformar outros mundos possam ser empregadas para melhorar os estragos que fizemos no nosso. Tendo em vista a urgência relativa, o conserto de nosso próprio mundo seria um indício de que a espécie humana está preparada para pensar seriamente na "terraformação"; um teste da profundidade de nossa compreensão e de nosso compromisso. O primeiro passo na engenharia do Sistema Solar, portanto, é garantir a habitabilidade da Terra.

Só então estaremos prontos para nos dispersar pelos asteroides, cometas, Marte, luas do Sistema Solar exterior e mais além. A previsão de Jack Williamson de que tudo isso começará a acontecer lá pelo século XXII talvez não esteja muito longe da verdade.

A ideia de que nossos descendentes vão viver e trabalhar em outros mundos, e até deslocar alguns deles para seu proveito, parece a mais extravagante das ficções científicas. Seja realista, aconselha-me a voz interior.

Mas isto é realista. Estamos no vértice da tecnologia, no ponto intermediário entre a rotina e o impossível. É fácil sentir-se em conflito a respeito. Se não nos infligirmos algo terrível nesse meio-tempo, daqui a um século, a "terraformação" talvez pareça tão possível quanto, atualmente, uma estação espacial supervisionada por seres humanos.

Acho que a experiência de viver em outros mundos está fadada a nos modificar. Os nossos descendentes, nascidos e criados em outros lugares, vão naturalmente começar a sentir uma lealdade básica para com seus mundos natais, sejam quais forem os afetos que ainda tiverem pela Terra. Suas necessidades físicas, seus métodos de suprir essas necessidades terão de ser todos diferentes.

Uma folha de grama é algo comum na Terra; seria um milagre em Marte. Os nossos descendentes em Marte terão consciência do valor de um pedacinho de verde. E se uma folha de grama não tem preço, qual é o valor de um ser humano? Ao descrever seus contemporâneos, o revolucionário norte-americano Tom Paine explorou esta linha de pensamento:

As privações, que necessariamente acompanham o desenvolvimento de uma região inculta, produziam entre eles um estado de sociedade que os países atormentados durante muito tempo pelas brigas e intrigas dos governos haviam deixado de valorizar. Numa situação dessas, o homem se torna o que deve ser. Ele vê na sua espécie [...] o seu semelhante.

Depois de conhecerem, em primeira mão, uma sequência de mundos desertos e ermos, será natural que nossos descendentes no espaço valorizem a vida. Depois de aprenderem com o domínio de nossa espécie sobre a Terra, talvez queiram aplicar essas lições nos outros mundos — para poupar as gerações futuras do sofrimento evitável que seus antepassados foram obrigados a experimentar, para aproveitar a nossa experiência e os nossos erros no início de nossa evolução sem limites pelo espaço.

20. Escuridão

Muito além, ocultos aos olhos da luz do dia, há observadores no céu.

Eurípides, *As Bacantes* (*c.* 406 a.C.)

Quando crianças, temos medo do escuro. Qualquer coisa pode estar ali escondida. O desconhecido nos perturba. Ironicamente, é nosso destino viver no escuro. Essa descoberta, inesperada, da ciência tem apenas três séculos. Afaste-se da Terra em qualquer direção e, depois de um lampejo inicial de azul e de uma espera mais longa enquanto o Sol desaparece gradualmente, você se vê rodeado pela escuridão, pontuada aqui e ali pelas estrelas distantes e pálidas.

Mesmo depois de adultos, a escuridão ainda retém o seu poder de nos assustar. E, assim, alguns acham que não deveríamos investigar muito de perto quem mais poderia estar vivendo nessa escuridão. Melhor não saber, dizem eles.

Há 400 bilhões de estrelas na galáxia da Via Láctea. De toda essa imensa multidão, será possível que o nosso Sol prosaico seja a única estrela com um planeta habitado? Talvez. É possível que a origem da vida ou da inteligência seja muitíssimo improvável. Ou que as civilizações estejam sempre nascendo, mas exterminam-se assim que adquirem a capacidade de se destruir.

Quem sabe, aqui e ali, crivados pelo espaço, girando ao redor de outros sóis, existam mundos semelhantes ao nosso, em que outros seres olham para o céu e se perguntam, como nós, quem mais vive na escuridão. A Via Láctea estaria fervilhando de vida e inteligência — mundos chamando outros mundos — enquanto nós, na Terra, vivemos o momento crítico de decidir escutar pela primeira vez?

A nossa espécie descobriu um meio de se comunicar através da escuridão, de transcender as imensas distâncias. Nenhum outro meio de comunicação é mais rápido, nem vai mais longe. É o rádio.

Depois de bilhões de anos de evolução biológica — em seu planeta e no nosso —, o desenvolvimento tecnológico de uma civilização alienígena não pode ser igual ao nosso. Seres humanos existem há mais de 20 mil séculos, mas só há cerca de um século temos o rádio. Se as civilizações alienígenas são mais atrasadas que nós, é possível que estejam muito longe de descobrir o rádio. E se são mais adiantadas, é possível que estejam muito além de nossos progressos. Basta pensar nos avanços técnicos em nosso mundo nos últimos séculos. O que, para nós, é tecnologicamente difícil ou impossível, o que poderia nos parecer mágica talvez seja, para eles, trivial e fácil. Pode ser que eles usem outros meios muito avançados para se comunicar com seus pares, mas saberiam do rádio como uma tentativa de contato de civilizações emergentes. Só com o nosso nível de tecnologia nas extremidades transmissoras e receptoras, poderíamos nos comunicar, hoje, através de grande parte da galáxia. Eles devem ser capazes de fazê-lo ainda melhor.

Se existirem.

Mas nosso medo do escuro se rebela. A ideia de seres alienígenas nos perturba. Invocamos objeções:

"O programa é caro demais." Mas, em sua expressão moderna mais avançada, custa menos que um helicóptero de ataque por ano.

"Jamais compreenderemos o que estão dizendo." Mas, como a mensagem é transmitida por rádio, nós e eles devemos ter, em comum, radiofísica, radioastronomia e radiotecnologia. As leis da natureza são as mesmas

por toda parte; assim, a própria ciência provê um meio e uma linguagem de comunicação até entre seres muito diferentes, desde que ambos tenham ciência. Decifrar a mensagem, se tivermos a sorte de receber uma, pode ser muito mais fácil que obtê-la.

"Seria desmoralizador descobrir que a nossa ciência é rudimentar." Mas, pelos padrões dos próximos séculos, todavia, parte de nossa ciência atual será considerada rudimentar, havendo ou não extraterrestres. (O mesmo acontecerá com parte de nossa política, ética, economia e religião atuais.) Ultrapassar a ciência atual é um dos objetivos principais da ciência. Os estudantes sérios não têm, em geral, crises de desespero por virar as páginas de um livro e descobrir que um tópico ainda é obscuro para eles mas é do conhecimento do autor. Normalmente, os estudantes lutam um pouco, adquirem o novo conhecimento e, seguindo a velha tradição humana, continuam a virar as páginas.

"Ao longo de toda a história, as civilizações avançadas arruinaram civilizações só um pouco mais atrasadas." Sem dúvida. Mas os alienígenas malévolos, se existirem, não vão descobrir a nossa existência pelo fato de estarmos escutando. Os programas de busca apenas recebem mensagens; não as enviam.*

O debate está, por enquanto, em aberto. Numa escala sem precedentes, estamos procurando escutar sinais de rádio de outras possíveis civilizações nas profundezas do espaço. Temos, hoje, a primeira geração de cientistas a interrogar a escuridão. É possível que seja, também, a última geração antes de se estabelecer contato; e esta época, a última antes de descobrirmos que alguém nos chama na escuridão.

---

* Surpreendentemente, a preocupação de muitas pessoas, inclusive dos editorialistas do *New York Times*, é que, tendo descoberto onde estamos, os extraterrestres virão à Terra para nos comer. Vamos pôr de lado as profundas diferenças biológicas que devem existir entre os supostos alienígenas e nós; vamos imaginar que somos uma iguaria interestelar. Por que transportar grande número de seres humanos aos restaurantes alienígenas? O frete é enorme. Não seria melhor roubar apenas alguns humanos, estabelecer a sequência de nossos aminoácidos ou de qualquer outra coisa que seja a causa de sermos assim, tão deliciosos, e depois, simplesmente, sintetizar um alimento idêntico a partir do nada?

Essa investigação é chamada de Procura de Inteligência Extraterrestre (SETI). Vamos descrever até que ponto chegamos.

O primeiro programa (SETI) foi desenvolvido por Frank Drake no Observatório Nacional de Radioastronomia em Greenbank, Virgínia Ocidental, em 1960. Durante duas semanas, ele escutou duas estrelas próximas, semelhantes ao Sol, numa determinada frequência. ("Próximas" é um termo relativo: a mais próxima estava a doze anos-luz — 110 trilhões de quilômetros.)

Quase no mesmo momento em que apontou o radiotelescópio e ligou o sistema, Drake captou um sinal muito forte. Seria uma mensagem de um alienígena? Depois o sinal sumiu. Se o sinal desaparece, não se pode examiná-lo. Não é possível verificar se, devido à rotação da Terra, ele se move com o céu. Se não se repete, não se descobre quase nada sobre ele — poderia ser uma interferência de rádio terrestre, uma falha do amplificador ou detector... ou um sinal alienígena. Dados que não se repetem, por mais eminentes que sejam os cientistas que os descrevem, não valem grande coisa.

Semanas mais tarde, o sinal foi novamente detectado. Descobriu-se que se tratava de um avião militar transmitindo numa frequência não autorizada. Drake apresentou os resultados negativos. Mas, em ciência, um resultado negativo não é absolutamente a mesma coisa que um fracasso. Sua grande realização foi mostrar que a tecnologia moderna é plenamente capaz de procurar e escutar sinais de hipotéticas civilizações nos planetas de outras estrelas.

A partir de então, fizeram-se várias tentativas, frequentemente com tempo emprestado de outros programas de observação dos radiotelescópios, e quase nunca por um período maior que alguns meses. Houve mais alguns alarmes falsos, no estado de Ohio, em Arecibo, Porto Rico, na França, Rússia e em outros lugares, mas nada que pudesse satisfazer os requisitos da comunidade científica mundial.

Enquanto isso, a tecnologia de detecção tem se tornado mais barata; a sensibilidade fica cada vez mais aperfeiçoada; a respeitabilidade científica do SETI continua a crescer; e até a Nasa e o Congresso estão com menos medo de apoiar o programa. Diversas estratégias complementares de busca são possíveis e necessárias. Tornou-se claro, anos atrás, que, se a tendência continuasse, a tecnologia para um programa

264

SETI abrangente acabaria, finalmente, ao alcance até de organizações privadas (ou de indivíduos ricos); e, mais cedo ou mais tarde, o governo estaria disposto a apoiar um grande programa. Depois de trinta anos de trabalho, foi, para alguns de nós, mais tarde em vez de mais cedo. Mas, por fim, chegou a hora.

A Sociedade Planetária — uma associação sem fins lucrativos que Bruce Murray, então diretor do JPL, e eu fundamos em 1980 — dedica-se à exploração planetária e à procura de vida extraterrestre. Paul Horowitz, físico da Universidade Harvard, havia elaborado várias inovações importantes para o SETI e estava ansioso por testá-las. Se obtivéssemos o dinheiro para dar início às suas experiências, achávamos que conseguiríamos sustentar o programa com as doações dos associados.

Em 1983, Ann Druyan e eu sugerimos ao cineasta Steven Spielberg que esse era o projeto ideal para contar com o seu apoio. Rompendo com a tradição de Hollywood, em dois filmes, de grande sucesso, ele transmitira a ideia de que os seres extraterrestres poderiam não ser hostis e perigosos. Spielberg concordou. Com seu apoio inicial, através da Sociedade Planetária, o Projeto META teve início.

META é a sigla para "Megachannel ExtraTerrestrial Assay" (Pesquisa de Sinais Extraterrestres em Milhões de Canais). A única frequência do primeiro sistema de Drake passou a 8,4 milhões. Mas todo canal, toda "estação", que sintonizamos, tem uma faixa de frequência excepcionalmente estreita. Lá fora, entre as estrelas e as galáxias, não existem processos conhecidos que possam gerar "linhas" de rádio tão nítidas. Se captamos algum sinal que caia dentro de um canal tão estreito, achamos que ele deve ser um sinal de inteligência e tecnologia.

Mais ainda, a Terra gira, o que significa que qualquer fonte distante, de rádio, terá um movimento visível bastante grande, como o nascer e o ocaso das estrelas. Assim como o tom constante da buzina de um carro diminui enquanto ele passa, qualquer fonte de rádio extraterrestre autêntica exibirá um impulso constante na frequência devido à rotação da Terra. Ao contrário, qualquer fonte de interferência de rádio, na superfície da Terra, vai rodar com a mesma velocidade do receptor META. As frequências de escuta do META são continuamente alteradas para compensar a rotação da Terra, de modo que os sinais de banda estreita, vindos do céu, sempre aparecem num único canal. Mas qualquer interferência de rádio, aqui da Terra, se denunciará por se precipitar pelos canais adjacentes.

O radiotelescópio META em Harvard, Cambridge, Massachusetts, tem 26 metros de diâmetro. Todo dia, enquanto a Terra faz girar o telescópio sob o céu, uma faixa de estrelas, mais estreita que a lua cheia, é varrida e examinada. No dia seguinte, é a vez da fileira adjacente. No espaço de um ano, todo o céu setentrional e parte do meridional são observados. Um sistema idêntico, também patrocinado pela Sociedade Planetária, está em operação perto de Buenos Aires, na Argentina, para examinar o céu do sul. Assim, juntos, os dois sistemas META têm explorado todo o céu.

O radiotelescópio, preso gravitacionalmente à Terra em rotação, fixa uma estrela específica durante uns dois minutos. Depois, passa para a seguinte. Pode parecer muito 8,4 milhões de canais, mas, lembrem-se, cada um dos canais é muito estreito. Juntos constituem apenas algumas das mil partes existentes no espectro de rádio. Assim, a cada ano de observação, temos de estacionar nossos 8,4 milhões de canais em algum lugar no espectro de rádio, perto de alguma frequência em que uma civilização alienígena, nada sabendo a nosso respeito, poderia, ainda assim, concluir que estamos escutando.

O hidrogênio é, consideravelmente, o tipo de átomo mais abundante no Universo. Está distribuído, em nuvens e como gás difuso, por todo o espaço interestelar. Quando adquire energia, libera parte dela emitindo ondas de rádio numa frequência precisa de 1420,405751768 mega-hertz. (Um hertz significa a crista e o vale de uma onda que chega ao instrumento de detecção a cada segundo. Assim, 1420 mega-hertz significam 1,420 *bilhões* de ondas entrando no detector a cada segundo. Como o comprimento da onda de luz é exatamente a velocidade desta dividida pela frequência da onda, 1420 mega-hertz correspondem a um comprimento de onda de 21 centímetros.) Os radioastrônomos, em algum lugar da galáxia, estarão estudando o Universo em 1420 mega-hertz, e podem esperar que outros radioastrônomos, por mais diferente que seja a sua aparência, farão o mesmo.

É como se alguém lhe dissesse que há apenas uma estação na banda de frequência do aparelho de rádio de sua casa, mas que ninguém sabe a sua

266

frequência. E mais: o dial de frequência de seu aparelho, com o marcador fino que você ajusta girando um botão, alcança, por acaso, da Terra até a Lua. Procurar sistematicamente por todo esse vasto espectro de rádio, girando pacientemente o botão, vai ser um desperdício de tempo. O seu problema é posicionar corretamente o dial, desde o início, escolher a frequência certa. Se conseguir sintonizar as frequências em que os extraterrestres estão transmitindo para nós — as frequências "mágicas" —, vai economizar tempo e trabalho. Por isso, escutamos primeiro, como Drake, nas frequências perto de 1420 mega-hertz, a frequência "mágica" do hidrogênio.

Horowitz e eu publicamos resultados detalhados de cinco anos de pesquisa, em tempo integral, no Projeto META e dois anos de acompanhamento do trabalho. Não podemos dizer que encontramos um sinal de seres alienígenas. Mas encontramos algo enigmático, algo que, de vez em quando, em momentos tranquilos, me causa arrepios.

Sem dúvida, há, no fundo, ruídos de rádio provenientes da Terra — estações de rádio e televisão, aviões, telefones celulares, espaçonaves próximas e distantes. Além disso, como acontece com todos os receptores de rádio, quanto mais se espera, tanto mais provável que apareça na eletrônica uma flutuação aleatória tão forte a ponto de gerar um sinal espúrio. Por isso, ignoramos tudo o que não é *muito* mais alto que o ruído de fundo.

Consideramos muito seriamente qualquer sinal forte, de banda estreita, que permanece num único canal. Ao registrar os dados, META ordena, automaticamente, que os operadores humanos prestem atenção em certos sinais. Durante cinco anos, fizemos uns 60 trilhões de observações em várias frequências, enquanto examinávamos todo o céu acessível. Algumas dúzias de sinais sobrevivem ao processo de seleção. Submetidos a outros exames, quase todos são rejeitados; por exemplo, porque os microprocessadores de detecção de falhas, que examinam os microprocessadores de detecção de sinais, descobriram um erro.

O que sobrou — os sinais candidatos mais fortes depois de três levantamentos do céu — são onze "eventos". Eles só não satisfazem um de nossos critérios para sinal alienígena autêntico. E esse critério não satisfeito é de suprema importância: ser verificável. Nunca conseguimos encontrar nenhum deles novamente. Voltamos a olhar para aquela parte do céu três minutos mais tarde, mas ali não há nada. Olhamos, de novo, no dia seguinte: nada. Examina-se o trecho um ano depois, ou sete anos mais tarde, e ainda não se vê nada.

Parece improvável que todo sinal que recebemos de uma civilização alienígena se apague alguns minutos depois de começarmos a escutar e nunca se repita. (Como eles iriam saber que estávamos prestando atenção?) Mas é bem possível que seja efeito de cintilação. As estrelas cintilam porque parcelas de ar turbulento estão se movendo pelo campo de visão entre elas e nós. Às vezes, essas parcelas de ar atuam como uma lente e fazem os raios de luz de determinada estrela convergir um pouco, tornando-a, momentaneamente, mais brilhante. Da mesma forma, as fontes de rádio astronômicas podem também cintilar devido a nuvens de gás, eletricamente carregado (ou "ionizado"), no grande quase vácuo entre as estrelas. Observamos isso, rotineiramente, com os pulsares.

Vamos imaginar um sinal de rádio que esteja um pouco abaixo da potência que poderíamos detectar da Terra. De vez em quando, o sinal será, por acaso, temporariamente focalizado, amplificado e trazido ao alcance de detecção de nossos radiotelescópios. O interessante é que a duração de vida desse brilho, prevista pela física do gás interestelar, é de alguns minutos — e a chance de reaver o sinal é pequena. Na verdade, deveríamos estar apontando constantemente para essas coordenadas no céu, observando-as durante meses.

Apesar de nenhum desses sinais se repetir, há mais uma coisa que me dá um calafrio sempre que a considero: oito dos onze melhores sinais estão dentro ou nas proximidades do plano da galáxia da Via Láctea. Os cinco mais fortes estão nas constelações de Cassiopeia, Unicórnio, Hidra e, dois, em Sagitário — na direção aproximada do centro da galáxia. A Via Láctea é um conjunto plano, semelhante a um disco, de gás, poeira e estrelas. Por ser plana, nós a vemos como uma faixa de luz difusa cruzando o céu noturno. Nela estão quase todas as estrelas de nossa galáxia. Se os nossos sinais selecionados fossem, de fato, interferência de rádio da Terra ou uma falha despercebida na eletrônica de detecção, não deveríamos vê-los, de preferência, ao apontar para a Via Láctea.

É possível que tenha sido um cálculo, especialmente infeliz e desorientador, de estatística. A probabilidade de essa correlação com o plano galáctico ser obra do acaso é menor que 0,5%. Imagine-se um mapa do céu que cobrisse toda uma parede, abrangendo desde a estrela Polar, no alto, até as estrelas mais fracas apontadas pelo polo Sul da Terra, embaixo. Serpeando por esse mapa de parede, estão os contornos irregulares da Via Láctea. Vamos agora supor que alguém vendasse os seus olhos e lhe pedisse que atirasse cinco dardos, ao acaso, no mapa (com grande parte do céu do sul, inacessível para Massachusetts, declarada fora dos limites). Você teria de atirar os cinco dardos mais de duzentas vezes antes de conseguir, por acaso, que eles caíssem tão próximos dos arredores da Via Láctea quanto os cinco sinais META mais fortes. Sem sinais repetidos, porém, não temos como afirmar que, realmente, descobrimos inteligência extraterrestre.

Pode ser que os eventos que descobrimos sejam causados por algum novo tipo de fenômeno astrofísico, algo que ninguém ainda imaginou, que faz com que os sinais fortes, em bandas de frequência desconcertantemente estreitas, não sejam emitidos por civilizações, mas por estrelas ou nuvens de gás (ou alguma outra coisa) presentes no plano da Via Láctea.

Vamos nos permitir, porém, um momento de especulação extravagante. Imaginemos que *todos* os nossos eventos sobreviventes sejam, de fato, causados por sinais de rádio de outras civilizações. Podemos estimar então — a partir do pouco tempo que passamos observando cada pedaço do céu — quantos transmissores desse tipo existem em toda a Via Láctea. A resposta chega perto de 1 milhão. Se espalhados, aleatoriamente, pelo espaço, o mais próximo estaria a algumas centenas de anos-luz, longe demais para que eles já tivessem captado os nossos sinais de televisão ou radar. Por mais alguns séculos, eles não saberiam que uma civilização técnica surgiu na Terra. A galáxia estaria pulsando com vida e inteligência, mas — a menos que eles estivessem explorando ativamente um imenso número de sistemas estelares obscuros — nada saberia do que anda acontecendo por aqui ultimamente. Daqui a alguns séculos, depois que eles ficarem sabendo de nós, as coisas podem se tornar muito interessantes. Felizmente, teremos muitas gerações para nos preparar.

Por outro lado, se nenhum de nossos sinais selecionados é um autêntico sinal de rádio alienígena, seremos forçados a concluir que pouquíssimas civilizações estão transmitindo sinais, talvez nenhuma, pelo menos em nossas frequências mágicas e com uma potência que nos permita escutá-las.

Considere-se uma civilização como a nossa, que empregasse toda a energia de que dispõe (cerca de 10 trilhões de watts) para transmitir um sinal em uma de nossas frequências mágicas e em todas as direções no espaço. Nesse caso, os resultados META implicariam que não existem civilizações desse tipo num raio de 25 anos-luz, um volume que abrange, talvez, uma dúzia de estrelas como o Sol. Não é um limite muito rigoroso. Por outro lado, se essa civilização estivesse transmitindo diretamente para a nossa posição no espaço, usando uma antena que não fosse mais avançada que a do Observatório Arecibo, o fato de META nada ter encontrado significaria que não existem civilizações desse tipo em nenhuma parte da Via Láctea — nem uma única dentre 400 bilhões de estrelas. Porém, mesmo que eles assim o desejassem, como iriam saber transmitir em nossa direção?

Considere-se, agora, no extremo tecnológico oposto, uma civilização, muito avançada, transmitindo, extravagantemente, em todas as direções num nível de potência 10 trilhões de vezes maior (10^{26} watts, toda a produção energética de uma estrela como o Sol). Nesse caso, se os resultados META são negativos, podemos concluir que não só não existem civilizações desse tipo na Via Láctea, como nenhuma civilização num raio de 70 milhões de anos-luz — nenhuma em M31, a mais próxima galáxia semelhante à nossa, nem no sistema Fornax, nem em M81, nem na Nebulosa do Redemoinho, nem em Centauro A, nem no aglomerado de galáxias Virgo, nem nas galáxias Seyfert mais próximas; nenhuma civilização em nenhuma dos 100 trilhões de estrelas em milhares de galáxias próximas. Com uma estaca no coração ou não, a pretensão geocêntrica volta a dar sinais de vida.

Sem dúvida, talvez não fosse um sinal de inteligência, mas de estupidez, gastar tanta energia em comunicação interestelar (e intergaláctica). É possível que eles tenham boas razões para não saudar todos os que aparecem. Ou, talvez, não se importem com civilizações tão atrasadas como a nossa. Mas, ainda assim, nem uma única civilização, transmitindo com essa potência e nessa frequência, em 100 trilhões de estrelas? Se os resultados META são negativos, temos um limite instrutivo, porém não temos como saber se ele diz respeito à abundância de civilizações muito avançadas ou à sua estratégia de comunicação. Mesmo que META nada tenha encontrado, permanece em aberto uma ampla faixa média — de civilizações abundantes, mais avançadas que a nossa e transmitindo em todas as direções, em frequências mágicas. Ainda não teríamos tido nenhuma notícia a seu respeito.

Em 12 de outubro de 1992 — auspiciosamente ou não, no aniversário de quinhentos anos da "descoberta" da América por Cristóvão Colombo — a Nasa ativou o *seu* novo programa SETI. Num radiotelescópio, no deserto de Mojave, deu início a uma busca destinada a examinar sistematicamente todo o céu, como o META, sem fazer conjecturas sobre as estrelas mais prováveis, mas expandindo bastante o alcance da frequência. No Observatório de Arecibo, a Nasa começou um estudo, ainda mais sensível, que se concentrava em sistemas estelares próximos, que pareciam promissores. Em plena operação, as buscas da Nasa teriam conseguido detectar sinais muito mais fracos que os do META, além de poder procurar tipos de sinais inacessíveis para este.

A experiência do META revelou um matagal de estática de fundo e interferência de rádio. Uma nova observação e confirmação rápida do sinal — especialmente em outros radiotelescópios diferentes — é a chave para se ter certeza. Horowitz e eu fornecemos as coordenadas de nossos eventos, enigmáticos e fugidios, aos cientistas da Nasa. Eles talvez pudessem confirmar e esclarecer os nossos resultados. O programa da Nasa também estava desenvolvendo novas tecnologias, estimulando ideias e emocionando as crianças nas escolas. Aos olhos de muitos, valia os 10 milhões de dólares que estavam sendo gastos por ano. Quase exatamente um ano depois de autorizá-lo, no entanto, o Congresso cancelou o programa SETI da Nasa. O custo é exagerado, diziam. O orçamento de defesa dos Estados Unidos, pós-Guerra Fria, é umas 30 mil vezes maior.

O argumento mais importante do principal adversário do programa SETI da Nasa — o senador Richard Bryan, de Nevada — era o seguinte [extraído das *Atas do Congresso*, 22 de setembro de 1993]:

Até agora, o Programa SETI da Nasa nada encontrou. Na verdade, o SETI não encontrou nenhum sinal confirmável de vida extraterrestre em décadas de pesquisa.

Mesmo com a presente versão da Nasa para o SETI, não acho que muitos de seus cientistas estariam dispostos a garantir que temos chances de ver algum resultado palpável no futuro [previsível] [...]

A pesquisa científica raramente oferece garantias de sucesso, se é que oferece alguma — e eu compreendo isso —, e, frequentemente, os benefícios desse tipo de pesquisa só se revelam, em toda a sua plenitude, quando o processo já está bem adiantado. E eu também aceito esse fato.

Mas no caso do SETI, as chances de sucesso são tão remotas, e os prováveis benefícios do programa tão limitados, que há poucas justificativas para que 12 milhões de dólares arrecadados com impostos sejam gastos nesse programa.

Antes de termos descoberto vida extraterrestre, porém, como é que podemos "garantir" que a encontraremos? Por outro lado, como é que podemos saber que as chances de sucesso são "remotas"? E se encontrarmos inteligência extraterrestre, é fato que os prováveis benefícios sejam "tão limitados"? Como em todas as grandes aventuras de exploração, não sabemos o que vamos encontrar e não conhecemos a probabilidade de encontrar alguma coisa. Se soubéssemos, não teríamos de procurar.

O SETI é um daqueles programas de pesquisa que irritam todos os que desejam relações bem definidas de custo/benefício. Não se sabe se a ETI (Inteligência Extraterrestre) pode ser encontrada; quanto tempo levaríamos para encontrá-la; nem o que isso nos custaria. Os benefícios talvez sejam enormes, mas também não podemos ter certeza a respeito disso. Seria tolice, sem dúvida, gastar uma fração considerável do Tesouro nacional em tais aventuras. Pergunto-me, todavia, se as civilizações não podem ser avaliadas por darem ou não *alguma* atenção às tentativas de resolver os grandes problemas.

Apesar dos contratempos, um grupo dedicado de cientistas e engenheiros, reunidos no Instituto SETI em Palo Alto, Califórnia, decidiu ir adiante, com ou sem ajuda do governo. A Nasa lhes deu permissão para usar o equipamento já pago; capitães da indústria eletrônica doaram alguns milhões de dólares; pelo menos um radiotelescópio apropriado está disponível; e os estágios iniciais do que é o mais grandioso de todos os programas SETI estão em andamento. Se ele puder demonstrar que é possível fazer um levantamento útil do céu sem ficar atolado em ruído de fundo — e, sobretudo, se existirem sinais potencialmente inteligentes inexplicados, o que é muito provável com base na experiência META —, talvez o Congresso mude novamente de ideia e financie o projeto.

Nesse meio-tempo, Paul Horowitz apresentou um novo programa — diferente do META e do que a Nasa estava desenvolvendo — chamado BETA, *"Billion*-Channel ExtraTerrestrial Assay" (Pesquisa de Sinais Extraterrestres em Bilhões de Canais). Combina sensibilidade de banda estreita, ampla cobertura de frequência e um modo inteligente de verificar sinais assim que são detectados. Se a Sociedade Planetária conseguir o patrocínio adicional, esse sistema — muito mais barato que o programa anterior da Nasa — deverá estar no ar em breve.

Será que eu gostaria de acreditar que, com o META, detectamos transmissões de outras civilizações que habitam a escuridão, salpicadas pela imensidão da galáxia da Via Láctea? Sem dúvida. Depois de passar décadas estudando e buscando decifrar essa incógnita, é claro que gostaria. Para mim, essa descoberta seria emocionante. Mudaria tudo. Ficaríamos sabendo de outros seres, que tiveram evolução própria durante bilhões de anos, que talvez vejam o Universo de forma muito diferente, que são, provavelmente, muito mais inteligentes e, claro, não são humanos. Quanto eles sabem que nós não sabemos?

Para mim, a perspectiva de não haver sinais, de não haver ninguém nos chamando, é deprimente. "O silêncio completo", disse Jean-Jacques Rousseau num contexto diferente, "induz à melancolia; é uma imagem da morte." Mas eu concordo com Henry David Thoreau: "Por que me sentiria solitário? O nosso planeta não está na Via Láctea?".

A percepção de que esses seres existem e de que, como requer o processo evolutivo, devem ser muito diferentes de nós teria uma implicação extraordinária: as diferenças que nos dividam aqui na Terra são triviais comparadas com as diferenças entre nós e eles. Talvez seja só um palpite, mas a descoberta de inteligência extraterrestre poderia desempenhar um papel na unificação de nosso planeta dividido e entregue às disputas. Seria a última das Grandes Humilhações, um rito de passagem para a nossa espécie e um evento transformador na antiga busca de descobrir o nosso lugar no Universo.

Fascinados pelo SETI, poderíamos experimentar a tentação de sucumbir à crença, mesmo sem evidências seguras; isso, porém, seria autocomplacente e tolo. Só devemos abrir mão de nosso ceticismo em face de evidências sólidas como a rocha. A ciência exige tolerância para com a ambiguidade. Nos pontos que ignoramos, recusamos a crença. Qualquer incômodo gerado pela incerteza serve a um propósito mais alto: leva-nos a acumular dados melhores. Essa atitude é a diferença entre a ciência e tantas outras coisas. A ciência oferece muito pouco em matéria de emoções baratas. Os padrões de evidência são rigorosos. Mas, quando obedecidos, permitem que vejamos longe, chegando até a iluminar uma grande escuridão.

21. Para o céu!

As escadas do céu são abaixadas para que ele possa ascender por elas ao céu.
Ó deuses, ponham seus braços embaixo do rei, suspendam-no, levantem-no para o céu.
Para o céu! Para o céu!

Hino para um faraó morto (Egito, *c.* 2600 a.C.)

Quando meus avós eram crianças, a luz elétrica, o automóvel, o aeroplano e o rádio eram progressos tecnológicos assombrosos, as maravilhas da época. Era possível escutar histórias extraordinárias sobre elas, mas não se podia encontrar um único exemplar naquela pequena vila do Império Austro-Húngaro, perto das margens do rio Bug. Naqueles tempos, porém, perto da virada do século passado, viveram dois homens que previram outras invenções, muito mais ambiciosas — Konstantin Tsiolkovsky, o teórico, um mestre-escola quase surdo na obscura cidade russa de Kaluga, e Robert Goddard, o engenheiro, professor numa escola superior norte-americana igualmente obscura, em Massachusetts. Eles sonharam com o emprego de foguetes para viajar aos planetas e às estrelas. Passo a passo, elaboraram a física básica e muitos dos detalhes. Gradativamente, suas máquinas tomaram forma. Por fim, seus sonhos provaram ser contagiosos.

Na sua época, a própria ideia era considerada vergonhosa ou até sintoma de alguma obscura insanidade mental. Goddard achava que a mera menção de uma viagem a outros mundos o expunha ao ridículo, e não ousava publicar, nem mesmo discutir em público, sua visão futura de voos às estrelas. Na adolescência, ambos tiveram visões sobre o voo espacial, epifanias que jamais os abandonaram. "Ainda tenho sonhos em que saio voando para as estrelas na minha máquina", escreveu Tsiolkovsky, na meia-idade. "É difícil trabalhar sempre sozinho, em condições adversas, sem um lampejo de esperança, sem nenhuma ajuda." Muitos de seus contemporâneos achavam que ele era realmente louco. Os que conheciam física melhor que Tsiolkovsky e Goddard — inclusive o *The New York Times*, num editorial de rejeição sumária só renegado às vésperas da *Apollo 11* — insistiam que os foguetes não podiam funcionar no vácuo, que a Lua e os planetas estavam, para sempre, fora do alcance humano.

Uma geração mais tarde, inspirado por Tsiolkovsky e Goddard, Wernher von Braun construía o primeiro foguete capaz de chegar à orla do espaço, o V-2. Mas, por uma dessas ironias, abundantes no século xx, Von Braun estava construindo o foguete para os nazistas, como um instrumento de massacre indiscriminado de civis, como uma "arma de vingança" para Hitler, as fábricas de foguetes equipadas com mão de obra escrava, sofrimentos humanos inexprimíveis pagando a construção de cada propulsor e o próprio Von Braun transformado em oficial da SS. Estava mirando a Lua, brincava ele sem constrangimento, mas em vez disso acertou Londres.

Depois de mais uma geração, construindo sobre o trabalho de Tsiolkovsky e Goddard, prolongando o gênio tecnológico de Von Braun, estávamos lá em cima, no espaço, circum-navegando silenciosamente a Terra, pisando na antiga e deserta superfície lunar. As nossas máquinas — cada vez mais competentes e autônomas — espalhavam-se pelo Sistema Solar, descobrindo novos mundos, examinando-os de perto, procurando a vida, comparando-os com a Terra.

Esta é uma razão para que, na longa perspectiva astronômica, haja algo verdadeiramente memorável no "momento presente" — que podemos definir como os poucos séculos que têm como centro o ano em que você está lendo este livro. E há uma segunda razão: esta é a primeira vez, na história de nosso planeta, em que uma espécie, por suas próprias ações, tornou-se um perigo para si mesma e, também, para inúmeras outras. Vamos recapitular como isso se deu:

- Temos queimado combustíveis fósseis por centenas de milhares de anos. Nos anos 1960, havia tantos queimando madeira, carvão, petróleo e gás natural, em tão grande escala, que os cientistas começaram a se preocupar com o crescente efeito estufa; os perigos do aquecimento global começaram, lentamente, a se introduzir na consciência pública.
- Os CFCs foram inventados nos anos 1920 e 1930; em 1974, descobriu-se que atacavam a camada protetora de ozônio. Quinze anos mais tarde, entrou em vigor a proibição de sua produção em todo o mundo.
- As armas nucleares foram inventadas em 1945. Só em 1983 é que as consequências globais da guerra termonuclear foram compreendidas. Em 1992, inúmeras ogivas nucleares estavam sendo desmontadas.
- O primeiro asteroide foi descoberto em 1801. Propostas mais ou menos sérias para deslocá-los foram aventadas no início dos anos 1980. O reconhecimento dos perigos potenciais da tecnologia de deflexão dos asteroides veio pouco depois.
- A guerra biológica nos acompanha há séculos, mas seu casamento mortal com a biologia molecular só ocorreu recentemente.
- Nós, humanos, já provocamos extinções de espécies numa escala sem precedentes desde o final do período cretáceo. Só na última década, no entanto, a magnitude dessas extinções se tornou clara e se levantou a possibilidade de que, em nossa ignorância das inter-relações da vida na Terra, poderíamos estar pondo em perigo o nosso próprio futuro.

Observem as datas nessa lista e considerem a série de novas tecnologias atualmente em desenvolvimento. Não parece provável que outros perigos de nossa própria lavra ainda estejam por ser descobertos, alguns talvez até mais sérios?

No campo cheio de detritos dos chauvinismos autoelogiosos desacreditados, existe apenas um que parece se manter, um aspecto em que *somos* especiais: devido a nossa própria ação ou inação, e ao mau emprego de nossa tecnologia, vivemos um momento extraordinário, pelo menos para a Terra — a primeira vez que uma espécie se tornou capaz de exterminar a si mesma. Note-se, porém, que é também a primeira vez que uma espécie se tornou capaz de viajar para os planetas e para as estrelas. Os dois momentos, criados pela mesma tecnologia, coincidem — alguns séculos na história de um planeta com 4,5 bilhões de anos. Se alguém fosse jogado aleatoriamente à Terra, em qualquer momento do passado (ou futuro), a possibilidade de chegar a esse momento crítico seria menor que uma em 10 milhões. Exatamente no momento atual é que é elevado o nosso poder de influenciar o futuro.

Poderia ser uma sequência familiar, acontecendo em muitos mundos — um planeta, recém-formado, gira placidamente ao redor de sua estrela; a vida se forma lentamente; uma série caleidoscópica de criaturas evolui; surge a inteligência que, pelo menos até certo ponto, confere um enorme valor de sobrevivência; e, depois, inventa-se a tecnologia. Os seres começam a compreender que há leis da natureza, que elas podem ser reveladas por experiências e que o seu conhecimento pode ser usado tanto para salvar como para destruir vidas, em ambos os casos, em escalas sem precedentes. A ciência, reconhecem, confere imensos poderes. Num lampejo, criam dispositivos que alteram mundos. Algumas civilizações planetárias compreendem o seu caminho, estabelecem limites para o que pode e o que não deve ser feito e, em segurança, passam pelo tempo dos perigos. Outras, menos afortunadas e menos prudentes, perecem.

Como, afinal de contas, toda sociedade planetária será ameaçada pelos impactos vindos do espaço, toda civilização sobrevivente é obrigada a empreender a viagem espacial. Não por um entusiasmo exploratório ou romântico, mas pela mais prática das razões imagináveis: manter-se viva. E, uma vez no espaço, durante séculos e milênios, deslocando pequenos mundos e promovendo a engenharia de planetas, a espécie se desprende de seu berço. Se existirem, muitas outras civilizações acabarão por se aventurar muito longe de casa.*

Tem-se proposto um meio de estimar o grau de precariedade de nossas circunstâncias, notável, sem recorrer, de forma alguma, à natureza do acaso. J. Richard Gott III é astrofísico na Universidade de Princeton. Ele nos pede para adotar um princípio copernicano generalizado, algo que descrevi, anteriormente, como o Princípio da Mediocridade. É provável que não estejamos vivendo numa época verdadeiramente extraordinária. Quase ninguém teve essa experiência. É elevada a probabilidade de que nascemos, vivemos os nossos dias e morremos na larga faixa média da duração de vida de nossa espécie (ou civilização, ou nação). Com quase toda a certeza, diz Gott, não vivemos nos primeiros, nem nos últimos tempos. Por isso, se a espécie é muito jovem, segue-se que é improvável que dure muito tempo — porque, se *fosse* durar muito tempo, você (e todos nós que estamos vivos hoje) *seria* extraordinário por viver, em termos proporcionais, tão próximo do início.

Qual é, portanto, a longevidade projetada de nossa espécie? Gott conclui, com um nível de segurança de 97,5%, que os seres humanos não viverão mais de 8 milhões de anos. Esse é o seu limite superior, quase igual à duração média de muitas espécies mamíferas. Nesse caso, a nossa tecnologia não causa danos, nem ajuda. Mas o limite inferior de Gott, com a mesma alegada confiabilidade, é de apenas doze anos. Ele acha que a probabi-

---

* Uma civilização planetária que sobreviveu à sua adolescência vai querer encorajar outras a lutar com *suas* tecnologias emergentes? Talvez se empenhassem em transmitir a notícia de sua existência, o anúncio triunfante de que é possível evitar o autoextermínio. Ou seriam, a princípio, muito cautelosas? Depois de evitar catástrofes de sua própria lavra, talvez receassem denunciar a sua existência por medo de que, na escuridão, alguma outra civilização desconhecida e em desenvolvimento estivesse à procura de *Lebensraum* ou ansiosa por reprimir uma potencial competição. Esta, talvez, fosse uma razão para explorarmos os sistemas estelares vizinhos, mas com discrição.

É possível que eles silenciassem por outra razão: porque transmitir a notícia da existência de uma civilização avançada poderia encorajar as civilizações emergentes a não realizarem todos os esforços possíveis para salvaguardar o seu futuro — esperando que alguém viesse da escuridão para salvá-los de si mesmos.

lidade de os seres humanos ainda estarem vivos na época em que os bebês de hoje se tornarem adolescentes é de uma em quarenta. Na vida cotidiana, tentamos, com afinco, não assumir riscos tão grandes; jamais embarcar em aviões que tenham, digamos, uma chance em quarenta de sofrer um acidente. Só concordamos em nos submeter a uma cirurgia em que 95% dos pacientes sobrevivem, se a nossa doença tem mais que 5% de probabilidade de nos matar. Uma chance em quarenta de que a nossa espécie sobreviverá mais doze anos seria, se válida, causa de extrema preocupação. Se Gott tem razão, não só jamais estaremos entre as estrelas, como há uma boa chance de não vivermos o suficiente nem para dar o primeiro passo em outro planeta.

Para mim, esse argumento tem qualquer coisa de estranho, melancólico. Sem nada saber sobre a nossa espécie, exceto a sua idade, fazemos estimativas numéricas, que se dizem altamente confiáveis, quanto a suas perspectivas futuras. Como? Seguimos os vencedores. Aqueles que têm sobrevivido vão, provavelmente, continuar a existir. Os recém-chegados tendem a desaparecer. O único pressuposto é aquele, bem plausível, de que o momento em que estamos investigando essa questão nada tem de especial. Então, por que o argumento é insatisfatório? Só porque ficamos estarrecidos com as suas implicações?

Um princípio como o da Mediocridade deve ter uma aplicabilidade muito ampla. Não somos tão ignorantes, porém, a ponto de imaginar que tudo é medíocre. *Há* algo especial em nossa época — e não se trata apenas do chauvinismo temporal que, sem dúvida, sentem os que vivem em determinado período —, algo inequivocamente único e muito relevante para o futuro de nossa espécie. Esta é a primeira época em que: (a) nossa tecnologia, elevada a potências cada vez mais altas, atingiu o precipício da autodestruição; (b) é também a primeira época em que podemos adiar ou evitar a destruição indo para algum outro lugar, um lugar fora da Terra.

Essas duas potencialidades, (a) e (b), tornam nossa época extraordinária de maneiras absolutamente contraditórias, que tanto (a) reforçam como (b) enfraquecem o argumento de Gott. Não tenho como prever qual o ritmo que será mais acelerado: o das novas tecnologias destrutivas apressando a extinção humana, ou o das novas tecnologias do voo espacial, retardando-a. Como, no entanto, é a primeira vez que inventamos o meio de nos aniquilar e a primeira vez que desenvolvemos tecnologia para colonizar outros mundos, acho que se pode apresentar uma razão convincente para que nossa época seja extraordinária, exatamente no contexto da argumentação de Gott. Se isso é verdade, aumenta muito a margem de erro nessas estimativas de longevidade futura. As ruins ficam piores e as boas melhoram consideravelmente; nossas perspectivas, a curto prazo, são ainda mais tristes e, se conseguirmos sobreviver, a longo prazo, nossas chances serão ainda mais favoráveis do que Gott calcula.

As piores perspectivas não devem ser causa para desespero, entretanto, nem as melhores, para complacência. Nada nos força a sermos observadores passivos, cacarejando, desanimados, enquanto nosso destino se cumpre inexoravelmente. Se não podemos agarrar o destino pela mão, podemos, talvez, redirecioná-lo, modificá-lo ou evitá-lo.

É claro que devemos manter habitável o nosso planeta — não em uma escala de tempo descansada, de séculos ou milênios, mas com urgência, numa escala de tempo de décadas ou até anos. Isso vai implicar mudanças no governo, na indústria, na ética, na economia e na religião. Nunca fizemos coisa igual antes, certamente não em escala global. Pode ser difícil demais para nós. As tecnologias perigosas podem estar muito difundidas. A corrupção pode estar muito disseminada. Um número muito grande de líderes pode estar mais preocupado com o curto prazo que com o longo prazo. É possível que muitos conflitos de grupos étnicos, Estados-nações e ideologias impeçam que o tipo correto de mudança global seja instituído. Quem sabe sejamos demasiado tolos até para perceber os perigos reais, ou que grande parte do que ouvimos a respeito é difundida por aqueles que têm interesse pessoal em minimizar as mudanças fundamentais.

Temos, também, entretanto, uma história de mudanças sociais duradouras que quase todo mundo achava impossíveis. Desde o início dos tempos, não trabalhamos apenas em proveito próprio, mas para nossos filhos e netos. Foi o que meus avós e meus pais fizeram por mim. Apesar de nossa diversidade, apesar de ódios endêmicos, frequentemente juntamos nossas forças para enfrentar um inimigo comum. Hoje, parecemos muito mais dispostos a reconhecer os perigos à nossa frente que há uma década. Os perigos recém-reconhecidos nos ameaçam a todos igualmente. Ninguém pode afirmar o que vai acontecer aqui na Terra.

* * *

A lua era o lugar onde crescia a árvore da imortalidade, num antigo mito chinês. Ao que parece, a árvore da longevidade, se não da imortalidade, cresce em outros mundos. Se estivéssemos no espaço, entre os planetas, se houvesse comunidades humanas autossuficientes em muitos mundos, nossa espécie ficaria imune à catástrofe. A diminuição do escudo que absorve a luz ultravioleta em um mundo seria, pelo menos, um aviso para se ter cuidados especiais com essa camada protetora em outro. Um impacto cataclísmico num mundo deixaria, provavelmente, todos os outros incólumes. Quanto maior for o número de humanos fora da Terra, quanto maior a diversidade dos mundos que habitarmos, quanto mais variada a engenharia planetária, quanto maior o alcance de padrões e valores sociais, mais segura estará a espécie humana.

Se alguém crescer vivendo nos subterrâneos de um mundo com um centésimo da gravidade da Terra e vendo céus pretos pelos portais, não terá o mesmo conjunto de percepções, interesses, preconceitos e predisposições de um habitante da superfície do planeta natal. O mesmo acontecerá se a pessoa viver na superfície de Marte, em plena convulsão da "terraformação", ou em Vênus, ou em Titã. Essa estratégia — dividir-se em muitos grupos menores que se autopropagam, cada um com forças e preocupações bastante diferentes, mas todos marcados pelo orgulho local — tem sido amplamente empregada na evolução da vida sobre a Terra, em particular pelos nossos próprios antepassados. Na verdade, pode ser a chave para se compreender por que somos como somos.* Esta é a segunda das justificativas que faltavam para uma presença humana permanente no espaço: melhorar nossas chances de sobrevivência não apenas às catástrofes que podemos prever, mas também às que não podemos. Gott afirma, ainda, que estabelecer comunidades humanas em outros mundos pode nos dar a melhor chance de superar as probabilidades.

Providenciar essa apólice de seguro não é muito dispendioso, não

---

* Conforme *Shadows of Forgotten Ancestors: A Search for Who We Are*, de Carl Sagan e Ann Druyan (Nova York: Random House, 1992).

para a escala em que realizamos as coisas na Terra. Nem sequer exigiria dobrar os orçamentos pertinentes das nações que, hoje, exploram o espaço (o que, em todos os casos, é apenas uma pequena fração dos orçamentos militares e de muitos gastos voluntários que poderiam ser considerados marginais ou até frívolos). Logo poderíamos estar assentando humanos em asteroides próximos da Terra e estabelecendo bases em Marte. Sabemos como fazê-lo, mesmo com a tecnologia atual, num espaço de tempo menor que a duração de uma vida humana. E as tecnologias vão se aperfeiçoar rapidamente. Vamos ficar mais competentes em viagens espaciais.

Um esforço sério para enviar seres humanos a outros mundos é relativamente tão barato numa base *per annum* que não pode, na realidade, competir com as agendas sociais urgentes na Terra. Se tomarmos esse caminho, fluxos de imagens de outros mundos vão se derramar sobre a Terra à velocidade da luz. A realidade virtual tornará a aventura acessível aos milhares que ficaram na Terra. A participação vicária será muito mais real que em qualquer era anterior de exploração e descoberta. E quanto mais culturas e pessoas ela inspirar e emocionar, tanto mais provável que se torne realidade.

Com que direito, no entanto, poderíamos nos perguntar, vamos habitar, alterar e conquistar outros mundos? Se outros seres vivessem no Sistema Solar, essa seria uma pergunta importante. Porém, se não há ninguém neste sistema a não ser nós, não temos o direito de colonizá-lo?

Sem dúvida, nossa exploração e colonização devem ser esclarecidas, pautadas por um respeito aos ambientes planetários e ao conhecimento científico que eles encerram. Isso é mera prudência. E, é certo, a exploração e a colonização devem ser feitas, equitativa e transnacionalmente, por representantes de toda a espécie humana. Nossa história colonial passada não é encorajadora nesse sentido; mas, dessa vez, o que nos motiva não são o ouro, as especiarias, os escravos, nem a paixão de converter o gentio para a Única Fé Verdadeira, como aconteceu com os exploradores europeus dos séculos xv e xvi. Na realidade, essa é uma das razões principais de estarmos vivenciando um progresso tão intermitente, aos trancos e barrancos, nos programas espaciais tripulados de todas as nações.

Apesar de todos os provincianismos de que me queixei no início deste livro, agora me descubro um chauvinista humano indesculpável. Se houvesse outra vida neste Sistema Solar, estaria em perigo iminente porque os humanos estariam chegando. Nesse caso, eu poderia até ser persuadido de que a proteção de nossa espécie, pela colonização de alguns outros mundos, é contrabalançada, ao menos em parte, pelo perigo que representaríamos para todos os demais. Mas, pelo que sabemos até agora, não há outra vida neste Sistema, nem um único micróbio. Existe apenas a vida da Terra.

Assim, em nome da vida terrestre, insisto em afirmar que, com pleno conhecimento de nossas limitações, devemos aumentar imensamente o nosso conhecimento do Sistema Solar e, depois, começar a colonizar outros mundos.

Estes são os argumentos práticos que estavam faltando: salvaguardar a Terra de impactos catastróficos, do contrário inevitáveis, e conseguir garantias contra as muitas outras ameaças, conhecidas e desconhecidas, que podem destruir o meio ambiente que nos sustenta. Sem esses argumentos, talvez faltasse um motivo convincente para enviar seres humanos a Marte e a outros lugares. Mas, com eles — e os argumentos reforçadores que envolvem ciência, educação, perspectivas, esperança —, acho que temos um motivo muito forte. Se a nossa sobrevivência, a longo prazo, está em perigo, temos uma responsabilidade básica para com a nossa espécie de nos aventurarmos a outros mundos.

Marinheiros em mar calmo, sentimos a agitação de uma brisa.

22. Na ponta dos pés pela Via Láctea

Juro pela proteção das estrelas (um juramento poderoso, se você ao menos soubesse)...

Alcorão, sura 56 (século VII)

Sem dúvida, é estranho não habitar mais a terra,
Renunciar a costumes que mal se teve tempo de aprender...
Rainer Maria Rilke, "A primeira elegia" (1923)

A perspectiva de ascender ao espaço, de alterar outros mundos para alcançar nossas metas — por melhores que sejam nossas intenções — detona um sinal de alerta. Lembramos a tendência humana para a arrogância, recordamos nossa falibilidade e nossos julgamentos errôneos diante de novas tecnologias poderosas. Lembramos a Torre de Babel, uma construção "cujo cume alcançava o céu", e o medo de Deus em relação a nossa espécie, pois agora "não haverá restrição para tudo o que eles intentarem fazer".

O Salmo 115,16, defende o direito divino aos outros mundos: "Os céus são os céus do Senhor; mas a Terra ele a deu aos filhos do homem". Platão reconta a história grega equivalente à de Babel — o conto de Otis e Efialtes, mortais que "ousaram escalar os céus". Os deuses se veem diante de uma opção. Devem matar os humanos arrogantes "e aniquilar [sua] raça com raios"? Por um lado, "isso seria o fim dos sacrifícios e cultos que os homens ofereciam" e pelos quais os deuses ansiavam. "Mas, por outro lado, os deuses não podiam tolerar que [tal] insolência não fosse reprimida."

Se, porém, não tivermos alternativa a longo prazo, se formos escolher entre muitos mundos ou nenhum, vamos precisar de outro tipos de mito, mitos de encorajamento. Eles existem. Muitas religiões, do hinduísmo ao cristianismo gnóstico e à doutrina mórmon, ensinam — por mais ímpio que pareça — que o objetivo dos humanos é *se tornarem* deuses. Vejamos esta história, do Talmude judaico, omitida do Gênesis (em duvidosa concordância com o relato da maçã, da Árvore do Conhecimento, da Queda e da expulsão do Éden.) No jardim, Deus diz a Eva e Adão que propositadamente deixou o Universo inacabado. É responsabilidade dos humanos, no espaço de inumeráveis gerações, participar, com Deus, de uma experiência "gloriosa": "completar a Criação".

A carga dessa responsabilidade é pesada, sobretudo para uma espécie fraca e imperfeita como a nossa. Nada nem remotamente parecido com um "acabamento" pode ser tentado sem um conhecimento muito maior do que o que hoje possuímos. Estando a nossa própria existência em perigo, porém, talvez venhamos a descobrir que somos capazes de enfrentar esse supremo desafio.

Embora não tenha realmente empregado nenhum dos argumentos do capítulo anterior, Robert Goddard intuiu que "a navegação do espaço interplanetário deve ser efetuada para assegurar a continuidade da raça". Konstantin Tsiolkovsky fez um julgamento semelhante:

> Há inumeráveis planetas, semelhantes a muitas ilhas Terras [...]. O homem ocupa uma delas. Mas por que não se aproveitaria das outras e do poder de um sem-número de sóis? [...] Quando o Sol esgotasse a sua energia, seria lógico abandoná-lo e procurar outra estrela, recém-iluminada, ainda na sua juventude.

Isso poderia ser feito antes, bem antes de o Sol morrer, "por espíritos aventureiros à cata de mundos novos para conquistar".

Só repensar, porém, essa argumentação, fico confuso. Não é Buck Rogers demais? Não requer uma confiança absurda na tecnologia futura? Não ignora meus avisos sobre a falibilidade humana? A curto prazo, encerra, sem dúvida, um preconceito contra as nações tecnologicamente menos desenvolvidas. Não há alternativas práticas sem essas ciladas?

Nossos problemas ambientais autoinfligidos, e nossas armas de destruição em massa são produtos da ciência e da tecnologia. Então, diz você, vamos desistir da ciência e da tecnologia. Admitamos que essas ferramentas são perigosas demais. Criemos uma sociedade mais simples, em que sejamos incapazes de alterar o meio ambiente numa escala global ou mesmo regional. Voltemos a uma tecnologia mínima, concentrada na agricultura, com rigorosos controles sobre os novos conhecimentos. Uma teocracia autoritária é um meio já testado e eficiente de reforçar os controles.

Essa cultura mundial, porém, é instável a longo prazo, se não a curto prazo, devido à velocidade do progresso tecnológico. As tendências humanas de autoaperfeiçoamento, inveja e competição estarão sempre pulsando sob a superfície; as oportunidades de vantagens locais, a curto prazo, serão aproveitadas mais cedo ou mais tarde. A não ser que haja graves restrições ao pensamento e à ação, num lampejo estaremos de volta ao ponto em que hoje estamos. Uma sociedade tão controlada deve conceder grandes poderes à elite que exerce o controle, provocando abusos flagrantes e consequente rebelião. Depois de experimentar a riqueza, o conforto e os meios de salvar vidas que a tecnologia oferece, é muito difícil coibir a inventividade e a ambição humanas. E mesmo que essa involução da civilização global conseguisse, em teoria, tratar do problema da catástrofe tecnológica autoinfligida, permaneceríamos indefesos contra os eventuais impactos de asteroides e cometas.

Também podemos imaginar um recuo ainda maior, à sociedade de caçadores-coletores, em que viveríamos dos produtos naturais da terra e abandonaríamos até a agricultura. Dardos, varas de cavar, arcos, setas e fogo seriam tecnologia suficiente. Mas a Terra conseguiria sustentar, quando muito, algumas dezenas de milhões de caçadores-coletores. Como atingir níveis tão baixos de população sem provocar as mesmas catástrofes que estamos tentando evitar? Além disso, já não sabemos viver como caçadores-coletores: esquecemos suas culturas e habilidades, seus conjuntos de ferramentas. Matamos quase todos e destruímos grande parte do meio ambiente que os sustentava. À exceção de um minúsculo grupo remanescente, talvez não fôssemos capazes de voltar atrás, mesmo dando alta prioridade a esse projeto. E, de mais a mais, ainda que pudéssemos voltar atrás, continuaríamos indefesos diante da catástrofe do impacto que há de acontecer inexoravelmente.

As alternativas parecem mais que cruéis: são ineficazes. Muitos dos perigos que enfrentamos nascem, sem dúvida, da ciência e da tecnologia; mais basicamente, porém, do fato de termos nos tornado poderosos sem nos tornarmos sábios na mesma proporção. O poder de alterar mundos, que a tecnologia colocou em nossas mãos, requer um grau de consideração e previsão nunca antes exigido.

A ciência é uma faca de dois gumes: suas conquistas podem ser usadas para o bem ou para o mal. Mas não há como voltar as costas à ciência. Os primeiros avisos sobre os perigos tecnológicos também vêm da ciência. As soluções, talvez, exigem de nós mais que um simples arranjo tecnológico. Muitos terão de passar por uma alfabetização científica. É possível que tenhamos de mudar instituições e comportamento. Nossos problemas, no entanto, seja qual for sua origem, não podem ser resolvidos fora da ciência. Tanto as tecnologias que nos ameaçam como a superação dessas ameaças brotam da mesma fonte. Estão emparelhadas na corrida.

Em oposição, estabelecendo sociedades humanas em muitos mundos, nossas perspectivas seriam muito mais favoráveis. Diversificaríamos nosso leque. Nossos ovos estariam, quase literalmente, em muitas cestas. Cada sociedade tenderia a orgulhar-se das virtudes de seu mundo, de sua engenharia planetária, de suas convenções sociais, de suas predisposições hereditárias. As diferenças culturais seriam, necessariamente, alimentadas e exageradas. Essa diversidade serviria como ferramenta de sobrevivência.

Quando as colônias fora da Terra tiverem condições de se defender sozinhas, terão todas as razões para encorajar o progresso tecnológico, o espírito aberto e a aventura, mesmo que aqueles que ficaram na Terra sejam obrigados a prezar a cautela, a temer os novos conhecimentos e a instituir controles sociais draconianos. Depois que as primeiras comunidades autossuficientes forem estabelecidas em outros mundos, é possível que os habitantes da Terra também possam abrandar as suas regras e ter uma vida mais alegre. Os humanos no espaço dariam aos da Terra uma proteção real contra as colisões, raras mas catastróficas, de asteroides ou cometas em trajetórias erráticas. Pela mesma razão, os humanos no espaço deteriam o poder em qualquer disputa séria com os da Terra.

A perspectiva de uma época desse tipo contrasta, provocadoramente, com as previsões de que o progresso da ciência e da tecnologia esteja, atualmente, perto de um limite assintótico; de que a arte, a literatura e a música jamais chegarão perto, nem, muito menos, irão além das alturas que a nossa espécie, por vezes, já atingiu; e de que a vida política na Terra está prestes a se fixar em alguma forma de governo mundial, democrática, liberal e estável como uma rocha, identificada, na terminologia de Hegel, com "o fim da história". Essa expansão para o espaço também contrasta com uma tendência diferente, mas igualmente discernível, nos últimos tempos, para o autoritarismo, a censura, o ódio étnico e uma profunda suspeita em relação à curiosidade e ao aprendizado. Em lugar disso, acho que, depois de algumas correções, a colonização do Sistema Solar pressagia uma era ilimitada de progressos deslumbrantes na ciência e na tecnologia, de florescimento cultural e de experiências de amplo alcance, lá em cima no céu, na esfera do governo e da organização social. Em mais de um aspecto, a exploração do Sistema Solar e a colonização de outros mundos constituem o início da história, muito mais que o seu fim.

É impossível examinar o futuro, especialmente quando se trata de muitos séculos à frente. Ninguém até hoje fez esse exame com detalhamento e coerência. Não me imagino capaz de fazê-lo. Com alguma apreensão, cheguei até este ponto do livro, porque estamos começando a reconhecer os desafios verdadeiramente sem precedentes propostos pela nossa tecnologia. Esses desafios têm, a meu ver, implicações diretas ocasionais, algumas das quais tentei delinear sucintamente. Existem, também, implicações menos diretas, com efeitos de longo prazo, sobre as quais tenho ainda menos certeza. Apesar de tudo, gostaria de submetê-las à reflexão do leitor.

Mesmo quando nossos descendentes estiverem estabelecidos em asteroides próximos da Terra, em Marte, nas luas do Sistema Solar exterior e no Cinturão de Cometas Kuiper, eles não estarão seguros. A longo prazo, o Sol pode gerar explosões estupendas de raios X e raios ultravioleta; o Sistema Solar entrará numa das imensas nuvens interestelares à espreita, e os planetas vão escurecer e esfriar; uma chuva mortífera de cometas sairá bramindo da Nuvem de Oort e ameaçará civilizações em muitos mundos adjacentes; reconheceremos que uma estrela próxima está prestes a se tornar supernova. Num prazo *realmente* longo, o Sol — a caminho de se tornar uma estrela vermelha gigante — ficará maior e com mais brilho, a Terra começará a perder ar e água para o espaço, o solo se carbonizará, os oceanos se evaporarão e ferverão, as rochas se pulverizarão e o planeta poderá até desaparecer no interior do Sol.

Longe de ser feito para nós, o Sistema Solar se tornará, por fim, demasiado perigoso para nós. A longo prazo, colocar todos os ovos numa única cesta estelar, por mais confiável que tenha sido o Sistema Solar nos últimos tempos, pode ser arriscado demais. A longo prazo, como Tsiolkovsky e Goddard reconheceram há muito tempo, teremos de sair do Sistema Solar.

Se isso vale para nós, por que não para os outros? E se vale para os outros, por que não aparecem por aqui? Há muitas respostas possíveis, inclusive a controvérsia de que já *apareceram* por aqui, embora as evidências sejam escassas. Ou, talvez, não haja ninguém no espaço porque os alienígenas se destroem, quase sem exceção, antes de conseguirem realizar o voo interestelar; ou porque, numa galáxia de 400 bilhões de sóis, a nossa é a primeira civilização técnica.

Acho que temos uma explicação mais provável no simples fato de o espaço ser vasto e a distância entre as estrelas muito grande. Mesmo havendo civilizações muito mais antigas e avançadas que a nossa — expandindo-se para longe de seus mundos natais, reestruturando novos mundos e, mais tarde, seguindo para outras estrelas — seria improvável, pelos cálculos que William I. Newman da UCLA e eu realizamos, que estivessem por aqui. E como a velocidade da luz é finita, a notícia, pela televisão e pelo radar, de que uma civilização técnica surgiu num planeta do Sol não teria chegado ao conhecimento deles. Ainda não.

Se prevalecessem as estimativas otimistas e uma em cada milhão de estrelas abrigasse uma civilização tecnológica próxima; se essas civilizações também estivessem espalhadas aleatoriamente pela Via Láctea; e se essas condições se mantivessem, a mais próxima estaria a uma distância de centenas de anos-luz. A cem anos-luz, talvez, no ponto de maior aproximação; mais provavelmente, a mil anos-luz; e, claro, talvez em lugar nenhum, por mais distante que fosse. Suponhamos que a civilização mais próxima, num planeta de outra estrela, esteja, digamos, a duzentos anos-luz. Nesse caso, daqui a uns 150 anos, começará a receber nossas fracas emissões de radar e televisão depois da Segunda Guerra Mundial. Que pensará de tudo isso? A cada ano o sinal vai ficar mais forte, mais interessante, talvez mais alarmante. Por fim, talvez, seus seres respondam: enviando uma mensagem por rádio ou fazendo uma visita. Em qualquer dos casos, a resposta será, provavelmente, limitada pelo valor finito da velocidade da luz. Com esses números incertos, a resposta a esse chamado, emitido involuntariamente na metade do século para as profundezas do espaço, só vai chegar lá pelo ano 2350. Se estiverem mais distantes, levará, certamente, mais tempo; se ainda mais distantes, muito mais tempo. A possibilidade interessante é que a primeira recepção de uma mensagem de civilização alienígena, uma mensagem dirigida a nós (e não apenas um comunicado enviado a todos os pontos), vai ocorrer numa época em que estaremos bem situados em muitos mundos de nosso Sistema Solar, preparando-nos para seguir adiante.

Recebendo ou não essa mensagem, todavia, teremos razões para continuar a procurar outros sistemas solares. Ou — o que é ainda mais seguro neste setor imprevisível e violento da galáxia — para nos isolarmos em habitações autossuficientes no espaço interestelar, longe dos perigos constituídos pelas estrelas. Na minha opinião, esse futuro evoluiria naturalmente, a passos lentos, mesmo sem nenhum objetivo grandioso de viagem interestelar.

Por segurança, algumas comunidades talvez quisessem cortar seus laços com o resto da humanidade — deixando de ser influenciadas por sociedades e tendo códigos éticos e imperativos tecnológicos diferentes. Numa época em que cometas e asteroides fossem rotineiramente reposicionados, seríamos capazes de povoar um pequeno mundo e depois largá-lo sozinho no espaço. Em gerações sucessivas, à medida que esse mundo seguisse adiante, a Terra passaria de estrela brilhante a mancha pálida, tornando-se, por fim, invisível; o Sol apareceria mais fraco, até não ser mais que um ponto de luz vagamente amarelo, perdido entre milhares de outros. Os viajantes se aproximariam da noite interestelar. Algumas dessas comunidades talvez se contentassem em se comunicar, às vezes, via rádio e laser, com seus antigos mundos natais. Outras, confiantes na superioridade de suas chances de sobrevivência e cautelosas com a contaminação, talvez tentassem desaparecer. Talvez se perdesse, finalmente, todo contato com elas, sendo esquecida até a sua existência.

No entanto, até os recursos de um asteroide ou cometa de bom tamanho são finitos, e um dia chega a hora em que é preciso buscar mais recursos em outro lugar — especialmente água, necessária para beber, para ter uma atmosfera de oxigênio respirável e obter o hidrogênio dos reatores de fusão nuclear. Assim, a longo prazo, essas comunidades devem migrar de mundo a mundo, sem desenvolver lealdade duradoura para com nenhum deles. Poderíamos chamar essa experiência de "pioneirismo" ou "colonização". Um observador menos compreensivo talvez a descrevesse como sugar os recursos de um pequeno mundo atrás do outro. Mas há 1 trilhão de pequenos mundos na Nuvem de Cometas de Oort.

Vivendo em pequenos grupos num modesto mundo adotivo longe do Sol, saberemos que cada migalha de alimento e cada gota de água dependem da operação eficaz de uma tecnologia clarividente. Essas condições não são radicalmente diferentes daquelas a que já estamos acostumados. Tirar os recursos do solo e ficar à espreita dos recursos que passam parece estranhamente familiar, como uma lembrança esquecida da infância: com algumas mudanças significativas, é a estratégia de nossos antepassados caçadores-coletores. Durante 99,9% do domínio dos seres humanos sobre a Terra tivemos esse tipo de vida. A julgar por alguns caçadores-coletores remanescentes, pouco antes de serem tragados pela presente civilização global, talvez tenhamos sido relativamente felizes. É o tipo de vida que nos forjou. Assim, depois de uma experiência sedentária breve e apenas parcialmente bem-sucedida, podemos nos tornar errantes de novo — mais tecnológicos que da última vez, porém, mesmo então, a tecnologia que possuíamos, ferramentas de pedra e fogo, era nossa única garantia contra a extinção.

Se a segurança reside no isolamento e no distanciamento, alguns de nossos descendentes vão acabar emigrando para os cometas exteriores da

Nuvem de Oort. Com 1 trilhão de núcleos cometários, cada um separado do seguinte por uma distância semelhante à que existe entre Marte e a Terra, haverá muito a fazer por lá.*

A orla exterior da Nuvem de Oort do Sol fica, talvez, na metade do caminho para a próxima estrela. Nem todas as estrelas têm uma Nuvem de Oort, mas muitas, provavelmente, a possuem. Quando o Sol passar por estrelas próximas, a nossa Nuvem de Oort vai encontrar e parcialmente atravessar outras nuvens de cometas, como dois enxames de insetos se interpenetrando sem colidir. Ocupar o cometa de uma outra estrela não será, então, mais difícil que ocupar um cometa da nossa. Das fronteiras de algum outro Sistema Solar, os filhos da mancha azul talvez olhem com saudades para os pontos móveis de luz que denotam planetas substanciais (e bem iluminados). Algumas comunidades — sentindo o antigo afeto humano por oceanos e luz solar despertar em seus corações — talvez comecem a longa viagem para os planetas brilhantes, quentes e amenos de um novo sol.

Outras comunidades podem considerar esta última estratégia uma fraqueza. Os planetas são associados a catástrofes naturais. Têm vida e inteligência preexistentes. São fáceis de ser descobertos por outros seres. Melhor permanecer na escuridão. E nos espalharmos entre muitos mundos pequenos e obscuros. Melhor continuar escondidos.

Quando pudermos enviar as nossas máquinas e a nós mesmos para bem longe de casa, para longe dos planetas — e entrarmos, realmente, no teatro do Universo —, deveremos encontrar fenômenos diferentes de tudo o mais que já conhecemos. Eis três exemplos possíveis:

Primeiro: a partir de aproximadamente 550 unidades astronômicas (UA) — uma região do espaço cerca de dez vezes mais distante do Sol que

---

* Mesmo que não tivéssemos nenhuma pressa específica, talvez fôssemos capazes, a essa altura, de conferir aos pequenos mundos uma velocidade muito maior que a que hoje imprimimos às naves espaciais. Nesse caso, nossos descendentes acabariam por alcançar as duas espaçonaves *Voyager* — lançadas no remoto século xx — antes de elas abandonarem a Nuvem de Oort, antes de partirem para o espaço interestelar. Pode ser que eles recuperassem essas naves abandonadas do passado distante. Ou, talvez, permitissem que elas continuassem a navegar.

Júpiter e, portanto, muito mais acessível que a Nuvem de Oort — existe algo extraordinário. Assim como uma lente comum focaliza imagens distantes, a gravidade faz o mesmo. (As imagens gravitacionais de estrelas e galáxias distantes começam a ser detectadas.) A 550 UA do Sol — a apenas um ano de distância, se pudéssemos viajar a 1% da velocidade da luz — está a região em que começa o foco (embora este possa estar consideravelmente mais distante, quando se levam em conta os efeitos da coroa solar, o halo de gás ionizado que circunda o Sol). Ali, sinais de rádio distantes são tremendamente aumentados, tornam-se sussurros amplificados. A ampliação de imagens distantes nos permitiria (com um radiotelescópio modesto) determinar um continente na região da estrela mais próxima e o Sistema Solar interior na região da galáxia espiral mais próxima. Se podemos vagar, por uma concha esférica imaginária, a uma distância focal apropriada e centrada no Sol, temos a liberdade de explorar o Universo numa ampliação assombrosa, examiná-lo com uma clareza sem precedentes, bisbilhotar os sinais de rádio de civilizações distantes, se existirem, e vislumbrar os acontecimentos mais antigos na história do Universo. Ou, então, usar a lente ao contrário, para amplificar nosso sinal muito modesto de modo que possa ser captado a imensas distâncias. Há razões que nos arrastam para centenas e milhares de UA. As outras civilizações terão as suas próprias regiões de foco gravitacional, dependendo da massa e do raio de sua estrela, algumas um pouco mais perto, outras um pouco mais longe que a nossa. A focalização gravitacional pode servir como um incentivo comum para que as civilizações explorem as regiões que ficam logo além das partes planetárias de seus sistemas solares.

Segundo: vamos dar um momento de atenção às estrelas anãs marrons, hipotéticas, de temperaturas muito baixas, com massa consideravelmente maior que a de Júpiter mas consideravelmente menor que a do Sol. Ninguém sabe se as anãs marrons existem. Alguns especialistas, usando as estrelas mais próximas como lentes gravitacionais para detectar a presença de outras mais distantes, afirmam ter encontrado evidência das anãs marrons. A partir da fração minúscula do céu observada até agora por essa técnica, infere-se um enorme número de anãs marrons. Outros não concordam. Nos anos 1950, o astrônomo Harlow Shapley, de Harvard, sugeriu que as anãs marrons — suas "estrelas liliputianas" — eram habitadas. Ele imaginava que suas superfícies tivessem o calor de um dia de junho em Cambridge e apresentassem imensas áreas. Seriam estrelas que os seres humanos poderiam explorar e onde poderiam sobreviver.

Terceiro: os físicos B. J. Carr e Stephen Hawking, da Universidade de Cambridge, mostraram que as flutuações na densidade da matéria, nos primeiros estágios do Universo, podem ter gerado uma enorme variedade de pequenos buracos negros. Os buracos negros primordiais — se existirem — devem se decompor por emitirem radiações para o espaço, uma consequência da lei da mecânica quântica. Quanto menor a massa do buraco negro, mais rápido ele se dissipa. Qualquer buraco negro primordial, atualmente nos últimos estágios de decomposição, teria de pesar quase o mesmo que uma montanha. Todos os menores desapareceram. Como a abundância — para não falar da existência — de buracos negros primordiais depende do que aconteceu nos primeiros momentos depois do Big Bang, ninguém pode ter certeza de que existe algum para ser descoberto; sem dúvida, não podemos afirmar que exista algum por perto. O fato de não se ter encontrado, até o momento, pulsações breves de raios gama, um componente da radiação Hawking, não tem imposto limites superiores muito restritivos à abundância de buracos negros.

Num estudo independente, G. E. Brown, da Caltech, e o físico nuclear pioneiro Hans Bethe, de Cornell, sugerem que cerca de 1 bilhão de buracos negros *não* primordiais estão espalhados pela galáxia, gerados na evolução das estrelas. Nesse caso, o mais próximo pode estar apenas a dez ou vinte anos-luz.

Se houver buracos negros ao nosso alcance — com a massa de montanhas ou de estrelas —, teremos uma física surpreendente para estudar em primeira mão, bem como uma nova e formidável fonte de energia. De modo algum estou querendo dizer que as anãs marrons ou os buracos negros primordiais sejam prováveis num raio de alguns anos-luz ou em qualquer lugar. Mas, quando entrarmos no espaço interestelar, será inevitável tropeçar em novas categorias de maravilhas e encantos, algumas com aplicações práticas transformadoras.

Não sei até onde me levará esta linha de argumentação. Com o correr do tempo, novos habitantes atraentes do zoo cósmico nos levarão para mais longe, e catástrofes cada vez mais mortais e improváveis devem acontecer. As probabilidades são cumulativas. Com o tempo, porém, a espécie tecnológica também acumulará poderes cada vez maiores, muito superiores aos que podemos imaginar hoje. Talvez, se formos muito habilidosos (acho que só sorte não bastaria), acabaremos por nos espalhar pelo espaço, muito distantes de casa, navegando pelos arquipélagos estrelados da imensa galáxia da Via Láctea. Se encontrarmos outros seres — ou, o mais provável, se eles nos encontrarem —, vamos interagir harmoniosamente. Como é bem possível que as outras civilizações no espaço sejam muito mais avançadas que a nossa, os humanos belicosos não devem durar muito tempo no espaço interestelar.

Por fim, nosso futuro pode ser como Voltaire imaginou:

> Às vezes, com a ajuda de um raio de sol e, às vezes, com o expediente de um cometa, [eles] deslizavam de esfera a esfera, como um passarinho salta de galho em galho. Em pouco tempo, [eles] corriam pela Via Láctea...

Estamos, ainda agora, descobrindo grandes números de discos de gás e poeira ao redor das estrelas jovens — justamente as estruturas de que se formaram a Terra e os outros planetas em nosso Sistema Solar há 4,5 bilhões de anos. Estamos começando a compreender como os grãos de poeira fina se transformam, lentamente, em mundos; como os grandes planetas, semelhantes à Terra, se aglomeram e depois capturam, rapidamente, hidrogênio e hélio para se tornarem os núcleos ocultos de gigantes gasosos; e como pequenos planetas terreais permanecem relativamente despidos de atmosfera. Estamos reconstruindo as histórias dos mundos, verificando que, na orla fria do Sistema Solar primitivo, se reuniram, principalmente, gelos e matéria orgânica e, nas regiões interiores, aquecidas pelo jovem Sol, principalmente rocha e metal. Começamos a reconhecer o papel predominante das primeiras colisões na destruição de mundos, abrindo imensas crateras e bacias em suas superfícies e interiores, fazendo-os girar, gerando e eliminando luas, criando anéis, possivelmente levando oceanos inteiros a se derramarem dos céus, e depositando um verniz de matéria orgânica como o caprichado remate final na criação dos mundos. Estamos começando a aplicar esse conhecimento a outros sistemas.

Nas próximas décadas, teremos uma chance real de examinar o traçado e parte da composição de muitos outros sistemas planetários maduros ao redor de estrelas próximas. Começaremos a saber quais aspectos de nosso Sistema são a regra e quais a exceção. O que é mais comum — planetas como Júpiter, como Netuno ou como a Terra? Ou todos os outros sistemas têm mundos como Júpiter, Netuno e Terra? Que outras categorias de mundos existem, atualmente desconhecidas para nós? Todos os sistemas solares estão incrustados numa imensa nuvem esférica de cometas? A maioria das estrelas no céu não são sóis solitários, como o nosso, mas sistemas duplos ou múltiplos em que as estrelas estão em órbita mútua. Existem planetas em sistemas desse tipo? Em caso positivo, como é que eles são? Se, como pensamos atualmente, os sistemas planetários são uma consequência rotineira da origem dos sóis, eles seguem caminhos evolutivos muito diferentes em outros lugares? Como é que são os sistemas planetários antigos, bilhões de anos mais evoluídos que o nosso? Nos próximos séculos, o nosso conhecimento de outros sistemas se tornará cada vez mais abrangente. Começaremos a saber que sistema visitar, semear e colonizar.

Suponhamos que pudéssemos acelerar continuamente em 1 g — uma aceleração em que nos sentimos confortáveis na boa e velha *terra firme* — até a metade de nosso percurso, e desacelerar continuamente em 1 g até nosso destino. Nesse caso, a viagem a Marte levaria um dia, a ida a Plutão, uma semana e meia, o trajeto até a Nuvem de Oort, um ano, e a viagem para as estrelas próximas, alguns anos.

Mesmo uma modesta extrapolação de nossos recentes progressos, na área dos meios de transporte, sugere que seremos capazes de viajar a uma velocidade próxima à da luz em apenas alguns séculos. É possível que a previsão seja irremediavelmente otimista. Pode levar, realmente, milênios ou mais. Se não nos destruirmos antes, porém, vamos inventar novas tecnologias, tão estranhas para nós quanto as *Voyager* poderiam ser para os nossos antepassados caçadores-coletores. Mesmo hoje, podemos pensar em meios — sem dúvida, desajeitados, ruinosamente dispendiosos, ineficientes — de construir uma nave interestelar que se aproxime da velocidade da luz. Com o tempo, os projetos se tornarão mais elegantes, econômicos, eficientes. Chegará o dia em que superaremos a necessidade de pular de cometa a cometa. Começaremos a pairar nas alturas pelos anos-luz e, como Santo Agostinho disse dos deuses dos antigos gregos e romanos, a colonizar o céu.

Tais descendentes podem estar afastados, por dezenas ou centenas de gerações, de qualquer ser humano que já viveu na superfície de um planeta. Suas culturas serão diferentes, suas tecnologias muito avançadas, suas línguas modificadas, sua associação com a inteligência artificial muito mais íntima, talvez até a própria aparência marcadamente diferente da apresentada por seus ancestrais quase míticos que, no remoto século XX, realizaram as primeiras tentativas de se aventurar pelo mar do espaço. Mas serão humanos, pelo menos em grande parte; serão versados em alta tecnologia; terão registros históricos. Apesar do julgamento de Santo Agostinho sobre a mulher de Lot, de que "ao ser salvo, ninguém deveria sentir saudades do que está abandonando", eles não esquecerão totalmente a Terra.

Mas ainda estamos muito longe de tudo isso, é o que você deve estar pensando. Como Voltaire disse em seu *Memnon*, "o nosso pequeno globo terráqueo é o hospício dessas centenas de milhares de milhões* de mundos". Nós, que não conseguimos pôr ordem sequer em nosso planeta natal, dilacerado por rivalidades e ódios, que estragamos o nosso meio ambiente, que nos matamos uns aos outros por irritação ou desatenção, e também intencionalmente, e, ainda mais, que somos uma espécie que, até bem recentemente, estava convencida de que o Universo era feito só para o seu proveito, vamos nos aventurar pelo espaço, deslocar mundos, reestruturar planetas, nos espalhar pelos sistemas de estrelas vizinhas?

Não imagino que justamente *nós*, com nossos presentes costumes e convenções sociais, povoaremos o espaço. Se continuarmos a acumular apenas poder e nenhuma sabedoria, sem dúvida, nos destruiremos. A nossa existência nesses tempos distantes requer que modifiquemos as nossas instituições e a nós mesmos. Como ouso adivinhar o destino dos humanos no futuro longínquo? Acho que é apenas uma questão de seleção natural. Se nos tornarmos apenas um pouquinho mais violentos, ignorantes e egoístas do que já somos, é quase certo que não teremos futuro.

Se você é jovem, é bem possível que estaremos dando os nossos primeiros passos para a viagem aos asteroides próximos da Terra e a Marte durante

---

* Um valor que se aproxima com bastante acuidade das estimativas modernas do número de planetas que giram em torno de estrelas na galáxia da Via Láctea.

o seu tempo de vida. Ir até as luas dos planetas jovinianos e ao Cinturão de Cometas Kuiper levará um número muito maior de gerações. A viagem à Nuvem de Oort vai requerer ainda muito mais tempo. Quando estivermos preparados para colonizar sistemas planetários próximos, teremos mudado. A simples passagem de tantas gerações nos terá mudado. As circunstâncias diferentes em que estaremos vivendo, as próteses e a engenharia genética nos terão mudado. A necessidade nos terá mudado. Somos uma espécie adaptável.

Não seremos nós que chegaremos à Alfa do Centauro e às demais estrelas próximas. Será uma espécie muito parecida conosco, com mais virtudes e menos fraquezas que nós, porém; uma espécie que retornará a circunstâncias mais semelhantes àquelas para as quais originalmente evoluiu; mais segura, previdente, capaz e sensata — o tipo de seres que, gostaríamos, nos representassem num Universo supostamente repleto de espécies muito mais antigas, poderosas e diferentes.

As imensas distâncias que separam as estrelas são providenciais. Os seres e os mundos estão em quarentena mútua. A quarentena só é suspensa para os que têm bastante autoconhecimento e discernimento para viajar em segurança de estrela a estrela.

Em escalas de tempo enormes, em centenas de milhões a bilhões de anos, os centros das galáxias explodem. Vemos, espalhadas pelo espaço, galáxias com "núcleos ativos", quasares, galáxias distorcidas por colisões, com os braços da espiral rompidos, sistemas de estrelas destruídos pela radiação ou tragados pelos buracos negros — e compreendemos que, nessas escalas de tempos, talvez nem o espaço interestelar, nem as galáxias sejam seguros.

Há um halo de matéria escura circundando a Via Láctea, estendendo-se, talvez, até a metade do caminho para a galáxia espiral mais próxima (M31 na constelação de Andrômeda, que também contém centenas de bilhões de estrelas). Não sabemos o que é essa matéria escura, nem como está disposta. Parte* dela, porém, pode estar em mundos presos a estrelas indivi-

---

* A maior parte pode ser matéria "não bariônica", que não é composta de nossos prótons e nêutrons familiares e que também não é antimatéria. Mais de 90% da massa do Universo parece formada por essa matéria escura, quintessencial, profundamente misteriosa, desconhecida na Terra. Um dia, talvez, venhamos a não só compreendê-la, mas também a encontrar um emprego para ela.

duais. Nesse caso, nossos descendentes do futuro remoto terão uma oportunidade, em intervalos inimagináveis de tempo, de se estabelecerem no espaço intergaláctico e de passarem, cautelosamente, para outras galáxias.

Na escala de tempo necessária para povoar a nossa galáxia, no entanto, se não muito antes, devemos perguntar: até que ponto é imutável esse desejo de segurança que nos leva para o espaço? Será que um dia nos sentiremos contentes com o tempo de vida de que nossa espécie desfrutou e com os nossos sucessos, e abandonaremos voluntariamente a cena cósmica? Daqui a milhões de anos — provavelmente muito antes — teremos nos transformado em algo diferente. Mesmo que não façamos nada intencionalmente, o processo natural de mutação e seleção terá provocado a nossa extinção ou evolução para alguma outra espécie nessa escala de tempo (a julgar pelos outros mamíferos). Na duração de vida típica de uma espécie mamífera, ainda que fôssemos capazes de viajar a uma velocidade próxima à da luz e só nos dedicássemos a isso, acho que não poderíamos explorar sequer uma fração representativa da galáxia da Via Láctea. Ela é simplesmente grande demais. E, ao longe, existem mais 100 bilhões de galáxias. Será que nossas presentes motivações vão se manter inalteradas durante escalas de tempo geológicas e, ainda mais, cosmológicas, quando nós mesmos já estivermos transfigurados? Nessas épocas remotas, poderemos descobrir saídas muito mais grandiosas e dignas para as nossas ambições que simplesmente povoar um número ilimitado de mundos.

Alguns cientistas imaginam que, talvez, um dia, vamos criar novas formas de vida, unir as mentes, colonizar as estrelas, reconfigurar as galáxias ou impedir, num volume próximo do espaço, a expansão do Universo. Num artigo de 1993, no periódico *Nuclear Physics*, o físico Andrei Linde — imagino que em tom de brincadeira — sugere que experiências de laboratório (teria de ser um laboratório e tanto!) para criar universos, isolados, fechados e em expansão seriam, em última análise, possíveis. "No entanto", ele me escreve, "eu mesmo não sei se [esta sugestão] é simplesmente piada ou alguma outra coisa." Nessa lista de projetos para o futuro distante, não teremos dificuldade em reconhecer uma ambição humana contínua de se arrogar poderes outrora considerados divinos — ou, nessa outra metáfora mais estimulante, de completar a Criação.

300

* * *

Há muitas páginas, abandonamos o reino da conjectura plausível pela intoxicação estonteante de uma especulação quase irrestrita. É tempo de voltar à nossa era.

Meu avô, nascido antes que as ondas de rádio fossem sequer curiosidade de laboratório, viveu quase o suficiente para ver o primeiro satélite artificial emitindo sinais do espaço. Há pessoas que nasceram antes do avião e que na velhice viram quatro naves serem lançadas para as estrelas. Apesar de todos os nossos fracassos, a despeito de nossas limitações e falibilidades, somos capazes de grandeza. Isso vale para nossa ciência e para algumas áreas de nossa tecnologia, para nossa arte, música, literatura, para nosso altruísmo e compaixão, e até, em raras ocasiões, para nossa política. Que novas maravilhas, jamais sonhadas em nossos tempos, teremos elaborado em mais uma geração? E em outra mais? Até onde nossa espécie nômade terá errado no final do próximo século? E do próximo milênio?

Há 2 bilhões de anos, os nossos antepassados eram micróbios; há meio bilhão de anos, peixes; há 100 milhões de anos, algo parecido com camundongos; há 10 milhões de anos, macacos nas árvores; e há 1 milhão de anos, proto-humanos decifrando a domesticação do fogo. A nossa linhagem evolutiva é marcada pelo domínio da mudança. Na nossa época, o ritmo está se acelerando.

Quando, pela primeira vez, nos aventurarmos a viajar para um asteroide próximo da Terra, teremos entrado num hábitat que pode cativar a nossa espécie para sempre. A primeira viagem de homens e mulheres para Marte é o passo-chave para nos transformar numa espécie multiplanetária. Esses acontecimentos são tão importantes quanto a colonização da terra para nossos antepassados anfíbios e a descida das árvores para nossos ancestrais primatas.

Com pulmões rudimentares e barbatanas pouco adaptadas para caminhar, um número muito grande de peixes deve ter morrido antes de a espécie estabelecer uma posição segura na terra. Quando as florestas lentamente diminuíram, os nossos antepassados, semelhantes a macacos eretos, muitas vezes corriam de volta para as árvores, fugindo dos predadores que viviam à espreita de caça nas savanas. As transições levaram milhões de anos, foram dolorosas e imperceptíveis para os envolvidos. No nosso caso, a transição se deu em apenas algumas gerações e só com poucas vidas perdidas. O passo é tão rápido que ainda não somos capazes de compreender o que está acontecendo.

Quando as primeiras crianças nascerem fora da Terra, quando tivermos bases e colônias em asteroides, cometas, luas e planetas, quando estivermos vivendo longe da Terra e criando novas gerações em outros mundos, algo terá mudado para sempre na história humana. Mas habitar os outros mundos não implica abandonar o nosso, assim como a evolução dos anfíbios não significou o fim dos peixes. Durante muito tempo, só uma fração muito pequena de nossa espécie estará no espaço.

"Na sociedade moderna ocidental", escreve o estudioso Charles Lindholm,

> a erosão da tradição e o colapso de crenças religiosas aceitas nos deixam sem um télos [um objetivo por que lutar], uma noção santificada do potencial da humanidade. Privados de um projeto sagrado, temos apenas uma imagem desmistificada de uma humanidade frágil e falível, já não mais capaz de se tornar divina.

Acho saudável — na verdade, essencial — manter sempre vivas na lembrança a nossa fragilidade e falibilidade. Preocupam-me as pessoas que aspiram a ser "divinas". Quanto a um objetivo de longo alcance e a um projeto sagrado, todavia, temos um à nossa frente. Dele depende a própria sobrevivência de nossa espécie. Se estamos trancados e aferrolhados na prisão do self, eis uma saída de emergência — algo digno, algo imensamente maior que nós mesmos, um ato crucial em nome da humanidade. Povoar os outros mundos unifica as nações e os grupos étnicos, une as gerações e requer que sejamos espertos e sábios. Libera a nossa natureza e, em parte, nos devolve às nossas origens. Mesmo na época atual, esse novo télos está ao nosso alcance.

O psicólogo pioneiro William James definia religião como um "sentimento de estar em casa no Universo". Como descrevi nos primeiros capítulos deste livro, nossa tendência tem sido fingir que o Universo é como desejaríamos que fosse a nossa casa, em lugar de revisarmos a noção do que é a nossa casa para que ela abranja o Universo. Se, ao considerar a definição de James, nos referimos ao Universo *real*, ainda não temos religião verdadeira. Isso será para uma outra época, quando a ferroada das Grandes Humilhações tiver ficado bem para trás, quando estivermos acostumados com outros mundos e eles conosco, quando estivermos nos espalhando pelo espaço rumo às estrelas.

Para todos os fins práticos, o cosmo se estende para sempre. Depois de um breve hiato sedentário, estamos retomando o nosso antigo modo nômade de vida. Nossos descendentes remotos, estabelecidos com segurança em muitos mundos pelo Sistema Solar e mais além, serão unidos pela sua herança comum, pela sua consideração para com o planeta natal e pelo conhecimento de que, sejam quais forem as outras formas de vida possíveis, os únicos seres humanos em todo o Universo vêm da Terra.

Erguerão e forçarão os olhos para descobrir o ponto azul no céu. Não o amarão menos por sua obscuridade e fragilidade. Ficarão maravilhados ao perceber como era outrora vulnerável o repositório de todo o nosso potencial, como foi perigosa a nossa infância, como foram humildes as nossas origens, quantos rios tivemos de cruzar antes de encontrar o nosso caminho.

Referências bibliográficas
(*Algumas citações e sugestões para leitura complementar*)

EXPLORAÇÃO PLANETÁRIA EM GERAL

J. KELLY BEATTY E ANDREW CHAIKEN(orgs.), *The New Solar System,* 3ª ed. (Cambridge: Cambridge University Press, 1990).

ERIC CHAISSON E STEVE MCMILLAN, *Astronomy Today* (Englewood Cliffs, NJ: Prentice Hall, 1993).

ESTHER C. GODDARD (org.), *The Papers of Robert H. Goddard,* 3 vols. (Nova York: McGraw-Hill, 1970).

RONALD GREELEY, *Planetary Landscapes,* 2ª ed. (Nova York: Chapman and Hall, 1994).

WILLIAM J. KAUFMANN III, *Universe,* 4ª ed. (Nova York: W. H. Freeman, 1993).

HARRY Y. MCSWEEN JR., *Stardust to Planets* (Nova York: St. Martin's, 1994).

RON MILLER E WILLIAM K. HARTMANN, *The Grand Tour: A Traveler's Guide to the Solar System,* edição revisada (Nova York: Workman, 1993).

DAVID MORRISON, *Exploring Planetary Worlds* (Nova York: Scientific American Books, 1993).

BRUCE C. MURRAY, *Journey to the Planets* (Nova York: W. W. Norton, 1989).

JAY M. PASACHOFF, *Astronomy: From Earth to the Universe* (Nova York: Saunders, 1993).

CARL SAGAN, *Cosmos* (São Paulo: Companhia das Letras, 2017).

KONSTANTIN TSIOLKOVSKY, The *Call of the Cosmos* (Moscou: Foreign Languages Publishing House, 1960).

CAPÍTULO 3: AS GRANDES HUMILHAÇÕES

JOHN D. BARROW E FRANK J. TIPLER, *The Anthropic Cosmological Principie* (Nova York: Oxford University Press, 1986).

A. LINDE, *Particle Physics and Inflationary Cosmology* (Harwood Academy Publishers, 1991).

B. STEWART, "Science or Animism?", *Creation/Evolution*, vol. 12, n. 1 (1992), pp. 18-9, 1992.

STEVEN WEINBERG, *Dreams of a Final Theory* (Nova York: Vintage Books, 1994).

CAPÍTULO 4: UM UNIVERSO QUE NÃO FOI FEITO PARA NÓS

BRYAN APPLEYARD, *Understanding the Present: Science and the Soul of Modern Man* (Londres, Picador/Pan Books, 1992). As passagens citadas aparecem, em ordem, nas seguintes páginas: 282, 53, 58, 43, 43, 53, 31, 16, 175, 146-7, 252, 34, 8, 30, 30.

J. B. BURY, *History of the Papacy in the 19th Century* (Nova York: Schocken, 1964). Nessa obra, como em muitas outras fontes, o Sílabo de 1864 é transcrito em sua forma "positiva" (por exemplo, "A revelação divina é perfeita") e não como parte de uma lista de erros condenados ("A revelação divina é imperfeita").

CAPÍTULO 5: HÁ VIDA INTELIGENTE NA TERRA?

CARL SAGAN, W. R. THOMPSON, ROHERT CARLSSON, DONALD GURNETT E CHARLES HORD, "A Search for Life on Earth from the *Galileo* Spacecraft", *Nature*, vol. 365, pp. 715-21, 1933.

CAPÍTULO 7: ENTRE AS LUAS DE SATURNO

JONATHAN LUNINE, "Does Titan Have Oceans?", *American Scientist*, vol. 82, pp. 134-44, 1994.

CARL SAGAN, W. REID THOMPSON E BISHUN N. KHARE, "Titan: A Laboratory for Prebiological Organic Chemistry", *Accounts of Chemical Research*, vol. 25, pp. 286-92, 1992.

J. WILLIAM SCHOPF, *Major Events in the History of Life* (Boston: Jones and Bartlett, 1992).

CAPÍTULO 8, O PRIMEIRO PLANETA NOVO

I. BERNARD COHEN, "G. D. Cassini and the Number of the Planets". In: TREVOR LEVERE E W. R. SHEA (orgs.), *Nature, Experiment and the Sciences* (Dordrecht: Kluwer, 1990).

CAPÍTULO 9: UMA NAVE NORTE-AMERICANA NAS FRONTEIRAS DO SISTEMA SOLAR

Murmurs of Earth, CD-ROM do registro interestelar da *Voyager*, com introdução de Carl Sagan e Ann Druyan (Los Angeles: Warner New Media, 1992), WNM 14022.

ALEXANDER WOLSZCZAN, "Confirmation of Earth-Mass Planets Orbiting the Millisecond Pulsar PSR B1257+12", *Science*, vol. 264, pp. 538-42, 1994.

CAPÍTULO 12: O SOLO SE FUNDE

PETER CATTERMOLE, *Venus: The Geological Survey* (Baltimore: Johns Hopkins University Press, 1994).

PETER FRANCIS, *Volcanoes: A Planetary Perspective* (Oxford: Oxford University Press, 1993).

CAPÍTULO 13: A DÁDIVA DA *APOLLO*

ANDREW CHAIKIN, *A Man on the Moon* (Nova York: Viking, 1994).

MICHAEL COLLINS, *Liftoff* (Nova York, Grove Press, 1988).

DANIEL DEUDNEY, "Forging Missiles into Spaceships", *World Policy Journal*, vol. 2, n. 2, pp. 271-303, primavera de 1985.

HARRY HURT, *For All Mankind* (Nova York, Atlantic Monthly Press, 1988).

RICHARD S. LEWIS, *The Voyages of* Apollo: *The Exploration of the Moon* (Nova York: Quadrangle, 1974).

WALTER A. MCDOUGALL, *The Heavens and the Earth: A Political History of the Space Age* (Nova York: Basic Books, 1985).

ALAN SHEPHERD, DEKE SLAYTON ET AL., *Moonshot* (Atlanta: Hyperion, 1994).

DON E. WILHELMS, *To a Rocky Moon: A Geologist's History of Lunar Exploration* (Tucson: University of Arizona Press, 1993).

CAPÍTULO 14: EXPLORANDO OUTROS MUNDOS E PROTEGENDO O NOSSO

KEVIN W. KELLEY(org.), *The Home Planet* (Reading, MA: Addison-Wesley, 1988).

CARL SAGAN E RICHARD TURCO, *A Path Where No Man Thought: Nuclear Winter and the End of the Arms Race* (Nova York: Random House, 1990).

RICHARD TURCO, *Earth Under Siege: Air Pollution and Global Change* (Nova York: Oxford University Press, no prelo).

CAPÍTULO 15: OS PORTÕES DO MUNDO MARAVILHOSO SE ABREM

VICTOR R. BAKER, *The Channels of Mars* (Austin: University of Texas Press, 1982).
MICHAEL H. CARR, *The Surface of Mars* (New Haven: Yale University Press, 1981).
H. H. KIEFFER, B. M. JAKOSKY, C. W. SNYDER E M. S. MATTHEWS (orgs.) *Mars* (Tucson: University of Arizona Press, 1992).
JOHN NOBLE WILFORD, *Mars Beckons: The Mysteries, the Challenges, the Expectations of Our Next Great Adventure in Space* (Nova York: Knopf, 1990).

CAPÍTULO 18: O PÂNTANO DE CAMARINA

CLARK R. CHAPMAN E DAVID MORRISON, "Impacts on the Earth by Asteroids and Comets: Assessing the Hazard", *Nature*, vol. 367 pp. 33-40, 1994.
A. W. HARRIS, G. CANAVAN, C. SAGAN E S. J. OSTRO, "The Deflection Dilemma: Use vs. Misuse of Technologies for Avoiding Interplanetary Collision Hazards". In: GEHRELS T. (org.), *Hazards Due to Asteroids and Comets:* (Tucson: University of Arizona Press, 1994).
JOHN S. LEWIS E RUTH A. LEWIS, *Space Resources: Breaking the Bonds of Earth* (Nova York: Columbia University Press, 1987).
C. SAGAN E S. J. OSTRO, "Long-Range Consequences of Interplanetary Collision Hazards", *Issues in Science and Technology*, pp. 67-72, verão de 1994.

CAPÍTULO 19: RECRIANDO OS PLANETAS

J. D. BERNAL, *The World, the Flesh, and the Devil* (Bloomington, IN: Indiana University Press, 1969; 1ª ed., 1929).
JAMES B. POLLACK E CARL SAGAN, "Planetary Engineering". In J. LEWIS E M. MATTHEWS (orgs.), *Near-Earth Resources* (Tucson: University of Arizona Press, 1992).

CAPÍTULO 20: ESCURIDÃO

FRANK DRAKE E DAVA SOBEL, *Is Anyone Ow There?* (Nova York: Delacorte, 1992).
PAUL HOROWITZ E CARL SAGAN, "Project META: A Five-Year All-Sky Narrowband Radio Search for Extraterrestrial Intelligence", *Astrophysical Journal*, vol. 415, pp. 218--35, 1992.
THOMAS R. MCDONOUGH, *The Search for Extraterrestrial Intelligence* (Nova York: John Wiley and Sons, 1987).
CARL SAGAN, *Contact: A Novel* (Nova York: Simon and Schuster, 1985).

CAPÍTULO 21: PARA O CÉU!

J. RICHARD GOTT III, "Implications of the Copernican Principie for Our Future Prospects", *Nature*, vol. 263, pp. 315-9, 1993.

CAPÍTULO 22: NA PONTA DOS PÉS PELA VIA LÁCTEA

I. A. CRAWFORD, "Interstellar Travel: A Review for Astronomers", *Quarterly Journal of the Royal Astronomical Society,* vol. 31, p. 377, 1990.

I. A. CRAWFORD, "Space, World Government, and 'The End of History'", *Journal of the British Interplanetary Science*, vol. 46, pp. 415-20, 1993.

FREEMAN J. DYSON, *The World, the Flesh, and the Devil,* Londres: Birkbeck College, 1972).

BEN R. FINNEY E ERIC M. JONES (orgs.), *Interstellar Migration and the Human Experience* (Berkeley: University of California Press, 1985).

FRANCIS FUKUYAMA, *The End of History and the Last Man* (Nova York: The Free Press, 1992).

CHARLES LINDHOLM, *Charisma* (Oxford: Blackwell, 1990). O comentário sobre a necessidade de um télos está nesse livro.

EUGENE F. MALLOVE E GREGORY L. MATLOFF, *The Starflight Handbook* (Nova York: John Wiley and Sons, 1989).

CARL SAGAN E ANN DRUYAN, *Comet* (Nova York: Random House, 1985).

Agradecimentos

A maior parte do material deste livro é nova. Vários capítulos foram desenvolvidos a partir de artigos publicados na revista *Parade*, um suplemento das edições dominicais de jornais norte-americanos que, com uma estimativa de 80 milhões de leitores, talvez seja a revista mais lida em todo o mundo. Sou muito grato a Walter Anderson, o editor-chefe, e a David Currier, o editor executivo, pelo seu estímulo e competência editorial; e aos leitores de *Parade*, cujas cartas me ajudaram a compreender onde eu estava sendo claro e onde obscuro, e de que forma os meus argumentos são recebidos. Partes de outros capítulos saíram de artigos publicados em *Issues in Science and Technology, Discover, The Planetary Report, Scientific American* e *Popular Mechanics*.

Os aspectos deste livro foram discutidos com um grande número de amigos e colegas, e seus comentários o aperfeiçoaram muitíssimo. Embora sejam numerosos demais para serem citados, gostaria de expressar minha sincera gratidão a todos eles. Quero, porém, agradecer, especialmente, a Norman Augustine, Roger Bonnet, Freeman Dyson, Louis Friedman, Everett Gibson, Daniel Goldin, J. Richard Gott III, Andrei Linde, Jon Lomberg, David Morrison, Roald Sagdeev, Steven Soter, Kip Thorne e Frederick Turner, pelos seus comentários sobre todo o manuscrito ou parte dele;

a Seth Kaufmann, Peter Thomas e Joshua Grinspoon, pelo seu auxílio com as tabelas e os gráficos; e a um brilhante conjunto de artistas astronômicos, que recebem seus créditos em cada ilustração, por me permitirem mostrar parte de seu trabalho. Devido à generosidade de Kathy Hoyt, Al McEwen e Larry Soderblom, pude apresentar alguns dos excepcionais fotomosaicos, mapas aerográficos e outras reduções das imagens da Nasa, realizados no Departamento de Astrogeologia, da U. S. Geological Survey.

Sou grato a Andrea Barnett, Laurel Parker, Jennifer Bland, Loren Mooney, Karenn Gobrecht, Deborah Pearlstein e à falecida Eleanor York pela assistência técnica competente; e a Harry Evans, Walter Weintz, Ann Godoff, Kathy Rosenbloom, Andy Carpenter, Martha Schwartz e Alan MacRobert pela produção final. Beth Tondreau é responsável por grande parte da elegância da programação visual destas páginas.

Sobre as questões de política espacial, eu me vali das discussões com os outros membros do conselho diretor de A Sociedade Planetária, especialmente Bruce Murray, Louis Friedman, Norman Augustine, Joe Ryan e o falecido Thomas O. Paine. Dedicada à exploração do Sistema Solar, à procura de vida extraterrestre e a missões internacionais de seres humanos a outros mundos, é a organização que mais de perto incorpora a perspectiva do presente livro. Aqueles leitores que desejarem obter mais informações sobre essa organização não lucrativa, o maior grupo na Terra consagrado ao espaço, pode entrar em contato com:

THE PLANETARY SOCIETY
65 N. Catalina Avenue
Pasadena, CA 91106
Tel.: 1-800-9 WORLDS

Como em todos os livros que escrevi a partir de 1977, não sei como agradecer a Ann Druyan pelas críticas agudas e contribuições fundamentais, no que diz respeito tanto ao conteúdo quanto ao estilo. Na vastidão do espaço e na imensidão do tempo, ainda tenho a alegria de partilhar um planeta e uma época com Annie.

Créditos das imagens

CADERNO DE IMAGENS

pp. 1, 3 (acima), 4, 8 (acima), 10, 11 (acima), 12, 14 (acima), 17, 20 (abaixo), 25, 26: Cortesia de JPL/Nasa.

p. 2: Pintura de Jon Lomberg.

pp. 3 (abaixo), 7, 21, 24: Cortesia da Nasa.

p. 5 (acima): Fotografia tirada por Frank Zullo, Superstition Mountains, Arizona. © 1987 de Frank Zullo.

p. 5 (abaixo): Cortesia de J. Hester, Universidade do Estado do Arizona e Nasa.

p. 6: Cortesia de ROE/Observatório Anglo-Australiano. Fotografia tirada por David Malin.

pp. 8 (abaixo), 32: Cortesia do Observatório Anglo-Australiano. Fotografia tirada por David Malin.

p. 9: Imagens em colorido artificial preparadas por W. Reid Thompson, Universidade Cornell.

p. 11 (abaixo): Cortesia de S.P. Meszaros e Nasa.

pp. 13, 14 (abaixo), 19, 20 (acima), 23 (abaixo, esq.): Cortesia de USGS/Nasa.

p. 15 (acima): Diagrama feito por Harold Levison, Instituto de Pesquisa do Sudoeste.

p. 15 (abaixo): EOS Transactions, 19 abr. 1994, cortesia de American Geophysical Union.

pp. 16, 22 (abaixo), 23 (abaixo, dir.): Cortesia de Johnson Space Center/Nasa.

p. 18: Pinturas de Don Davis.

p. 22 (acima): Imagens da Nasa; panorama processado digitalmente por Artis Plane-
tarium, Amsterdã.

p. 27: Cortesia de ESA.

p. 28: Cortesia de Heidi Hammel, MIT, e da Nasa.

p. 29: © A. Fuzii/*Ciel et Espace*.

p. 30 (acima): Pintura de Jon Lamberg. © 1992 Jon Lamberg e Museu Nacional do Ar
e do Espaço.

pp. 30 (abaixo), 31 (acima): Pintura de Michael Carroll.

p. 31 (abaixo): Cortesia de Bill e Sally Fletcher.

Sobre o autor

Carl Sagan foi professor de astronomia e ciências espaciais da cátedra David Duncan e diretor do Laboratório de Estudos Planetários, na Universidade Cornell. Teve papel relevante nos projetos das expedições das espaçonaves *Mariner*, *Viking*, *Voyager* e *Galileu*, o que lhe valeu as medalhas da Nasa por Realizações Científicas Excepcionais e (duas vezes) por Notável Serviço Público.

Sua série televisiva *Cosmos*, que ganhou os prêmios Emmy e Peabody, tornou-se o programa com maior audiência na história da TV pública americana. O livro dela derivado, também chamado *Cosmos*, é um dos mais vendidos sobre ciência publicados em língua inglesa. Sagan ganhou ainda o Prêmio Pulitzer, a Medalha Oersted e muitos outros prêmios — entre os quais vinte títulos honorários em faculdades e universidades americanas — por sua contribuição à ciência, à literatura, à educação e à preservação do meio ambiente. Em seu prêmio póstumo de mais alto grau ao dr. Sagan, a Fundação Nacional da Ciência dos Estados Unidos declarou que "sua pesquisa transformou a ciência planetária [...] suas dádivas ao gênero humano foram infinitas".

Carl Sagan morreu em 20 de dezembro de 1996.

Índice remissivo

As páginas indicadas em negrito referem-se ao caderno de imagens.

aceleradores de partículas nucleares, 249

Ackerman, Thomas P., 171

Administração Nacional de Aeronáutica e Espaço (Nasa): burocracia da, 197; Centro de Pesquisa Ames, 139n; desenvolvimento da tecnologia de propulsão, 193; e a deflexão de impactos na Terra, 232, 240; e a explosão de *Challenger*, 236; e a pesquisa da diminuição da camada de ozônio, 166; e a procura de civilizações extraterrestres, 264, 271-2; e experiências de detecção de vida, 179; e missões humanas, 198; e o meio ambiente na Terra, 73; fracassos da, 75-6, 181; observações de Shoemaker-Levy 9, 225; opinião pública sobre, 202, 210; orçamentos e, 202, 205; pesquisa científica básica, 209; programa *Cassini* com ESA, 97; programa da estação espacial, 187, 190; programa *Mars Observer*, 183; programa *Voyager*, 22; sucessos da, 76-7, 182; taxa de sucesso das missões, 182

aeroespacial, indústria, 188, 206

Agência Espacial Europeia (ESA), 186, 192, 208, 225; exploração de Marte, 183; missão *Giotto*, 225; nave espacial *Cassini*, 97; simpósio sobre Titã, 95

Agostinho, santo, 13n, 28, 38n, 102, 157, 298

agricultura, 61, 72, 156, 166, 170, 287

água, 292; abundância no Universo, 65; em Europa, 153; em Marte, evidências de, 174, 178, 250, 256; em Titã, 94; em Urano, 104, 106; na Terra, **9**, 66, 69; na vida sobre a Terra, 66, 94, 175; nos meteoritos SNC, 176; vapor de, em Fobos, 179; vapor de, na atmosfera de Vênus, 138

Alcorão, 38, 285

Aldrin, Edwin E., Jr. ("Buzz"), 155, 211

Alemanha: invenção do foguete V-2, 276; ordem de Hitler para destruir a, 237; programa espacial, 183

"Alma do Homem" (Ficino), 245

Alpha, Estação Espacial, 187

Amazônica, floresta tropical, 72

Ambrósio, santo, 41

América do Sul, 72

aminoácidos, 88, 94, 263n

amônia (NH$_3$), 104, 130, 136, 154, 236, 257

anãs-brancas, 117

anãs-marrons, 294

anfíbios, 302

anidrido sulfuroso, 152

animismo, 41

ano-luz, 38

Antártida, **9**, 21, 175, 179, 191

antimatéria, 247-9, 299n

antípodas, 13

antropocentrismo, 33, 43, 46, 60-1, 74

antropomorfismo, 41

Apocalipse, 102

Apollo: crítica a, 197; efeitos benéficos de, 161-2, 206; experiências científicas, 158, 161, 220; fotografia da Terra, 21; fracasso da Apollo 13, 190; missões à Lua, 189; motivação política para, 158-62, 198; opinião pública e, 210; pousos humanos sobre a Lua, 127, 155-61, 211

Appleyard, Bryan, 56-8

aquecimento global *ver* efeito estufa

"aracnoides", 148

Arecibo, Observatório, 136, 264, 270-1

Ariel (lua de Urano), 106, 108

Aristóteles, 28, 215

armas nucleares, 237, 239; arsenais mundiais, 170, 277; deflexão de impactos na Terra, 233-5; foguetes de lançamento, 159; potencial destrutivo de, 170, 231; reações de fusão em, 250

Armstrong, Louis, 121

Armstrong, Neil, 156, 211

Arnold, Mathew, 49

Associação dos Exploradores do Espaço, 260

asteroide 1991jw, 228n

asteroide 1991oa, 235; asteroides, 104; colisões com a Lua, 147; colisões com a Terra, passadas, 88, 230-1; colisões com a Terra, potenciais, 226-7, 230-2, 241, 246; colisões com Marte, 147; colisões com Vênus, 146, 149-50, 254; colisões

de meteoritos com, 175; de corpo duplo, 227; deflexão do impacto com a Terra, 233; descoberta de, 277; exploração e estudo de, 76, 189, 209, 228, 239-40, 244; grupo "próximo" da Terra, 189, 227-8; grupo do grande "Cinturão", 247; matéria orgânica em, 88, 220, 227; planetas e luas construídos por, 220, 222; potencial de mineração em, 203, 209, 227, 237; tamanhos de, 220; tecnologia de propulsão, 247; tecnologias de deflexão, perigos potenciais de, 234-41; "terraformação" para habitação humana, 246, 258, 283

Astounding Science Fiction, 245

astronautas, 21, 76-7, 152, 156, 159, 162, 164, 187, 189-90, 193, 197-200, 204, 208, 210, 212, 224, 228, 245n; *ver também* voo espacial humano

Astronomy for Everybody (Newcomb), 177

Astrophysical Journal, The, 137

Atlântida, lenda de, 143

atmosferas, 119, 170; cores do céu e, 125-30; Júpiter, 130-1; Marte, 67, 129, 171, 250; Netuno, 110-1, 114, 130; Saturno, 104; Titã, 89-92, 118, 257; Tritão, 111-2; Urano, 104; Vênus, 128, 131, 135, 149-50, 167-8; ver também Terra

atomista, filosofia, 29

aurora boreal, 70

Áustria, 183

aviões, 192, 209, 301

B1257+12, pulsar, 37, 116-7

Babel, Torre de, 157, 285

Bacantes, As (Eurípedes), 261

Bach, Johann Sebastian, 121

Bacon, sir Francis, 25

Baines, Kevin, 131

Beethoven, Ludwig van, 121

Bellarmine, Robert Cardinal, 30

Bernal, J. D., 246

Berry, Chuck, 121

Beta Pictoris, estrela, 115

Bethe, Hans A., 295

Bíblia: e heliocentrismo, 51-2; e idade da Terra, 37-8; Gênesis, 37-8, 286; Salmos, 75, 285

Big Bang, 61, 76; centro de origem, 36; e buracos negros primordiais, 295; e leis da Natureza, 63; tempo decorrido desde, 39, 44

biologia, 74, 165, 177, 189, 196; microbiologia, 167; molecular, 40, 277

biológica, guerra, 277

Biosfera II, 258

Blackbird SR-71, avião, 132

Bradley, James, 32

Braun, Wernher von, 199, 276

Brown, G. E., 295

Bryan, Richard H., 271

buracos negros, 76, 295, 299

Bush, George, 197; governo, 200

Caderno de Notas (Coleridge), 123

caldeiras, **19**, 143-7

camada de ozônio (O_3): destruição causada por CFCS, 72, 166-8, 236, 277; diminuição de, 76, 252; partículas vulcânicas e, 146

Camarina, pântano de, 229-30, 236, 238

Canadá, 183, 208

Canavan, Greg, 235

Cândido (Voltaire), 44

carboidratos, moléculas de, 92

carbono: em Marte, 203; em moléculas orgânicas, 88, 91, 178; em Vênus, 253

Carlson, Robert, 74

Caronte (lua de Plutão), 114

Carr, B. J., 295

Cassini, G. D., **10**, 103

Cassini, nave espacial, 97-8

Cassiopeia, constelação, 268

Centauro A, galáxia do, **32**

"céus", 102

Ch'u Tz'u, 155

Challenger, ônibus espacial, **22**, 236

Chernobyl, reator nuclear, 236

Chernomyrdin, Viktor, 187

chimpanzés, 40, 54

China: armas nucleares, 170; astronomia antiga, 101n; mitologia, 282

chuva de meteoros, 221

Chyba, Christopher, 231

cianeto de hidrogênio (HCN), 92

Cícero, 29, 41, 226

Cidade de Deus, A (Agostinho), 38

cidades, 64, 70-1

ciência, 274, 278, 300; como linguagem interplanetária, 263; e o caráter especial dos humanos, 27, 36, 40-3, 48, 53, 55, 57, 61; exploração do espaço e, 210, 289; oposição da religião a, 51, 56, 58-9; perigos da, 288; pesquisa básica, 209; programa *Apollo* e, 158, 161, 220; refletida em livros religiosos, 39; refutação do geocentrismo, 32, 55

ciência planetária, 171-2, 232

civilização, **5**, 21, 54, 77, 99, 118, 121, 143, 169-70, 185, 196, 204, 211, 214, 230-1, 237, 243-4, 262, 266-70, 278-9, 287, 291-2

Clementine, nave espacial, 233

clima: Marte, 168; Netuno, 80, 109-10; Titã, 90, 93, 135, 137; Urano, 104; Vênus, 134-7, 253

clorofila, **9**, 67-8, 118

códigos morais, 55, 58

Cohen, I. Bernard, 102-3

Coleridge, Samuel Taylor, 123

Collins, Michael, 156, 211

Colombo, Cristóvão, 79, 141, 190, 194, 199, 202, 271

Comas Sola, José, 90

combustíveis fósseis, 167, 201, 247, 277

cometas: Cinturão de Kuiper, **15**, 113-4; colisões com a Lua, 147; colisões com a Terra, passadas, 88; colisões com a Terra, potenciais, 230-2; colisões com Vênus, 150; composição de, 220, 223, 225; deflexão do impacto com a Terra, 233-4, 242; destruição gravitacional de, 217;

319

em órbita distante, 114; encontros com a atmosfera da Terra, 150n; estrelas cadentes, 221; fragmentos de, 222-6; impacto com Júpiter, 222-3; moléculas orgânicas em, 88, 225; número de, 226; Nuvem de Oort, 113-4, 120, 243, 290, 293; observações terrestres de, 222-5; tecnologias de deflexão, perigos potenciais de, 234, 238-9

comprimentos de onda, 125, 266

computadores, 42, 81, 83, 167

comunicações, tecnologia de, 241

Congresso dos Estados Unidos: Departamento de Defesa, 206; Departamento de Orçamento do Congresso, 205; e a cooperação internacional no espaço, 188; e a deflexão de impactos sobre a Terra, 231-2, 240; e a estação espacial, 190; e a procura de civilizações extraterrestres, 264, 273; e o efeito estufa, 169; e o programa *Apollo*, 159; e o programa espacial, 197-8; projetos espaciais, 160

conhecimento, 62-3, 204

Cook, James, 213

cooperação internacional, 186-7, 191, 206, 208

copernicano, sistema, 50, 102

Copérnico, Nicolau, 30-3, 50, 53, 89

cores do céu, 123-4; em Júpiter, 130; em Marte, 129; em Mercúrio, 127; em Netuno, 130-1; em Saturno, 130; em Titã, 128; em Tritão, 128; em Urano, 130, 132; em Vênus, 128-9, 131; na Lua, 127; na Terra, 123-6

cosmologia, 48, 53

cosmos: teoria católica do, 57; teoria de Linde, 47-8

Crater Lake, 145

crateras de impacto: em Fobos e Mimas, 218; em Marte, 147; em Tritão, **14**, 111; em Vênus, 149; na Lua, 69, 146, 219; na Terra, 69

Creta, 143

Cretáceo-Terciário, colisão do, 230-1, 244

criacionistas, teorias, 37-9, 58, 286

Crisipo, 42

cristã, filosofia, 41, 50-2, 157

Crônica dos acontecimentos (Ammianus Marcellinus), 19

Cruzeiro do Sul, **29**

Darwin, Charles, 40, 88

datação radiativa, 38

De Beers Consolidated Mines Ltd., 203

Deimos (lua de Marte), 179-80, 183, 251

Delta, veículo de lançamento, 209

democracia, 57, 240

Demócrito, 29

Demóstenes, 54

Departamento de Administração e Orçamento da Casa Branca, 169

depósitos minerais: meteoritos SNC, 175

Dermott, Stanley, 96

Deus, 29; "descoberto nos detalhes", 63; e a criação de seres humanos, 33, 285; e a criação do Universo, 25, 38, 44, 59; e as leis da gravidade, 157

deuses, 12, 29, 33, 53, 59, 100-1, 286

deutério, 249

diamantes, 203

dias, nomes dos, 101

dinossauros, 68, 171, 244

Dione (lua de Saturno), **10**

dióxido de carbono (CO_2): atmosfera de Titã, 118; efeito estufa, 67, 72, 167-8, 170, 256-7; na atmosfera da Terra, 67, 72, 167; na atmosfera de Vênus, 128, 138, 170

Discovery, ônibus espacial, **16**, 187

DNA (ácido desoxirribonucleico), 94, 189

Donne, John, 28

doutrina da infabilidade papal, 51

"Dover beach" (Arnold), 49

Drake, Frank, 264-5, 267

Druyan, Ann, 25, 41, 54, 265, 282n

Duke, Charles, **21**

DuPont Corporation, 166, 205

Dylan, Bob, 145

eclíptica, plano da, 19

educação, 201, 206, 240, 284

efeito estufa (aquecimento global): em Vênus, 138, 169-70; em Vênus, redução planejada pelos homens, 253-5; Marte, aumento planejado pelos homens, 256-8; na Terra, 67, 72, 167-70, 230, 252, 277; pressão atmosférica e, 243

Einstein, Albert, 39, 44, 248

Elliot, James, 105

energia, fontes de: aniquilação da matéria e antimatéria, 248-9; buracos negros, 295; combustíveis fósseis, 167, 201, 247, 277; na Lua, 207

Energyia, foguetes, 186, 189, 208, 257

enxofre, 152, 154

Epicuro, 29

Epítome da astronomia copernicana (Kepler), 99

Epsilon Eridani, estrela, 115

eras glaciais, 13, 169

"esferas", teoria das, 28, 32

espaço: benefícios para a ciência, 211, 289; competição Estados Unidos-União Soviética, 158, 160, 162, 232; "controle" militar do, 159; cooperação Estados Unidos-União Soviética, 76, 186-7; cooperação internacional, 187, 192, 206, 208; e compreensão da Terra, 16, 20-1, 23-4, 162, 164-6, 171-2, 209-10, 214, 284; exploração do, 16; taxas de sucesso das missões, 182; tecnologias alternativas, 193; vazio do, 120; *ver também* voo espacial humano; voo espacial robótico

espaço-tempo, geometria do, 46

estações espaciais, 187-8, 198, 208; *Alpha*, 187; *Freedom*, 187; *Mir*, 186-7, 189, 208

Estados Unidos: armas nucleares, 170; competição espacial com a União Soviética, 158-60, 162, 198, 232; cooperação espacial com a União Soviética,
186; cooperação internacional no espaço, 192, 208; e a deflexão de impactos na Terra, 231, 233-41, 247-8, 250, 255; e a habitação humana no espaço, 259; estação espacial, 187, 189; exploração espacial, 16, 161, 182-3; gastos com o espaço, 201, 205, 207-8, 273; gastos militares, 202, 206; Iniciativa de Exploração Espacial, 197, 200; opinião pública, 41-2, 201, 210; pousos na Lua, 156-8, 161-2, 197; Rússia, missões espaciais conjuntas com, 76, 187, 208; tecnologias da navegação espacial, 78, 86, 186; Tratado do Espaço Exterior, 233n

estoica, filosofia, 41

Estrabo, 142

estrelas, 99; anãs-marrons, 294; discos de gás e poeira ao redor de, 37, 115, 296; formação de planetas a partir de, 37, 114; na Via Láctea, número estimado de, **5-6**, 261; planetas de, 37, 117, 119, 243, 261, 286, 290-1, 297-8; visão paralaxe da Terra, 31-3

etano (C_2H_6), 95-6

etnocentrismo, 54

Etzioni, Amitai, 197

Eurípedes, 109, 261

Europa (lua de Júpiter), 153

Everest, monte, 147, 174

evolução: anfíbia, 301; colonização espacial e, 283; humana, 40, 54, 301; mamífera, 244; teoria darwinista, 40, 88

exploração global, 13

extinção da espécie, 277

extraterrestres, civilizações: busca de, 42, 264-7, 269, 271-3, 291; comunicações com, 263, 269-70; desenvolvimento tecnológico de, 262-3, 279n

Extreme Ultraviolet Explorer, 225

F-14, avião de combate, 213

Ficino, Marsilio, 245

filosofia, 29, 56

Finlândia, 183

física, 31, 39

Física (Aristóteles), 215

Flood, Daniel J., 159-60

fluorocarbonetos (CFCs): diminuição da camada de ozônio, 72, 166, 236, 277; efeito estufa, 72, 256-7; na "terraformação" de outros planetas, 257

fluxos de lava: em Vênus, 136, 140, 148-50; na Terra, 144-6, 168

Fobos (lua de Marte), 183; crateras de impacto, 218; matéria orgânica em, 179, 250; tamanho de, 180

"Fogo e Gelo", missão, 188

fósseis, 87

fotovoltaica, tecnologia, 247

França, 95, 103, 170, 183, 264

Freedom, estação espacial, 187

Fundação do Primeiro Milênio, 196

fusão nuclear, reatores de, 207, 242, 249, 256

Gagarin, Yuri A., 124-5, 158, 197

galáxias, **8**, 21, 26, **32**, 36, 38, 43n, 47, 76, 137, 265, 270, 294, 299-300

Galileo, nave espacial, 73; detecção de vida na Terra, 73, 119; exploração de asteroides, 221; exploração de Júpiter, 73, 225; fotografias da Terra, **9**; impulso gravitacional, 73, 78

Galileu Galilei: condenação da Igreja Católica, 50-1; crença no sistema solar heliocêntrico, 32, 50; descoberta de anéis de Saturno, 215-6; descoberta de luas de Júpiter, 31, 89, 102; observações da Lua, 31, 35; gama, raios, 248, 295

gases de efeito estufa, 72, 169, 256-8

Gaspra, asteroide, **26**, 221

General Electric, 203

genética, engenharia, 253-4, 299

geocêntrica, hipótese, 28, 31, 73; Igreja Católica e, 50, 55; prova de inexatidão da, 31-3

Geographos, asteroide, 233

geologia, 146; de Marte, 146, 152, 154, 203; de Vênus, 148, 151, 255

George III (rei da Inglaterra), 104

germes, teoria que atribui doenças a, 229

Giacobini-Zimmer, cometa, 135n

Gibson, Everett, 176

Giotto, missão, 225

Glenn, John, 158

Gobi, deserto, 245n

Goddard, Robert H.: e a exploração do espaço, 110n, 275, 286, 290; sobre outros planetas, 163, 165

Goldstone, estação de rastreamento, 136

Gorbachev, Mikhail, 186

Gore, Al, 187

Gott, J. Richard, III, 279-82

Grã-Bretanha, 103-4, 170

gravidade: artificial, 208, 246; determinada pela geometria do espaço-tempo, 46; do Sol, 32-3, 109n, 120, 188, 217; e a doutrina cristã, 157; e formas de corpos planetários, 222; e os impactos de colisão, 243; efeito de focalização da, 294; em Júpiter, 114; em Netuno, 114, 243; em Saturno, 114, 216; em Urano, 114, 243; impulso gravitacional para as espaçonaves, 78; lei universal da, 44; na Terra, 223-4; *ver também* marés gravitacionais

gravitacionais, lentes, 294

gravitacionais, marés, 218; de Júpiter, 217, 221-3; de Saturno, efeitos em Titã, 96-7

grega, filosofia, 33, 41, 156

Gruber, Leib, 14

Grumman, ônibus, 206

Guerra Fria, 162, 181, 185-8, 197, 203, 206, 271

Guerra nas Estrelas (Iniciativa Estratégica de Defesa), 205, 233

Gurnett, Donald, 74

Halley, cometa, 113, 186, 221, 225

Hammel, Heidi, **28**, 224

Hansen, Candy, 22

Hansen, James, 168-9

Harris, Alan W., 235

Harris, Daniel, 90

322

Hawking, radiação, 295
Hawking, Stephen, 295
Hawthorne, Nathaniel, 59
Hegel, Georg Wilhelm Friedrich, 289
Heinlein, Robert A., 203
Hekla, monte, 144
hélio: extração da lua, 207; na atmosfera de Netuno, 110, 114, 130; na atmosfera de Urano, 104, 114, 130; nas atmosferas dos planetas jovinianos, 130; produção de fusão nuclear, 249
hélio capturado pelos planetas, 296
heliocentrismo, 49-50, 55
heliopausa, 80, 120, 141
Henrique, o Navegador (príncipe de Portugal), 202
Herschel, William, 103, 106
Hidra, constelação, 268
hidrocarboneto, moléculas de: em Titã, 92, 95-7; em Tritão, 111, 118-9; na atmosfera de Netuno, 110; na atmosfera de Urano, 104; nas luas de Saturno, 97
hidrogênio: abundância no Universo, 88, 266; capturado por planetas, 296; e anti-hidrogênio, 247; escape da atmosfera da Terra, 66, 88; frequência de rádio gerada por, 266-7; liberado da água pela luz ultravioleta, 66; na atmosfera de Netuno, 110, 114, 130; na atmosfera de Urano, 104, 114, 130; nas atmosferas dos planetas jovinianos, 130; reações de fusão nuclear, 249
hinduísta-budista-jainista, religião, 39
Hino para um faraó morto, 275
Hitler, Adolf, 237-8, 276
Hord, Charles, 74
Horner, Richard E., 159-60
Horowitz, Paul, 265, 271, 273
humanos, 11-3, 21; afirmativas de serem especiais, 27, 29, 33, 39, 60; antropomorfismo, 41; ciência e caráter especial de, 27, 36, 40-1, 43, 48, 53, 55, 57, 61; cultura de caçadores-coletores, 54, 287, 292; e a deflexão de impactos na Terra,

237-8, 240; evolução de, 40, 54, 301; explicações criacionistas de, 33, 40, 57, 286; exploração da Terra, 12-4; extinções causadas por, 277; futuro de, 122; na história do Universo, 39, 62, 279-81; população da Terra, 207, 287; potencial de grandeza, 300; potencial destrutivo de, 237-8, 277-80, 285, 287; Princípio Antrópico e, 43, 46, 48; Princípio da Mediocridade e, 48, 279-80; relação para com os animais, 40; transformação do meio ambiente da Terra, 64-5, 69-73, 164-5, 252, 278, 287
Huygens, Christianus, 91
descoberta de Titã, 89-90, 102
Huygens, sonda de entrada, missão para Titã, 97-8

Ida, asteroide, 221, 227
Idade Média, 56
infravermelha, radiação, 65
Iniciativa de Exploração Espacial (SEI), 197-200
Instituto Científico do Telescópio Espacial, 224
Instituto Goddard para Ciências Espaciais, 168
inteligência artificial, 42
International Cometary Explorer, 135n
International Ultraviolet Explorer, 93, 225
Io (lua de Júpiter): vulcão Pelé, 152; vulcões em, 152-3
Ion (Eurípedes), 109
ionosfera, 68
Itália, 183

James, William, 302
Japão, 200; Mar do, 71; NASDA (agência espacial), 208; programa espacial, 183, 186, 191; Sociedade Lunar e Planetária, 191
Japeto (lua de Saturno), 103
João Paulo II (papa), 52
Johnson, Blind Willie, 121
judaica-cristã-islâmica, religião, 38

323

Júpiter: anéis de, 215-7; atmosfera, 130; cinturão de radiação, 107; composição de, 110; cores do céu em, 130; descobertas por Galileu, 31, 73, 89, 102; e órbitas de cometas, 114, 150n, 217, 244; Europa, 153; exploração pela espaçonave *Galileo*, 73, 225; exploração pelas *Voyager*, **4**, 79, 107; Grande Mancha Vermelha, 110; gravidade de, 114; impactos de Shoemaker-Levy **9**, **28**, 225-6, 231; impulso gravitacional para as *Voyagers*, 78; Io, 152-3; luas de, 128, 222; marés gravitacionais de, 217, 221-3; nome do deus romano, 100; nuvens em, **11**, 130; órbita de Shoemaker-Levy 9 ao redor de, 222-3; pressão atmosférica, 104; temperatura em, 105

Kant, Immanuel, 48
Karlsson, Hal, 176
Kennedy, John F., 158, 160
Kepler, Johannes, 61, 99
Khare, Bishun N., 91
Korolev, Sergei, 197
Krikalev, Sergei, 187
Kuiper, Cinturão de Cometas, **15**, 113-4
Kuiper, Gerard P., 113; descoberta da atmosfera de Titã, 90-1; descoberta de Miranda, 106
Kuiper, Observatório Aéreo, 105
Kuramoto, Kiyoshi, 203

Laboratório de Pesquisa Naval, 137
Laboratório de Propulsão a Jato (JPN): construção da espaçonave *Voyager*, 79; e o fracasso de *Mars Observer*, 180-1; Estação de Rastreamento Goldstone, 136; reparos na *Voyager 2* durante o voo, 84-5
laser, cirurgia, 205
Leonov, Alexei, 164
Levy, David, 222, 226
Lewis, John, 227
Li Bai, 133

Linde, Andrei, 47-8, 300
Lindholm, Charles, 302
Long March 2E, foguete, 245n
Lua, 152, 161; antigas crenças sobre, 100, 156-7, 282; ausência de atmosfera, 90, 127; cor do céu na, 127; crateras de impacto, 69, 146, 219; exploração humana na, **21**, 155-61, 190, 196-7; exploração robótica da, 209; formação da, 220; missões a, taxas de sucesso, 182; missões *Apollo* a, 156-62, 189-90, 210; missões *Ranger* a, 134; observações de *Clementine* da, 233; observações de Galileu da, 31, 35; potencial de mineração na, 203, 207; Terra vista da, 162, 164; "terraformação" para habitação humana, 246; vulcões na, 146-7
luas: de Júpiter, 128, 222; de Marte, 128, 179-80, 222; de Netuno, 80, 128, 217; de Saturno, 94, 97, 128, 153; de Urano, 80, 106-7; formação e destruição de, 217-8, 220, 222
Lucrécio, 29
lucro, motivo de, 203
Luís XIV (rei da França), 103
lula, pesca de, 71
luz: aberração da, e paralaxe estelar, 32; absorção da, 23, 66, 127; dispersão na atmosfera, e cores do céu, 125-7, 129, 131; e cor da Terra, 23; moléculas de água decompostas pela, em plantas, 66; velocidade da, 26, 110, 290, 297

M17, nebulosa, **6**
M31, galáxia, **31**, 38, 270, 299
Madagascar, 72
Magellan, missão a Vênus, 131, 136, 148, 150
magma, 145-6
mamíferos, 244, 300
Man Who Sold the Moon, The (Heinlein), 203
marca-passos cardíacos, 205
Marcellinus, Ammianus, 19

Marco Aurélio (imperador de Roma), 19

"maré nos mares de Titã, A" (Dermott e Sagan), 96

Mariner, nave espacial: fracassos de, 140, 182; missões a Marte, 147, 171, 174, 182; missões a Vênus, 133-5, 139-41

Mars Observer, nave espacial: fracasso da, 180-2, 190; missão planejada da, 181, 183, 187

Mars, missões (1994 e 1996), 181

Marsprojekt, Das (von Braun), 199

Marte, 101; ambiente climático, 168, 181, 246, 253, 256; atmosfera, 67, 129, 171, 250; cor do céu em, 129; evidência de água em, 174, 176, 250, 256; experiências de detecção de vida, 17, 167, 177-9; exploração robótica de, 131-2, 183-5, 209; geologia de, 146, 152, 154, 203; matéria orgânica destruída em, 167, 178-9; meteoritos SNC de, 176, 179; missão Mars Observer a, 180-3, 187, 190; missões Mariner a, 147, 171, 174, 182; missões Viking em, 16-7, 129, 167, 174, 176-9; nome do deus romano, 100; pressão atmosférica, 129, 132; potencial minerador, 202-3; temperatura em, 171, 173, 257; tempestades de areia em, 130, 147. — LUAS DE, 128, 179, 180, 222; Deimos, 179-80, 183; Fobos, 179-80, 183, 250. — MISSÕES HUMANAS POTENCIAIS A, 192-6, 298; argumentos contra, 201, 204, 206; argumentos a favor, 191, 208-10, 214, 243, 284, 301; base de estação espacial para, 188-9; contribuições para a compreensão da Terra, 204, 210, 214; cooperação internacional, 185-7, 191; custos de, 191, 195, 198, 200-1, 207; Iniciativa de Exploração Espacial dos Estados Unidos (sei), 197-200; objetivos intermediários antes das, 208-9, 228; opinião pública e, 210; realidade virtual, 184-6; riscos de, 188, 199-200; tecnologia de transporte, 189, 192, 297; "terraformação" para habitação humana, 250-

3, 256-7. — VARIEDADE DE TERRENOS DE, 179, 183; crateras de impacto, 147; elevação Caldeira Alba, 174n; impactos de meteoritos, 167 canais de rios, 174; vulcão Monte Olimpo, 19, 147; vulcões, 19, 147-8, 154; vulcões do planalto Tharsis, 19

"Martelo de Ivan, O", 233

Martin Marietta Corporation, 209

matéria: aniquilação mútua da antimatéria, 248-9; flutuações de densidade e buracos negros, 295; matéria escura ao redor da Via Láctea, 299; Universo composto de, 248

matéria e moléculas orgânicas: destruídas em Marte, 167, 178-9; detectadas pela Voyager, 118; em cometas e asteroides, 88, 217, 225, 227; em Titã, 91-2, 94, 113; em Tritão, 111-2, 118; na vida sobre a Terra, 88, 91, 167; nas luas de Marte, 179, 250

matéria escura, 299

Matsui, Takafumi, 203

Mauna Loa, vulcão, 147

Mayer, Cornell H., 137-8

Mazama, monte, 145

McCandless, Bruce, 22

McDonald, observatório, 136

McElroy, Michael, 167

Meditações (Marco Aurélio), 19

meio ambiente, ver Terra, clima e meio ambiente

Melville, Herman, 12, 59, 87, 173, 229, 232

Mémnon (Voltaire), 298

Merbold, Ulf, 163

Mercúrio, 101; cor do céu em, 127; descoberta de sua órbita em torno do Sol, 31; nome do deus romano, 100

Messier 100, galáxia, 8

META, projeto, 265-73

metano (CH_4): em atmosferas que contêm oxigênio, 67, 119; na atmosfera da Terra, 67, 90n, 169; na atmosfera de Netuno, 110, 130; na atmosfera de Titã, 90,

92, 95, 113; na atmosfera de Tritão, 111-3; na atmosfera de Urano, 104, 131

meteoritos, 167, 175, 232

meteoros, 221

Micrômegas (Voltaire), 35

Mimas (lua de Saturno), 128, 218

mineração, potencial: da Lua, 203, 207; de asteroides, 203, 227, 237; de Marte, 203, 209

minoica, civilização, 143

Mir, estação espacial, 186-9

Miranda (lua de Urano), 106; descoberta de, 106-7; observações da *Voyager* de, 106-7; terreno embaralhado de, 107, 218

Moby Dick (Melville), 12, 87, 173, 229

moléculas, 127

Molina, Mario, 166

monoteísmo, 53

montanhas: em Vênus, 136; na Terra, 145

Monte Palomar, observatório de, 222

Morrison, David, 135

Mozart, Wolfgang Amadeus, 121

muçulmanos, 157

Muhleman, Duane O., 95-7

mulheres, 156; astronautas, 77n

Murray, Bruce C., 265

nacionalismo, 162, 165, 198

Nasa *ver* Administração Nacional de Aeronáutica e Espaço (Nasa)

natureza, leis da, 39, 43-5, 63, 262-3, 278

Nereu, asteroide, 228

Netuno, 76, 109; anéis de, 110, 216; atmosfera, 110, 114, 130; composição de, 110, 114; cor de, 23, 130; cor do céu em, 130-2; distância da Terra, 17, 80, 110; distância do Sol, 109; emissões de radiação, 107; Grande Mancha Escura, 110; gravidade de, 114, 243; luas de, 80, 128, 217; nuvens em, **14**, 80, 109-10; observações da *Voyager* de, 12, **14**, 22, 79-80, 84, 109; tamanho de, 110; temperatura de, 105, 109; Tritão, **12**, **14**, 110-2, 118, 128, 153; ventos em, 110

Nevado del Ruiz, vulcão, 143

névoa, 127

New York Times, The, 263n, 276

Newcomb, Simon, 177

Newman, William I., 290

Newton, Sir Isaac, 31, 39, 44-5, 61

NCG 3628, galáxia, **32**

nitrilos, moléculas de, 92

nitrogênio (N_2): na atmosfera da Terra, 127, 257; na atmosfera de Titã, 91, 112, 257; na atmosfera de Tritão, 111-2

nitrogênio, óxidos de, 127

Nixon, Richard M., 160

Nova Guiné, 211

"nove canções, As" (Ch'u Tz'u), 155

Nuclear Physics, periódico, 300

nuclear, guerra, 161, 170, 252, 277

nuclear, inverno, 165, 170, 171

nucleares, reatores, 236

nucleicos, ácidos, 88

nucleotídeos, bases de, 88, 94

numerologia, 102-3

Nuvem de Cometas de Oort, 290, 292; Cinturão de Kuiper, **15**, 113-4; origem de cometas na, 114, 243; viagem humana a, 293, 297, 299; voos da *Voyager* para, 120

Nuvens Moleculares Gigantes, 243

Observatório Nacional de Radioastronomia, 264

oceanos: em Titã, 89, 95-6; na Terra, 23, 65-7

ocultação, 105

ônibus espacial, 183; *Challenger*, 190, 236; Discovery, **16**

opinião pública, 201, 210-1

"Órbita de colisão" (Stewart), 245-6, 249

Organização de Defesa contra Mísseis Balísticos, 233

órgão de Proteção Ambiental, 166

Orígenes, 41

Órion, Grande Nebulosa, 290

Osiander, Andrew, 30n

Ostro, Steven J., 227, 235

oxigênio (O_2), 119; na atmosfera da Terra, **9**, 66, 68, 88, 127

ozônio (O_3), absorção da luz ultravioleta, 66, 282

Paine, Tom, 260

Países Baixos, 252

Pang, Kevin, 101n

paragravidade, 246

paralaxe estelar, 31-2

Pégaso, constelação, 100n

peixes, 97, 224, 301-2

Pelé, vulcão em Io, 152

Pelée, monte na Martinica, 143

"Pergunta e resposta nas montanhas" (Li Bai), 133

Perseídeos, chuva de meteoros, 100n, 221

peso, ausência de, 212

Pesquisa de Sinais Extraterrestres em Bilhões de Canais (BETA), 273

Pesquisa de Sinais Extraterrestres em Milhões de canais (META), 265

Pinatubo, monte, 143, 145, 169

Pio IX, papa, 51, 57

Pioneer, nave espacial: missão a Vênus, 136-9, 169; missões ao sistema solar exterior, **15**, 114

placas tectônicas, 151

Planetas A, B e C, 116-7

planetas, 36, 293; além de Plutão, 113-4; anéis em torno de, **8**, 216-9; antiga noção de, 15, 100-2; cores do céu nos, 123, 132; de outras estrelas, 37, 115, 117, 119, 244, 261, 286, 297-8; descoberta de, 103-4; emissões de radiações, 118; exploração de, 16, 165, 172, 192-3, 283; formação de, 113-5, 219, 296; fotografias da *Voyager* de, **3-4**, 23, 78; impactos de colisões, 217-9, 243, 296; jovianos, 104, 115-8; modelos de clima, 168; órbita do Sol, 32, 45; "terraformação" para habitação humana, 250-4, 281-2

planetesimais, 113

planetologia comparada, 165

plantas: na Terra, 66, 88, 230; suposta existência em Marte, 178

Platão, 28, 143, 285

Plutão, 22, 104, 111, 113, 115, 120; missões potenciais a, 188, 297; órbita do sol, 109

política: e missões a Marte, 204; e o programa *Apollo*, 158-61, 198; mundial, 172, 241, 289; Nasa e, 197

Pollack, James B., 135, 139, 171, 254, 258

Pope, Alexander, 106

Porco, Carolyn, 22

pôr-do-sol, 126-7

pressão atmosférica, 243; Júpiter, 104; Marte, 129, 132; Vênus, 135, 253-5

"primeira elegia, A" (Rilke), 285

Princípio Antrópico, 43, 46, 48

Princípio de Mediocridade, 48, 279-80

Procura de Inteligência Extraterrestre (SETI), 264-5, 271-3

programa espacial, 20, 75-6, 158, 187, 197, 202, 205, 210-1

propulsão, tecnologias de, 192

proteínas, 88, 94

Proton, foguetes, 187, 208

Ptolomeu (Claudius Ptolemaeus), 28

pulsares, 268

quasares, 38

Quayle, Dan, 198

"quinta elegia, A" (Rilke), 11

raciocínio matemático, 61

radiação, emissões de buracos negros, 295

radioativos, elementos, 144

raios, em Vênus, 151

raios cósmicos, 113

Relatividade: Teoria Especial da, 39; Teoria Geral da, 45

religião, 23; oposição à ciência, 29, 32-3

revolução científica, 61

Revolução Industrial, 61-2

Ride, Sally, 73

Rilke, Rainer Maria, 11, 285

Romanenko, Yuri, 213
Rousseau, Jean-Jacques, 59, 213, 273
Rowland, Sherwood, 166
Russell, Bertrand, 213
Rússia: missões a Marte, 131, 183, 192; missões conjuntas com os Estados Unidos, 76, 186, 208; programa espacial, 187, 189. Tratado do Espaço Exterior, 233n

sabedoria dos antigos, A (Bacon), 25
Sagdeev, Roald, 186
satélites, 76, 89, 103
Saturn V, foguetes, 186, 189, 208
Saturno, 100; anéis de, **8, 11, 25,** 35, 215-7; atmosfera, 104; composição de, 110, 114; Dione (lua), **10**; Divisão Cassini nos anéis, **10**; emissões de radiação, 107; gravidade de, 114, 216; Japeto (lua), 103; magnetosfera, 92; marés gravitacionais, 96-7; Mimas (lua), 218; missão *Cassini* a, 97; nome de sábado (Saturday) em alusão a, 101; nome do deus romano, 100; observações da *Voyager* sobre, **4, 8, 10-11,** 20, 78-80, 91, 216; temperatura de, 105; Tétis (lua), **10**; Titã (lua), 89-98, 112, 118, 128, 135, 137, 257
sete, número, 101
SETI, Instituto, 272
Shadows of forgotten ancestors (Sagan e Druyan), 41, 282
Shakespeare, William, 106
Shapley, Harlow, 294
Shaw, George Bernard, 56
Shoemaker, Carolyn, 222, 226
Shomaker, Eugene, 222, 226
Silabo (Pio IX), 51, 57
Simons, David, 124-5
Sistema Solar: colisões no, 218-9, 227; colonização humana do, 259, 284, 289-90; definições do, 120; exploração do, 17, 80, 161, 196, 276; formação do, 16; missão *Voyager* no, 22, 33, 78, 118-9, 218; pequenos mundos no, 113, 220; satéli-

tes planetários no, 128, 218; vento solar, **15**, 120n, 141, 192, 249; vida no, 73, 118-9, 284
SNC, meteoritos, 175, 179
Sociedade Planetária, 132, 265-6, 273
Sol, 23, 164, 261, 264; clarões solares, 208; considerado em órbita ao redor da Terra, 27-8, 50-1; cores da luz, 66, 125; coroa, 208, 294; distância entre Netuno e, 109; emissões de radiação, 23, 164; explicações antigas, 41, 100; explorações do, 188, 208; futuro do, 122, 286, 290; gravidade do, 109n, 120, 188, 217; hidrocarbonetos de Titã e, 92; observações de Galileu, 31; órbita da Terra ao redor do, 30, 32, 49-50; órbita de Urano ao redor do, 104; posição na Via Láctea, 36; posição no Universo, 36, 51; reações de fusão no, 249; uso fotossintético do, 66; vento solar, **15**, 120n, 141, 192, 249
solar, energia, 247
solares, clarões, 208
solares, velas, 192
Sonho de uma noite de verão (Shakespeare), 106
Spectator, The, 55
Spielberg, Steven, 265
Sputnik 1, nave espacial, 139, 159
St. Joan (Shaw), 56
Stalin, Josef, 237
Stern, Alan, 113
Stravinsky, Igor, 121
sulfúrico, ácido, 145, 253
Suma Teológica (Tomás de Aquino), 38n
Swift-Tuttle, cometa, 221

talmude, 286
Tambora, monte, 145
Teflon, 205
telescópio espacial Hubble: fotografias de Io, 153; missão de reparo em órbita, 76, 211; observação do cometa Shoemaker--Levy 9, 225
telescópios, 31, 90, 116

temperaturas: em Júpiter, 105; em Marte, 171, 173, 257; em Netuno, 105, 109; em Saturno, 105; em Titã, 89; em Vênus, 138-40, 148, 169, 253-5

Tempestade (Shakespeare), 106

tempo, dilatação de, 39

Terra, 102; água na, **9**, 66, 69; asteroides próximos da, 226; Bíblia e a, 37-8, 50-1, 285; considerada o centro do universo, 27-8, 30, 51; eras glaciais, 13, 169; exploração da, 12, 14; exploração espacial da, 20-1, 24, 162-5; fluxos de lava, 144-6, 168; forma redonda da, 56, 164; formação da, 146; fotografias tiradas pela *Apollo*, **3**, 21; fotografias tiradas pela *Voyager*, 20-1; futuro da, 26, 122, 288, 290; gravidade da, 223-4; hipótese "Gaia", 41; idade da, 38; luzes da, 70-1; montanhas na, 145; o Sol considerado em órbita ao redor da, 27-8, 51; oceanos na, 23, 66-7; órbita do Sol, 30, 32, 49-50; polos magnéticos, 107; rotação da, 265; superfície plana da, 145; vulcões na, 142-6. — ATMOSFERA: camada de ozônio, 66; cintilação causada pela, 116; cor do céu, 123-9; dióxido de carbono na, 67, 72, 168; encontros de cometas com a, 221, 230, 238; escape de hidrogênio da, 66, 88; ionosfera, 68; metano na, 67, 72, 169; moléculas orgânicas na, 88, 90; nitrogênio na, 127, 257; nuvens na, **9**, 23, 66; oxigênio na, **9**, 66, 68, 88, 119, 127; radiação bloqueada pela, 66; vista do espaço, 164. — CLIMA E MEIO AMBIENTE, 14; compreensão de, 164; diminuição da camada de ozônio, 72, 76, 166-8, 236, 252, 277; efeito estufa, 67, 72, 167-70, 230, 252, 277; efeitos vulcânicos no, 145-6; inverno nuclear, 170-1; modelos de clima, 168; monitoramento por satélite, 77; temperatura, 65, 104, 169-70; transformação humana do, 64-5, 69-73, 164-5, 252, 278, 287. — IMPACTOS DE

COLISÃO: crateras de impacto, 69; deflexão de, 233-4; impacto do Cretáceo-Terciário, 230-1, 244; passados, 88, 146, 220, 230-1; tecnologia de deflexão, perigos potenciais de, 234-41. — VIDA NA: detecção a partir do espaço, **9**, 66-72; emissões de ondas de rádio, 68; evolução da, 40, 282; experiências de detecção da *Galileo*, 73, 119; exploração espacial e, 165, 171, 210; extinções causadas pelos homens, 277; moléculas orgânicas na, 88, 91, 175; origem da, 87-8, 94, 177; plantas, 66, 88, 230; sofrimento humano, 195

"terraformação", 246, 252-60

Tertuliano, 31

Tétis (lua de Saturno), **10**

tolinas, de Titã, 91, 94, 97, 112

Thompson, W. Reid, 74, 92, 94

Thoreau, Henry David, 273

Timeu (Platão), 28

Titã (lua de Saturno): atmosfera, 89, 91-2, 118, 257; composição de, 94, 113; cor do céu em, 128; descoberta de, 90, 102; missão *Huygens* a, 97-8; moléculas de hidrocarboneto em, 92, 95-7; moléculas orgânicas em, 91-4, 113; nuvens em, 91, 93, 135, 137; observações da *Voyager* sobre, 84, 91-2; oceanos em, 89, 95-6; órbita de Saturno, 89, 96-7; superfície de, 93-4, 97; "terraformação" para habitação humana, 258; tolina de, 91, 93-4, 112; vida potencial em, 91, 94, 113

Titan, foguetes propulsores, 183

Titânia (lua de Urano), 106

tolina, de Titã, 93

Tolstói, Liev, 60

Tomás de Aquino, são, 28, 38n, 41, 54

Toon, Owen B., 171

Tratado do Espaço Exterior, 233n

trens de subúrbios Boeing/Vertol, 206

Tritão (lua de Netuno): atmosfera, 112; composição de, 113; cor do céu em, 128; crateras de impacto, **14**, 111; moléculas orgânicas em, 111, 118; observações da *Voyager* sobre, **12**, **14**; órbita de Netuno, 111; superfície de, **14**, 111-2, 118; vulcões em, 153; trítio, 249

Truly, Richard, 22

Tsiolkovsky, Konstantin E., 197; e a habitação humana no espaço, 232, 246, 286, 290; e a viagem espacial, 192, 275-6

TTAPS (Turco, Toon, Ackerman, Pollack e Sagan), 171

Turco, Richard P., 171

Turcotte, Donald, 151

U-2, avião, 132

"última migração, A", 110n

ultravioleta, luz: absorvida pelo ozônio, 66, 257; decomposição de CFCS, 166; hidrocarbonetos produzidos em Titã pela, 92; irradiação em Marte, 167, 179, 257; irradiação em Tritão, 111; moléculas de água divididas por, 66; recebida em Urano, 107

Ulysses, nave espacial, 225

Understanding the Present (Appleyard), 56-8

União Soviética: armas nucleares, 170; competição espacial norte-americana com, 158, 160, 162, 197, 233; cooperação espacial norte-americana com, 186; estação espacial, 186, 198; expedições a Vênus, 139; exploração espacial, 16, 162; reatores de energia nuclear, 236

Unidade de Manobra Tripulada (MMU), **22**

unidades astronômicas (UA), 115, 117, 294

Universidade Cornell, 90, 92, 105, 136

Universidade de Tóquio, 203, 208

Universidade do Texas, Observatório McDonald, 136

Universo: abundância de água em, 65; abundância de hidrogênio em, 88; expansão do, 36-7; idade do, 38, 44, 47; interpretações científicas do, 31-2, 53, 55, 57-9, 61-3, 220; interpretações criacionistas, a Terra considerada o centro do, 27-30, 50-1; interpretações do, 24, 27-8, 33-42, 45-8, 54, 60, 62, 303; lei da gravitação e, 44; matéria em, 247-8, 299; o Sol considerado no centro do, 30, 32, 36; ordem no, 63; posição da Via Láctea no, 36; posição do Sol no, 36, 51; teoria de Linde sobre, 47-8; vida no, 42-6

Urano: água em, 104, 106; anéis de, 105-7, 216; atmosfera, 104, 110, 130; composição de, 104, 110, 114; cor do céu em, 130-2; descoberta de, 104; emissões de radiação, 106; gravidade de, 114, 243; Miranda (lua), 106, 118, 218; nome do deus grego, 104; nuvens em, 104; observações da *Voyager* sobre, **4**, 22, 79-4, 106; órbita do Sol, 105; polos magnéticos, 107; temperatura em, 105

V-2, foguete, 276

Varro, Marco Terêncio, 229

Vega, estrela, 115

Vega, missões, 131, 225

Velikovsky, Immanuel, 150n

Venera, missões a Vênus, 128-9, 136, 139

ventos: em Netuno, 110, 130; em Vênus, 149

Vênus, 67, 137-8; "aracnoides", 148; atmosfera, 128, 131, 135, 149-50, 167-8; canais fluviais, 149; colisões de asteroides com, 146, 149-50, 254; cor do céu em, 129, 131; crateras de impacto, 149; efeito estufa de, 138, 169-70; efeito estufa, redução pela engenharia humana de, 253-5; emissões de radiação, 139; expedições robóticas a, 131, 135, 139-40; fotografias da Voyager de, **4**; fluxos de lava, 136, 140, 148-50; geologia de, 148, 151, 255; mapas de, 76, 136, 148; missões *Mariner* a, 134-5, 139-40; modelos de clima, 168; montanhas em, 136; nome da deusa romana, 100; nuvens em, 134, 136, 139, 253; observações da nave espacial *Galileo* sobre, 136; observações de Galileu sobre, 31; observações de *Magellan* sobre, 136, 148; órbita do Sol, 133; planaltos Ovda Regio, **20**; pressão atmosférica, 135, 253-5; raios em, 151; temperatura em, 138-40, 148, 169, 255; "terraformação" para habitação humana, 246, 258; topografia da superfície, 135-6, 148-51; vulcão Maat Mons, 150; vulcões em, 148-9

Vesúvio, monte, 143

Veverka, Joseph, 90

Via Láctea, galáxia da, **5**, **30**; distância ao centro da, 36, 38; matéria escura em torno da, 299; número estimado de estrelas na, **5-6**, 261; número estimado de planetas na, 298n; posição do Sol na, 36; posição no Universo, 36; procura de civilizações na, 121, 261-2, 268-9, 291

vida: experiências de detecção, Marte, 17, 167, 177-9; experiências de detecção, Sistema Solar, 118, 284; extraterrestre, procura de, 42, 264-74, 290-2; leis da natureza e possibilidade de, 43-6; potencial de, em Marte, 174; potencial de, em Titã, 91-4, 113

Viking, missões a Marte, 16; experiências de detecção de vida, 167, 177-8; pousos em Marte, 129, 174, 176, 179

Vinci, Leonardo da, 23, 212

Voltaire (François-Marie Arouet), 35, 44, 64, 296, 298

voo espacial com tripulação humana, 77, 196-7; benefícios de, 204, 211-2; colonização do espaço, 246, 282-4, 292-302; e a sobrevivência da espécie, 242, 278-82, 279n, 286, 288-90, 302; e a superpopulação do mundo, 207; estação espacial e, 188, 189, 208; exploração da Lua, 155-61, 161, 190, 196-7, 211; fatalidades, 75-6, 189-90; motivação de lucro e, 202; riscos de, 188, 190, 213n; tecnologias de produtos secundários, 204-5; vantagens de robôs sobre, 180-8; voo espacial com tripulação robótica, 161; foguetes, 228, 276; lançamento de armas, 159, 206; na deflexão de impactos sobre a Terra, 234; nave espacial *Voyager*, 85; para a Lua, 209; para Marte, 131-2, 183-5, 209; para o Sol, 208; para Vênus, 131, 135, 137, 139-40; preparação para pouso de seres

humanos, 196, 242; programa *Apollo* e, 159; tecnologias alternativas, 193; vantagens sobre voos com tripulações humanas, 180, 184-5

Voskhod 2, nave espacial, 164

Vostok 1, nave espacial, 124, 210

Voyager, missões espaciais, 81; custo de, 86; disco fonográfico carregado por, 121; experiências de detecção de vida, 118; exploração do Sistema Solar, 78-80, 217-8; fotografias do Sistema Solar, **4**, 20-3, 33; impulso gravitacional, 78; observações de Io, 152; observações de Júpiter, 79; observações de Miranda, 106; observações de Netuno, **4**, **12**, 22, 79-80, 84, 109-10; observações de Saturno, **4**, **8**, **10-11**, 20, 78-80, 83, 91, 216; observações de Titã, 84, 91-2; observações de Tritão, **12**, **14**; observações de Urano, **4**, 22, 79-84, 106; observações do cometa Shomaker-Levy 9, 225; projeto e construção de, 81, 84; reparos durante o voo, 82-5, 182; saída do Sistema Solar, 121; trajetórias de voo, **4**, 20, 83, 84, 114, 119

vulcões, 152-3; em Io, 152-3; em Marte, 147; em Vênus, 148-50, 154; na Lua, 146-7; na Terra, 142-6

Warburg, Aby, 63

Wetherill, George, 244

Wiesner, Jerome, 158

Williamson, Jack (pseud. de Will Stewart), 245; e "terraformação", 214-45, 259; e máquinas de antimatéria, 247-9

Wolsczan, Alexander, 116

Wright, Orville e Wilbur, 212

Xenófanes, 33

Zubrin, Robert, 209

Zurara, Gomes Eanes de, 202n

1ª EDIÇÃO [1996] 1 reimpressão
2ª EDIÇÃO [2019] 9 reimpressões

ESTA OBRA FOI COMPOSTA POR TECO DE SOUZA EM MINION
E IMPRESSA EM OFSETE PELA GRÁFICA PAYM SOBRE PAPEL PÓLEN DA
SUZANO S.A. PARA A EDITORA SCHWARCZ EM JUNHO DE 2024

A marca FSC® é a garantia de que a madeira utilizada na fabricação do papel deste livro provém de florestas que foram gerenciadas de maneira ambientalmente correta, socialmente justa e economicamente viável, além de outras fontes de origem controlada.